生产建设项目水土保持方案编制指南

范瑞瑜　主编

黄河水利出版社
·郑州·

内容提要

本书是依据《生产建设项目水土保持技术标准》(GB 50433—2018)进行编写的,是生产建设项目水土保持方案编制的指导书籍。为了使编制单位保质保量地编制生产建设项目水土保持方案,本书在分析研究各类生产建设项目特点、不同水土流失类型区的水土保持要求,吸收各类方案精华的基础上,结合多年从事水土保持工作的经验和方案编制、审查的实践,以通俗的语言、简洁的文字、典型的实例、图文表并茂的形式介绍了生产建设项目水土保持方案的结构安排、各章节的内容、编写方法、图件、表式和应注意的问题等,并重点突出了案例分析的内容。

本书可供水土保持方案编制人员、评审专家、大专院校师生阅读使用,也可作为专业技术人员及相关专业的大学、大专和高等职业技术学院学生的培训教材或师生的参考书。

图书在版编目(CIP)数据

生产建设项目水土保持方案编制指南/范瑞瑜主编. —郑州:黄河水利出版社,2020. 9

ISBN 978 - 7 - 5509 - 2820 - 6

Ⅰ. ①生… Ⅱ. ①范… Ⅲ. ①基本建设项目 - 水土保持 - 方案制定 - 指南 Ⅳ. ①S157 - 62

中国版本图书馆 CIP 数据核字(2020)第 180832 号

出 版 社:黄河水利出版社　网址:www. yrcp. com

地址:河南省郑州市顺河路黄委会综合楼 14 层　邮政编码:450003

发行单位:黄河水利出版社

发行部电话:0371 - 66026940、66020550、66028024、66022620(传真)

E-mail:hhslcbs@ 126. com

承印单位:广东虎彩云印刷有限公司

开本:787 mm × 1 092 mm　1/16

印张:19

字数:440 千字　印数:1—2 000

版次:2020 年 9 月第 1 版　印次:2020 年 9 月第 1 次印刷

定价:100. 00 元

《生产建设项目水土保持方案编制指南》编著人员名单

主　　编　范瑞瑜

主　　审　孙保平

副 主 编　乔　锋　屈艳妮　李　菲　赵正平

编著人员　乔　锋　屈艳妮　李　菲　马占东

　　　　　齐建春　高旭阳

审　　稿　武　哲　赵正平　霍盛锟　乔保军

　　　　　翁振兴　刘晓妍　李俊杰　郑　刚

序

水是生命之源，土是生存之本，水土是人类生存和发展的基本条件，是不可替代的基础资源。水土流失既是资源问题，又是重大的生态问题。习近平总书记对生态文明建设高度重视，多次就水土保持工作做出重要论述。他提出了“生态兴则文明兴”“山水林田湖草是一个生命共同体”“绿水青山就是金山银山”“人与自然和谐共生”等有关生态文明建设的最新指示。搞好水土保持，保护和合理利用水土资源，建设生态文明，是落实科学发展观、全面建设小康社会的重要任务。

我国现行水土保持法律法规明确要求生产建设项目水土保持设施，必须与主体工程同时设计、同时施工、同时投产使用。编制实施生产建设项目水土保持方案是贯彻水土保持法律法规的具体体现，是控制人为水土流失的有效途径，并有力地推动了全国水土保持方案编制工作的进展，根据新修订的水土保持法，31 个省、自治区、直辖市全部出台省级水土保持法实施办法。水土保持监督管理不断强化。各级水行政主管部门审批并监督实施生产建设项目水土保持方案 16 万个，对防治生产建设过程中造成的水土流失及危害发挥了重要作用。

总结多年的实践，根据形势发展的要求，水利部将原行业标准修订上升为国家标准，贯彻落实《生产建设项目水土保持技术标准》（GB 50433—2018），使编制水土保持方案，做到结构规范、内容全面、防治措施选择得当、防治体系配置科学、防治成效显著。

在分析研究各类建设项目特点、不同水土流失类型区的水土保持要求，吸收各类方案精华的基础上，作者结合多年从事水土保持工作的经验和方案编制审查的实践，撰写了《生产建设项目水土保持方案编制指南》，以通俗的语言、简洁的文字、典型的实例，图文表并茂地介绍了水土保持方案的结构安排、各章节的内容、编写方法、图件、表式和应注意的问题。我相信，该指南的出版发行必将对水土保持方案的编制、审查起到一定的指导作用。

中国科学院院士：

2020 年 5 月

前　言

为预防和治理生产建设活动导致的水土流失，保护和合理利用水土资源，改善生态环境，保障经济社会可持续发展，多年来，建设单位依据我国水土保持法的有关规定，编制水土保持方案，各级水行政主管部门审批并监督实施生产建设项目水土保持方案16万个，对防治生产建设过程中造成的水土流失及危害发挥了重要作用。

随着法律法规、部委规章、规范性文件和技术规范的配套、完善与贯彻执行，建设项目水土保持方案的编制逐步走向制度化、规范化。在实践中，各编制单位深入研究，认真总结经验，编制人员发挥了聪明才智，不断提高编制水平。在总结建设项目水土保持方案技术规范实施多年来实践经验的基础上，吸收相关行业设计规范的最新成果，认真分析水土保持工作现状和发展趋势，水利部编制、住房和城乡建设部和国家市场监督管理总局联合发布了《生产建设项目水土保持技术标准》(GB 50433—2018)，进一步规范了方案编制。

为了更好、更快地编制水土保持方案，更有效地防治生产建设项目造成的人为水土流失，我们以《生产建设项目水土保持技术标准》为主要依据，针对一些方案编制人员反映“培训听得懂，操作难”的问题，在分析研究近百个方案的基础上，按方案报告书的章节，撰写了《生产建设项目水土保持方案编制指南》，不讲编制理由，只讲编制方法，介绍了方案的总体结构、各章节的内容、方法、图件、表式和应注意的问题，期望为水土保持方案报告书的编写、审查提供参考。

本书由山西省水利厅教授级高级工程师范瑞瑜主编，由北京林业大学孙保平教授主审，水利部沙棘开发管理中心(水利部水土保持植物开发管理中心)乔锋、陕西省水利电力勘测设计研究院屈艳妮、黄河上中游管理局西安黄河工程监理有限公司李菲、西安交通大学(兼职)研究生导师赵正平任副主编。

参加本书编写人员及其撰写的内容为：乔锋[水利部沙棘开发管理中心(水利部水土保持植物开发管理中心)]：1　综合说明(1.1～1.11)、4　水土流失分析与预测(4.1～4.5)、附图6　水土保持典型措施布设图(附图1～附图12)；屈艳妮(陕西省水利电力勘测设计研究院)：2　项目概况(2.1～2.7)、5　水土保持措施(5.1～5.4)、7　水土保持投资估算及效益分析(7.1～7.2)；附表　3.单价分析表(附表3～附表14)；李菲(黄河上中游管理局西安黄河工程监理有限公司)：3 项目水土保持评价(3.1～3.3)、6　水土保持监测(6.1～6.4)、8　水土保持管理(8.1～8.6)、附录2　生产建设项目水土保持监理表式(附表2-1～附表2-20)；马占东(山西省水利发展中心)、齐建春(国水江河(北京)工程咨询有限公司)：附录3　全国各地常用植物介绍(1～7)；高旭阳(北京东州金潞科技有限公司)：附录1　生产建设项目水土保持监测表式(附表1-1～附表1-11)、附件。

本书在编写过程中，得到水利部副司长郭索彦、副司长张文聪的大力支持，以及北京林业大学孙保平教授等专家的指导和帮助，参考了有关技术文献，引用了一批优秀方案的内容，在此致以衷心的感谢！

限于编者的知识水平和实践经验，本书缺点和不足之处在所难免，恳请广大读者批评指正。

编 者

2020 年 9 月

目　录

1 综合说明

1.1 项目简况

1.1.1 项目基本情况

简述项目建设的必要性、项目位置(点型工程介绍到乡级,线型工程介绍到县级)、建设性质、规模与等级、项目组成、拆迁(移民)数量及安置方式、专项设施改(迁)建、开工与完工时间、总工期、总投资与土建投资等,明确工程占地面积、土石方“挖、填、借、余(弃)”量、取土(石、砂)场和弃土(渣、灰、矸石、尾矿)场数量。矿山工程尚应明确地质储量、首采区位置、服务年限、生产期年排弃渣量等。

【例 1-1】 某机场建设项目基本情况

机场建设是符合××城市总体规划的,可以促进××区域资源开发,构建经济网络;促进××区域旅游业发展;有利于构建××综合交通网络,有利于××地区城市之间的交流,促进××建设为地区城市发展的核心,并加强该地区的航空救援能力。因此,××机场的建设是必要的。

××新建民用机场项目位于××城区××乡,××约××km 处,隶属××城区××乡和××乡管辖。

建设性质为新建项目,飞行区建设等级为××,属于××类民用机场。

本项目组成包括飞行区、航站区、场外台站区和场外用地区。

飞行区主要由道面工程、站坪工程、道路工程、导航工程、围界、场区绿化组成,占地××hm^2。

航站区位于跑道西北侧,主要由航站楼、航管区、停车场、消防救援站、供水站、变电站、货运区、油库区、污水垃圾站、综合业务楼、景观绿化、围界工程等组成,占地面积××hm^2。

场外台站区主要包括场外气象雷达站、导航工程的全向信标(DVOR/DME)台,占地面积为××hm^2。

场外用地区为围界范围外扩××~××m 的范围,占地面积为××hm^2。

场外附属设施:场外电源机场两路××kV 电源分别引自元营××kV 变电站及拟建的陈庄××kV 站。场外水源为××城至××村一带打井取水,打深井××眼(×用×备)。场外通信为当地电信部门机房至机场航管楼电信机房,采用管道和架空敷设方式建成相应的通信物理路由。场外排水为场内排水出口至××西排水渠 800 m,最终流入

××河。场外附属设施均不包含在本项目内,单独立项解决,不纳入本工程水土流失防治责任范围。

施工布置:施工生产生活区共布置2处,分别布置在飞行区的空地上,占地面积×× hm^2。场内施工便道采用碎石路面,路基平均宽度××m,长××km。施工生产生活区和施工便道均在永久占地内。

根据可研报告及现场调查,用地西南端存在一处养殖场需要拆迁。养殖场占地×× m^2,建筑面积×× m^2 左右,主要为单层建筑。拆迁安置采用货币补偿的方式,由政府负责异地安置,并承担相应的水土流失防治责任,不纳入本工程水土流失防治责任范围。

机场用地范围内存在1条村间公路和1条乡间公路,乡间公路路面宽××m,为泥结碎石路面。乡间公路部分横穿跑道,需要改线约1.3 km(改线费用已纳入××市国土资源局文件《关于新建××机场项目土地供应成本的预算情况》)。道路两旁的通信线路需要同期改线。

本项目总占地面积为×× hm^2,全部为永久占地。其中,飞行区占地×× hm^2,航站区占地×× hm^2,场外台站区占地×× hm^2,场外用地区占地×× hm^2。本工程占地类型主要为耕地、草地、其他土地和水域及水利设施用地。

本项目总挖方量为××万 m^3(自然方,含表土剥离××万 m^3),总填方量为××万 m^3(自然方,含表土回填××万 m^3),无借方,无弃方。

本工程建设总工期××个月,××年××月进入施工准备,计划于××年××月完工。

项目总投资为××万元,其中土建投资××万元。

1.1.2　项目前期工作进展情况

简述项目工程设计情况和方案编制过程。已开工项目补报水土保持方案的,应介绍项目进展情况。

【例1-2】　某高速公路建设项目前期工作进展情况

2019年4月××设计院编制完成《××高速山河(××省界)至××段工程可行性研究报告》。××年××月××省公路勘察设计院编制完成《××高速山河(××省界)至××段工程可行性研究报告补充资料》。

本工程已取得××市××区××镇人民政府、××区××镇街道办事处对公路穿经××村饮用水源地、××镇饮用水源地、××镇饮用水源地的许可文件。目前,环评、地灾等专题报告正在开展中。

受××省高速公路建设局委托,××水利水电开发有限责任公司承担了本工程水土保持方案报告书编制工作。接受编制任务后,我单位成立了水土保持专题项目组,项目组成员对工程设计资料进行了全面分析研究,于××年××月××日~××年××月××日进行了现场踏勘,对项目路径走向、取(弃)土(渣)场、沿线附近的自然环境、生态环境、水土流失及水土保持现状等进行了调查,依据《生产建设项目水土保持技术标准》(GB 50433—2018)等文件的规定,编制完成了《××高速山河(××省界)至××(××镇)段工程水土保持方案报告书》。

1.1.3　自然简况

简述项目区地貌类型、气候类型与主要气象要素、土壤类型、林草植被类型与覆盖率、水土保持区及容许土壤流失量、土壤侵蚀类型及强度、水土流失重点防治区、涉及水土保持敏感区情况。

【例1-3】　某房建项目自然简况

项目区地处××山脉南麓第四纪洪积平原，属黄河流域，地势比较平坦。根据××市气象局气象资料，项目所在××区属中温带半干旱大陆性气候，年平均气温××℃，年均降水量为××mm，年平均蒸发量××mm，年平均风速××m/s，无霜期××天，最大冻土深度××m。土壤类型以栗褐土为主，植被类型为典型草原植被，林草覆盖率××%左右。本工程所在区域属《××自治区人民政府关于划分水土流失重点防治区的通告》(××政发〔2016〕44号)中划定的黄河流域××区级水土流失重点治理区。项目建设区域属平原区，根据现场踏勘和收集到的资料，水土流失程度较轻，以风力侵蚀为主，间有水力侵蚀，经分析确定项目区原生地貌土壤风蚀模数为××t/(km^2·a)，水蚀模数××t/(km^2·a)。项目区容许土壤流失量为××t/(km^2·a)。项目区不涉及饮用水水源保护区、水功能一级区的保护区和保留区、自然保护区、世界文化和自然遗产地、风景名胜区、地质公园、森林公园和重要湿地等。

1.2　编制依据

列出编制水土保持方案所依据的主要水土保持法律法规、技术标准以及技术资料。其他所涉及的相关法律法规、规范性文件、技术标准在报告书相应位置说明。

【例1-4】　某机场建设项目编制依据

1. 法律法规

(1)《中华人民共和国水土保持法》(全国人大常委会1991年颁布,2010年修订,2011年施行);

(2)《中华人民共和国水土保持法实施条例》(1993年国务院令第120号发布,2011年修订);

(3)《中华人民共和国防洪法》(全国人大常委会1997年8月29日颁布,2016年7月2日第三次修订,2016年9月1日施行);

(4)《中华人民共和国水法》(全国人大常委会1988年颁布,2002年修订施行,2016年再次修订);

(5)《中华人民共和国环境保护法》(全国人大常委会1989年颁布,2014年修订,2015年施行);

(6)《中华人民共和国土地管理法》(全国人大常委会1986年公布,1987年施行,1998年修订,2004年再次修订公布施行);

(7)《中华人民共和国基本农田保护条例》(1998年国务院常务会议通过,1999年施行);

(8)《民用机场管理条例》(2009年国务院常务会议通过,2009年发布施行);

(9)《××市水土保持条例》(××年××月××日通过,××年××月××日起施行)。

2.部委规章

(1)《开发建设项目水土保持方案编报审批管理规定》(水利部令第5号,1995年5月30日发布,2005年7月8日水利部第24号令修订,2017年12月22日水利部第49号令修订);

(2)《水土保持生态环境监测网络管理办法》(水利部令第12号,2000年1月31日发布,2014年8月19日水利部令第46号公布修改并施行);

(3)《企业投资项目核准暂行办法》(国家发展和改革委第19号令,2004年9月15日发布施行);

(4)《水利工程建设监理规定》(2006年12月28日水利部令第28号公布并施行,2007年2月1日施行;根据2017年12月22日《水利部关于废止和修改部分规章的决定》修正);

(5)《水利工程建设监理单位资质管理办法》(2006年12月18日水利部令第29号发布,根据2010年5月14日《水利部关于修改〈水利工程建设监理单位资质管理办法〉的决定》第一次修正,根据2015年12月16日《水利部关于废止和修改部分规章的决定》第二次修正,根据2017年12月22日《水利部关于废止和修改部分规章的决定》第三次修正,根据2019年5月10日《水利部关于修改部分规章的决定》第四次修正);

(6)《水利部关于修改或者废止部分水利行政许可规范性文件的规定》(水利部第25号令,2005年7月8日公布施行)。

3.规范性文件

(1)《国务院关于加强水土保持工作的通知》(国发〔1993〕5号);

(2)《国务院关于全国水土保持规划(2015—2030年)的批复》(国函〔2015〕160号);

(3)《水利部、国家发展改革委、财政部、国土资源部、环境保护部、农业部和国家林业局联合印发〈全国水土保持规划(2015—2030年)〉》(水规计〔2015〕507号);

(4)《国务院办公厅关于做好城市排水防涝设施建设工作的通知》(国办发〔2013〕23号);

(5)《国家土地管理局、水利部关于加强土地开发利用管理搞好水土保持工作的通知》(〔1989〕国土〔规〕字第88号);

(6)《水利部办公厅关于印发〈生产建设项目水土保持技术文件编写和印制格式规定(试行)〉的通知》(办水保〔2018〕135号);

(7)《关于严格开发建设项目水土保持方案审查审批工作的通知》(水保〔2007〕184号);

(8)《水利部办公厅关于进一步加强生产建设项目水土保持方案技术评审工作的通知》(办水保〔2016〕123号);

(9)《水利部办公厅关于印发〈水利部生产建设项目水土保持方案变更管理规定(试

行)〉的通知》(办水保〔2016〕65 号);

(10)《关于加强大中型开发建设项目水土保持监理工作的通知》(水保〔2003〕89 号);

(11)《水利部办公厅关于印发〈生产建设项目水土保持监测规程(试行)〉的通知》(办水保〔2015〕139 号);

(12)《水利部办公厅关于印发〈全国水土保持规划国家级水土流失重点预防区和重点治理区复核划分成果〉的通知》(办水保〔2013〕188 号);

(13)《水利部关于加强事中事后监管规范生产建设项目水土保持设施自主验收的通知》(水保〔2017〕365 号);

(14)《水利部办公厅关于印发〈生产建设项目水土保持设施自主验收规程(试行)〉的通知》(办水保〔2018〕133 号);

(15)《××市规划委员会关于印发〈新建建设工程雨水控制与利用技术要点(暂行)〉的通知》(市规发〔2012〕1316 号,××市规划委员会,2012 年 8 月 1 日);

(16)《水利部办公厅关于调整水利工程计价依据增值税计算标准的通知》(办财务函〔2019〕448 号);

(17)《关于水土保持补偿费收费标准(试行)的通知》(发改价格〔2014〕886 号);

(18)《××市发展和改革委员会××市财政局××市水务局关于降低本市水土保持补偿费收费标准的通知》(××市发改〔2017〕945 号);

(19)《××省水土保持补偿费征收使用管理办法》(××财税〔2015〕50 号)。

4. 规范标准

(1)《生产建设项目水土保持技术标准》(GB 50433—2018);

(2)《生产建设项目水土流失防治标准》(GB/T 50434—2018);

(3)《生产建设项目土壤流失量测算导则》(SL 773—2018);

(4)《水土保持工程设计规范》(GB 51018—2014);

(5)《水土保持术语》(GB/T 20465—2006);

(6)《土壤侵蚀分类分级标准》(SL 190—2007);

(7)《水土保持监测技术规程》(SL 277—2002);

(8)《水土保持监测设施通用技术条件》(SL 342—2006);

(9)《水土保持遥感监测技术规范》(SL 592—2012);

(10)《水土保持工程施工监理规范》(SL 523—2011);

(11)《水利水电工程制图标准水土保持图》(SL 73.6—2015);

(12)《防洪标准》(GB 50201—2014);

(13)《土地复垦质量控制标准》(TD/T 1036—2013);

(14)《造林技术规范》(GB/T 15776—2016);

(15)《主要造林树种苗木质量分级》(GB 6000—1999);

(16)《水工挡土墙设计规范》(SL 379—2007);

(17)《灌溉与排水工程设计标准》(GB 50288—2018);

(18)《室外排水设计规范》(GB 50014—2006);

(19)《城市雨水系统规划设计暴雨径流计算标准》(DB 11/T 969—2013);

(20)《雨水控制与利用工程设计规范》(DB 11/T 685—2013);

(21)《雨水控制与利用工程技术规范》(DB 13(J)/T 175—2015);

(22)《建筑与小区雨水控制及利用工程技术规范》(GB 50400—2016);

(23)《水土保持工程概(估)算编制规定》《水土保持工程概算定额》(水利部水总〔2003〕67 号);

(24)《国家计委关于加强对基本建设大中型项目概算中“价差预备费”管理有关问题的通知》(国家计委,计投资〔1999〕1340 号);

(25)《××市建设工程概算定额》(2004 年)及其费用标准;

(26)《民航机场建设工程概算编制办法》(AP-129-CA-2008-01)。

5. 技术资料

(1)《××机场××基地项目申请报告》(中国民航机场建设集团公司,2017 年 1 月);

(2)《××机场××基地货运设施项目初步设计》(中国××国际工程有限公司,2017 年 5 月);

(3)《××机场××基地机务维修设施项目初步设计》(中国航空××院有限公司,2017 年 5 月);

(4)《××机场××基地航空食品设施项目初步设计》(中国××国际工程有限公司,2017 年 5 月);

(5)《××机场××基地生产运行保障设施运行及保障用房项目初步设计》(中国××设计集团有限公司,2017 年 5 月);

(6)《××机场××基地项目单身倒班宿舍初步设计》(××大学建筑设计研究院有限公司,2017 年 5 月);

(7)施工图设计文件,××市××区、××省××市有关部门提供的气象、水文及水土保持相关资料,现场查勘所得的有关资料。

1.3 设计水平年

设计水平年应为主体工程完工后的当年或后一年,根据主体工程完工时间和水土保持措施实施进度安排等综合确定。

1.4 水土流失防治责任范围

按县级行政区确定水土流失防治责任范围及面积(对跨县级以上行政区的项目,报告书后应附防治责任范围表),生产建设项目水土流失防治责任范围应包括项目永久征地、临时占地(含租赁土地)以及其他使用与管辖区域。

1.5　水土流失防治目标

1.5.1　执行标准等级

编制内容:确定项目水土流失防治标准执行等级。

按照《生产建设项目水土流失防治标准》(GB/T 50434—2018)的规定:

生产建设项目水土流失防治标准等级应根据项目所处地区水土保持敏感程度和水土流失影响程度确定,并应符合下列规定:

(1)项目位于各级人民政府和相关机构确定的水土流失重点预防区和重点治理区、饮用水水源保护区、水功能一级区的保护区和保留区、自然保护区、世界文化和自然遗产地、风景名胜区、地质公园、森林公园、重要湿地,且不能避让的,以及位于县级及以上城市区域的,应执行一级标准;

(2)项目位于湖泊和已建成水库周边、四级以上河道两岸 3 km 汇流范围内,或项目周边 500 m 范围内有乡镇、居民点的,且不在一级标准区域的,应执行二级标准;

(3)项目位于一级、二级标准区域以外的,应执行三级标准。

【例 1-5】　某机场建设项目执行标准等级

根据水利部办公厅《全国水土保持规划国家级水土流失重点预防区和重点治理区复核划分成果》(办水保〔2013〕188 号)、《××市水土保持规划》(××水务郊〔2017〕56 号)、《××省水利厅关于发布省级水土流失重点预防区和重点治理区的公告》(××水保〔2018〕4 号),项目区所在××区部分属于××市水土流失重点治理区。因此,依据《生产建设项目水土流失防治标准》(GB/T 50434—2018),本工程水土流失防治执行建设类项目一级标准(北方土石山区),并适当提高防治目标值。

1.5.2　防治目标

生产建设项目水土流失防治应达到下列基本目标:

(1)项目建设范围内的新增水土流失应得到有效控制,原有水土流失得到治理。

(2)水土保持设施应安全有效。

(3)水土资源、林草植被应得到最大限度的保护与恢复。

(4)水土流失治理度、土壤流失控制比、渣土防护率、表土保护率、林草植被恢复率、林草覆盖率六项指标应符合现行国家标准《生产建设项目水土流失防治标准》(GB/T 50434—2018)的规定:

1　施工期和设计水平年的水土流失防治指标值应符合表 1-1 ~ 表 1-8 的规定。

2　生产期新增扰动范围的防治指标值不应低于施工期指标值,其他区域不应低于设计水平年指标值。

3　同一项目涉及两个以上防治标准等级区域时,应分区段确定指标值。

4　矿山开采和水工程项目在计算各项防治指标值时,其露天开采的采区面积、水工程的水域面积可在防治责任范围面积中扣除;恢复耕地面积在计算林草覆盖率时可在防治责任范围面积中扣除。

表1-1 东北黑土区水土流失防治指标值

防治指标	一级标准		二级标准		三级标准	
	施工期	设计水平年	施工期	设计水平年	施工期	设计水平年
水土流失治理度(%)	—	97	—	94	—	89
土壤流失控制比	—	0.90	—	0.85	—	0.80
渣土防护率(%)	95	97	90	92	85	90
表土保护率(%)	98	98	95	95	92	92
林草植被恢复率(%)	—	97	—	95	—	90
林草覆盖率(%)	—	25	—	22	—	19

表1-2 北方风沙区水土流失防治指标值

防治指标	一级标准		二级标准		三级标准	
	施工期	设计水平年	施工期	设计水平年	施工期	设计水平年
水土流失治理度(%)	—	85	—	82	—	77
土壤流失控制比	—	0.80	—	0.75	—	0.70
渣土防护率(%)	85	87	83	85	80	83
表土保护率(%)	*	*	*	*	*	*
林草植被恢复率(%)	—	93	—	88	—	83
林草覆盖率(%)	—	20	—	16	—	12

注：*风沙区表土保护率不做要求，当项目占地类型为耕地、园地时应剥离和保护表土，表土保护率根据实际情况确定。

表1-3 北方土石山区水土流失防治指标值

防治指标	一级标准		二级标准		三级标准	
	施工期	设计水平年	施工期	设计水平年	施工期	设计水平年
水土流失治理度(%)	—	95	—	92	—	87
土壤流失控制比	—	0.90	—	0.85	—	0.80
渣土防护率(%)	95	97	90	95	85	90
表土保护率(%)	95	95	92	92	90	90
林草植被恢复率(%)	—	97	—	95	—	90
林草覆盖率(%)	—	25	—	22	—	19

表 1-4　西北黄土高原区水土流失防治指标值

防治指标	一级标准		二级标准		三级标准	
	施工期	设计水平年	施工期	设计水平年	施工期	设计水平年
水土流失治理度(%)	—	93	—	90	—	85
土壤流失控制比	—	0.80	—	0.75	—	0.70
渣土防护率(%)	90	92	85	88	80	85
表土保护率(%)	90	90	85	85	80	80
林草植被恢复率(%)	—	95	—	90	—	85
林草覆盖率(%)	—	22	—	18	—	14

表 1-5　南方红壤区水土流失防治指标值

防治指标	一级标准		二级标准		三级标准	
	施工期	设计水平年	施工期	设计水平年	施工期	设计水平年
水土流失治理度(%)	—	98	—	95	—	90
土壤流失控制比	—	0.90	—	0.85	—	0.80
渣土防护率(%)	95	97	90	95	85	90
表土保护率(%)	92	92	87	87	82	82
林草植被恢复率(%)	—	98	—	95	—	90
林草覆盖率(%)	—	25	—	22	—	19

表 1-6　西南紫色土区水土流失防治指标值

防治指标	一级标准		二级标准		三级标准	
	施工期	设计水平年	施工期	设计水平年	施工期	设计水平年
水土流失治理度(%)	—	97	—	94	—	89
土壤流失控制比	—	0.85	—	0.80	—	0.75
渣土防护率(%)	90	92	85	88	80	84
表土保护率(%)	92	92	87	87	82	82
林草植被恢复率(%)	—	97	—	95	—	90
林草覆盖率(%)	—	23	—	21	—	19

表 1-7　西南岩溶区水土流失防治指标值

防治指标	一级标准		二级标准		三级标准	
	施工期	设计水平年	施工期	设计水平年	施工期	设计水平年
水土流失治理度(%)	—	97	—	94	—	89
土壤流失控制比	—	0.85	—	0.80	—	0.75
渣土防护率(%)	90	92	85	88	80	84
表土保护率(%)	95	95	90	90	85	85
林草植被恢复率(%)	—	96	—	94	—	89
林草覆盖率(%)	—	21	—	19	—	17

表1-8 青藏高原区水土流失防治指标值

防治指标	一级标准		二级标准		三级标准	
	施工期	设计水平年	施工期	设计水平年	施工期	设计水平年
水土流失治理度(%)	—	85	—	82	—	77
土壤流失控制比	—	0.80	—	0.75	—	0.70
渣土防护率(%)	85	87	83	85	80	83
表土保护率(%)	90	90	85	85	80	80
林草植被恢复率(%)	—	95	—	90	—	85
林草覆盖率(%)	—	16	—	13	—	10

5 水土流失治理度、林草植被恢复率、林草覆盖率可根据干旱程度按下列原则进行调整：

(1)位于极干旱地区的，林草植被恢复率和林草覆盖率可不作定量要求，水土流失的治理度可降低5%～8%；

(2)位于干旱地区的，水土流失治理度、林草植被恢复率、林草覆盖率可降低3%～5%。

6 土壤流失控制比在轻度侵蚀为主的区域不应小于1，中度以上侵蚀为主的区域可降低0.1～0.2。

7 在中山区的项目，渣土防护率可减少1%～3%；在极高山、高山区的项目，渣土防护率可减少3%～5%。

8 位于城市区的项目，渣土防护率和林草覆盖率可提高1%～2%。

9 对林草植被有限制的项目，林草覆盖率可按相关规定适当调整。

明确水土流失防治目标。线型工程有分段标准时，应确定分段指标值和综合指标值(对涉及区域较大项目，报告书后应附防治标准指标计算表)。

【例1-6】 某生产建设项目防治目标

水土流失防治目标为本项目水土流失防治责任范围内扰动土地得到全面整治，新增水土流失得到有效控制，原有水土流失得到治理；水土保持设施安全有效；水土资源、林草植被得到最大限度的保护与恢复。项目区所在的××区部分属于××市水土流失重点治理区，根据《生产建设项目水土流失防治标准》，本项目水土流失防治应执行北方土石山区建设类项目一级标准，根据水土保持法的要求应再提高防治标准值。在此基础上，结合本工程施工特点，并考虑项目区域降雨、土壤侵蚀强度、地形地貌等情况对相关目标值进行修正，确定本工程水土流失定量防治目标。

项目区地貌类型属平原；气候类型属暖温带半湿润半干旱大陆性季风气候，土壤侵蚀以微度水力侵蚀为主，容许土壤流失量为200 t/(km^2·a)。项目区为微度侵蚀区，根据《生产建设项目水土流失防治标准》，土壤流失控制比应大于或等于1。

综上,经综合分析确定本工程的水土流失综合防治目标,综合防治目标计算见表1-9。

表1-9 水土流失综合防治目标

防治指标	一级标准		按干旱程度修正	按土壤侵蚀强度修正		按地形修正	根据水土保持法要求适当调高	采用标准	
	施工期	设计水平年		施工期	设计水平年			施工期	设计水平年
水土流失治理度(%)	—	95	—	—	—	—	+1.0	—	96
土壤流失控制比	—	0.90	—	—	+0.10	—	+0.20	—	1.2
渣土防护率(%)	95	97	—	—	—	—	+1.0	95	98
表土保护率(%)	95	95	—	—	—	—	+1.0	95	96
林草植被恢复率(%)	—	97	—	—	—	—	+1.0	—	98
林草覆盖率(%)	—	25	—	—	—	—	+1.0	—	22*

注:施工生产生活区临时占地施工结束后需立即返还机场建设利用无法实施植被恢复措施;规划许可绿化率,货运区、机务维修区、航空食品实施区等生产用地为5%,基地运行及保障用房区、单身及倒班宿舍区为30%,总体可绿化面积占建设区(扣除施工生产生活区需返还机场建设的临时占地)比例为23.85%,故林草覆盖率目标值调整为22%。

各防治分区水土流失防治目标表式见表1-10。

表1-10 各防治分区水土流失防治目标

防治指标	××区	××区	××区	××区	综合目标值
水土流失治理度(%)	96	96	96	96	96
土壤流失控制比	1.2	1.2	1.2	1.2	1.2
渣土防护率(%)	—	—	98	98	98
表土保护率(%)	96	96	96	96	96
林草植被恢复率(%)	—	—	98	—	98
林草覆盖率(%)	—	—	26	—	22

设计水平年水土流失综合防治目标为:水土流失治理度96%,土壤流失控制比1.2,渣土防护率98%,表土保护率96%,林草植被恢复率98%,林草覆盖率22%。

1.6 项目水土保持评价结论

1.6.1 主体工程选址(线)评价

编制内容:简述从水土保持角度对主体工程选址(线)的评价结论。

【例1-7】 某建设项目主体工程选址(线)评价

项目建设区不涉及泥石流易发区、崩塌滑坡危险区和易引起严重水土流失与生态恶化区,不涉及沟岸及水库周边植物保护带,不涉及全国水土保持监测网络中的水土保持监测站点和水土保持长期定位观测站。也不处于重要河流、湖泊以及跨省(自治区、直辖市)的其他江河、湖泊的水功能一级区的保护区和保留区。

项目区涉及东北漫川漫岗国家级水土流失重点治理区,已提高水土流失方案标准。本工程线路穿越3处地下饮用水源地二级保护区,已按要求在施工过程中根据地层岩性加强防渗措施,并提出应急预案。

综上所述,通过提高防治标准、严格控制扰动地表和植被损坏范围、减少工程占地、加强工程管理、优化施工工艺等措施,可有效控制工程建设产生的水土流失影响,能够达到水土保持相关要求,工程选址(线)基本可行。项目建设区不涉及泥石流易发区、崩塌滑坡危险区和易引起严重水土流失与生态恶化区,不涉及沟岸及水库周边植物保护带,不涉及全国水土保持监测网络中的水土保持监测站点和水土保持长期定位观测站。也不处于重要河流、湖泊以及跨省(自治区、直辖市)的其他江河、湖泊的水功能一级区的保护区和保留区。

项目区涉及东北漫川漫岗国家级水土流失重点治理区,已提高水土流失方案标准。本工程线路穿越××处地下饮用水源地二级保护区,已按要求在施工过程中根据地层岩性加强防渗措施,并提出应急预案。

综上所述,通过提高防治标准、严格控制扰动地表和植被损坏范围、减少工程占地、加强工程管理、优化施工工艺等措施,可有效控制工程建设产生的水土流失影响,能够达到水土保持相关要求,工程选址(线)基本可行。

1.6.2 建设方案与布局评价

简述从水土保持角度对建设方案、工程占地、土石方平衡、取土(石、砂)场设置、弃土(渣、灰、矸石、尾矿)场设置、施工方法与工艺、具有水土保持功能工程的评价结论。

【例1-8】 某建设项目建设方案与布局评价

本工程推荐路线没有设置隧道,桥梁比为××%(主线××%,连接线××%),通过桥梁工程的合理布设,有效避免了高填深挖,全线无填高大于20 m、挖深大于30 m的路基。填方路段边坡路基高度小于3.5 m时采用植物护坡的防护形式,路基高度大于3.5 m时采用拱形骨架护坡的防护形式,并与植物防护措施相结合。挖方路段边坡高度小于××m时采用植物防护,当边坡高度大于××m时采用拱形骨架护坡防护,并与植物防护措施相结合。

本工程无法避让××漫川漫岗国家级水土流失重点治理区,除主体工程建设必须要征占的永久占地外,施工期间尽量减少临时占地,临时工程尽量设置在永久占地范围内,优化工程土石方平衡,减少工程借方,并做好施工期间的水土保持工作。林草覆盖率提高1%,并提高了截排水措施、拦挡措施的工程等级及防洪标准。

主体工程占地范围及类型符合国家有关政策及水土保持相关要求,符合节约用地和减少扰动的要求,临时占地满足施工要求;土石方挖填施工兼顾方便施工、运距合理、时序可行、节点适宜、节约投资、减少占地和重复搬运、减少扰动和开挖面积的要求，设计施工标准和工程量合理。考虑了施工结束后各区域的植被恢复，考虑了各个区域的表土剥离措施和表土利用方向。取土场选址没有影响周边公共设施、工业企业、居民点的安全；没有涉及河道防洪行洪安全，没有在河道、湖泊管理范围内设置取土场，取土场后期利用方向合理。弃渣场优先选用废弃采坑弃渣，符合国家生态保护的理念。

综上所述，工程建设方案符合《生产建设项目水土保持技术标准》（GB 50433—2018）的要求。

1.7　水土流失预测结果

简述可能造成土壤流失总量、新增土壤流失量、产生水土流失的重点部位、水土流失主要危害。

【例 1-9】　某机场建设项目

经预测，新建××民用机场工程建设可能造成的土壤流失总量为××t，新增土壤流失总量××t。其中施工期（含施工准备期）土壤流失量××t，新增土壤流失量××t；自然恢复期土壤流失量××t，新增土壤流失量××t。产生水土流失的重点部位为飞行区和航站及附属工程区。

工程建设土石方开挖填筑量大，施工扰动范围大，工程建设将不可避免地改变原有地貌，破坏原生植被，导致土地生产力降低，加速土壤侵蚀程度，影响周边生态环境。若不做好工程建设过程中的施工管理，及时落实各项水土保持措施，势必会加剧工程区水土流失，对周边河流水域及当地的经济发展产生不利影响。

1.8　水土保持措施布设成果

简述各防治区措施布设情况。工程措施应明确措施名称、结构形式、布设位置、实施时段，植物措施应明确植物类型、布设位置、实施时段，临时措施应明确措施名称、布设位置、实施时段。

明确项目水土保持措施主要工程量。植物措施统计面积，工程措施统计拦挡措施的体积、排水措施长度、边坡防护面积、土地整治面积、表土剥离数量，临时措施统计临时拦挡、排水数量及苫盖面积等。

【例 1-10】　某××kV 线路改接工程项目

按照地形地貌区，本工程可分为高山峡谷区和丘陵区 2 个一级分区；按照项目类型分区，可将高山峡谷和丘陵区分别分为 2 个二级分区，分别为线路工程区和变电站扩建工程区（雅安Ⅱ××kV 开关站扩建工程、新都桥××kV 变电站扩建工程、康定××kV 变电站扩建工程）。

线路工程防治区可分为××个三级分区，即塔基区及塔基临时占地区、索道、小运道路（人行栈道）、施工临时道路区、其他施工临时占地区（牵张场、跨越、拆除铁塔）。

变电站扩建工程区可分××个三级分区，即雅安Ⅱ××kV 开关站、新都桥××kV 变电站康定××kV 变电站扩建工程及甘谷地××kV 变电站。

根据水土流失防治分区,在水土流失预测及分析评价主体工程中具有水土保持功能工程的基础上,把水土保持工程措施、植物措施、临时措施有机地结合起来,形成完整的、科学的水土流失防治措施体系和总体布局。

因线路路径整体走向受二郎山风景名胜区、大熊猫国家森林公园、天全河野生鱼类保护区、灵鹫山－大雪峰风景名胜区范围及其他相关设施的限制,本项目迁改线路路径无法避让二郎山风景名胜区、大熊猫国家森林公园、天全河野生鱼类保护区、灵鹫山－大雪峰风景名胜区。

方案还将对沿途路径的敏感区提高水土保持防治标准,并增加水土流失防治措施,减少区域的水土流失,缩短施工时间,并在施工结束后及时恢复原地貌。在原措施的基础上增加对敏感区边坡的拦挡措施。项目一般区域施工结束后仅还草,敏感区施工结束后方案设计还林还草。

水土保持措施总体布局及工程量如下:

1. 高山峡谷区段

(1)新建线路工程区

1)塔基区水土保持措施设计

工程措施:浆砌石护坡、排水沟护坡××m^3,排水沟××m^3;剥离表土面积××hm^2,剥离表土量××万 m^3。覆土面积××hm^2,共覆土××万 m^3,土地清理、平整面积为××hm^2。

植物措施:撒草绿化恢复面积为××hm^2,绿化草籽白三叶××kg、狗牙根××kg;灌草结合(敏感区)的绿化面积为××hm^2,共需种植××株。

临时措施:编织袋××m^3,密目网用量××m^2。

2)索道区水土保持措施设计

工程措施:土地清理、平整面积为××hm^2。

植物措施:撒草绿化恢复面积为××hm^2。

3)小运道路防治水土保持措施设计

工程措施:土地清理、平整面积为××hm^2。

植物措施:撒草绿化面积××hm^2,绿化草籽狗牙根××kg;灌草绿化(敏感区)面积为××hm^2,树种采用紫穗槐,共××株。

4)临时施工道路防治水土保持措施设计

工程措施:表土剥离总量为××万 m^3,土地清理、平整面积为××hm^2,排水沟总长××m。

植物措施:生态护坡绿化面积××hm^2,撒草绿化面积××hm^2。

临时措施:密目网××m^2。

5)其他临时占地区水保措施设计

工程措施:土地清理、平整面积××hm^2。

植物措施:本区占地面积为××hm^2,施工后进行绿化恢复。

临时措施:临时排水沟××m。

(2)变电站扩建工程防治区

1)新都桥变扩建

工程措施:场地清理平整面积××hm^2,土地平整后对场区内为硬化面积进行碎石铺垫,共铺垫面积××hm^2。

临时措施:新都变电站临时堆土面积××m^2,使用密目网××m^2。

2)康定变扩建工程

工程措施:场地清理平整面积××hm^2。

2. 丘陵区段

(1)新建线路工程区

1)塔基区水土保持措施设计

工程措施:浆砌石护坡××m^3,排水沟××m^3,表土可剥离面积××hm^2,共剥离表土××万m^3,覆土××万m^3,土地清理、平整面积为××hm^2(包括复耕面积××hm^2,不包括塔基硬化占地)。

植物措施:撒草绿化恢复面积为××hm^2,绿化草籽白三叶××kg、狗牙根××kg,灌草结合(敏感区)的绿化面积为××hm^2,共需种植××株。

临时措施:坡地塔位共需使用编织袋××m^3,密目网用量××m^2。

2)索道区水土保持措施设计

工程措施:土地清理、平整面积为××hm^2。

植物措施:撒草绿化恢复面积为××hm^2。

3)小运道路防治水土保持措施设计

工程措施:土地清理、平整面积为××hm^2。

植物措施:撒草绿化面积××hm^2,灌草绿化(敏感区)面积为××hm^2,树种采用紫穗槐,共××株。

4)施工临时道路区水土保持措施设计

工程措施:表土剥离面积××hm^2,表土剥离总量为××万m^3,土地清理、平整面积为××hm^2。

植物措施:生态护坡绿化面积××hm^2,撒草绿化面积××hm^2。

临时措施:密目网××m^2,土质排水沟总长××m。

5)其他临时占地区水保措施设计

工程措施:土地清理、平整面积××hm^2。

植物措施:本区占地面积为××hm^2,施工后进行绿化恢复。

临时措施:临时排水沟××m。

(2)变电站扩建工程防治区

雅安Ⅱ开关站扩建工程

工程措施:表土剥离面积××hm^2,共剥离表土××m^3,场地平整面积××hm^2,覆土量××m^3。

植物措施:绿化面积为××hm^2。

临时措施:雅安Ⅱ开关站临时堆土面积××m^2,使用密目网××m^2。

1.9　水土保持监测方案

编制内容:简述水土保持监测内容、时段、方法和点位布设情况。

【例1-11】　某建设项目水土保持监测方案

1.监测内容

水土保持监测内容主要包括扰动土地情况,取土(石、料)、弃土(石、渣)情况,水土流失情况和水土保持实施情况及效果等。

2.监测时段

本项目水土保持监测时段从施工期(含施工准备期)开始,至设计水平年结束。水土保持监测时段为2020年1月至2023年12月。

3.监测方法

采用定位观测、调查巡查监测、遥感监测、无人机监测等方法。

4.监测点位

项目初步拟定水土保持定位监测点××处,其中飞行区××处,航站区××处,场外台站区××处,场外用地区××处。

1.10　水土保持投资及效益分析成果

编制内容:简述水土保持总投资和工程措施投资、植物措施投资、临时措施投资、独立费用(含水土保持监测费、水土保持监理费)、水土保持补偿费;简述方案实施后防治指标的可能实现情况和可治理水土流失面积、林草植被建设面积、减少水土流失量。

【例1-12】　某建设项目水土保持投资及效益分析成果

按××年××月市场价格水平估算,××工程水土保持工程总投资为××万元(包括主体已列投资××万元,新增投资××万元),其中工程措施投资××万元,植物措施投资××万元,临时措施投资××万元,独立费用××万元(其中工程建设监理费××万元,水土保持监测费××万元,水土保持设施验收费××万元),基本预备费××万元,水土保持补偿费××万元(其中××区××万元,××县××万元)。

根据水土保持措施实施效果分析测算,项目区水土流失治理度可达到××%,土壤流失控制比达到××,渣土防护率达到××%,表土保护率达到××%,林草植被恢复率达到××%,林草覆盖率达到××%,可治理水土流失面积××hm^2,恢复林草植被面积××hm^2,减少水土流失量××××t。

1.11　结　论

编制内容:明确项目建设从选址选线、建设方案、水土流失防治等方面是否符合水土保持法律法规、技术标准的规定,实施水土保持措施后是否能达到控制水土流失、保护生态环境的目的,从水土保持角度对工程设计、施工和建设管理提出的要求。

【例1-13】　某建设项目结论

本工程选址(线)及总体布局、施工规划等不可避免地存在水土保持制约因素,但推荐方案合理可行。通过本方案水土保持措施的实施,总体上可有效地治理工程建设及完工后续阶段的新增和原有水土流失,保护和改善工程区的生态环境,恢复工程区内的林草植被,对保障工程安全运行和促进区域可持续发展起到重要作用。从水土保持角度分析,本工程的建设是可行的。

主体工程推荐线路路径方案合理可行,工程占地、土石方工程量及工程施工组织设计等方面均符合水土保持要求。

工程建设过程中实施本方案设计的水土保持措施后,能有效地防治新增水土流失,到设计水平年六项指标均可达到目标值,总体上可有效地治理工程建设及完工后续阶段的新增和原有水土流失,保护和改善工程区的生态环境,恢复工程区内的林草植被,对保障工程安全运行和促进区域可持续发展起到重要作用。

由以上分析可知,本工程通过方案的水土保持措施治理后,工程的施工建设是可行的。

为保证工程在建设过程中尽量减小扰动或损坏地表与植被的面积,将水土流失降到最低程度,尽快恢复和改善工程区生态环境,实现工程建设与生态环境的可持续发展,建设单位应设置专门的水土保持管理机构,并会同地方水土保持部门负责处理组织、监督工程区水土保持措施的实施和水土保持监测工作。

为保证水土保持措施的顺利进行及正常发挥效益,现对水土保持工程监理、水土保持监测、下阶段水土保持工程设计及实施等提出如下建议。

1. 对水土保持工程监理的建议

监理单位要加强对水土保持临时措施、植物措施、工程措施的监理。

2. 对水土保持监测的建议

实行水土保持监测“绿黄红”三色评价,水土保持监测单位根据监测情况,在监测季报和总结报告等监测成果中提出“绿黄红”三色评价结论。监测成果应当公开,生产建设单位应当在工程建设期间将水土保持监测季报在其官方网站公开,同时在业主项目部和施工项目部公开。水行政主管部门要将监测评价结论为“红”色的项目,纳入重点监管对象。

3. 对下阶段水土保持工程设计及实施的建议

(1)线路沿线所经河流较多,且水功能保护区沿线分布,初步设计时已予以避让,下阶段设计及施工前需逐一落实,注意避让。

(2)本方案经省水利厅批准后,设计单位应将批准的防治措施和投资估算纳入主体工程的施工图设计,编制单册或专章。

综合说明后应附水土保持方案特性表,格式内容要求见表1-11。

表 1-11　水土保持方案特性表

项目名称				流域管理机构	
涉及省(市、区)		涉及地市或个数		涉及县或个数	
项目规模		总投资(万元)		土建投资(万元)	
动工时间		完工时间		设计水平年	
工程占地(hm^2)		永久占地(hm^2)		临时占地(hm^2)	
土石方量(万 m^3)		挖方	填方	借方	余(弃)方
重点防治区名称					
地貌类型				水土保持区划	
土壤侵蚀类型				土壤侵蚀强度	
防治责任范围面积(hm^2)				容许土壤流失量[$t/(km^2 \cdot a)$]	
土壤流失预测总量(t)				新增土壤流失量(t)	
水土流失防治标准执行等级					
防治指标	水土流失治理度(%)			土壤流失控制比	
	渣土挡护率(%)			表土保护率(%)	
	林草植被恢复率(%)			林草覆盖率(%)	
防治措施及工程量	工程措施			植物措施	临时措施
投资(万元)					
水土保持总投资(万元)				独立费用(万元)	
监理费(万元)		监测费(万元)		补偿费(万元)	
分省措施费(万元)				分省补偿费(万元)	
方案编制单位				建设单位	
法定代表人				法定代表人	
地址				地址	
邮编				邮编	
联系人及电话				联系人及电话	
传真				传真	
电子信箱				电子信箱	

注:1. 动工时间为施工准备期开始时间。

2. 水土保持区划应填写《全国水土保持区划》中的一级区。

3. 防治指标应填写设计水平年时的综合指标值。

4. 防治措施及工程量指建设期各类防治措施的数量,如工程措施中填写拦挡的措施量、排水措施长度、边坡防护面积、土地整治面积、表土剥离数量;植物措施中填写林草措施面积;临时措施中填写临时拦挡措施量、排水措施长度、临时苫盖面积。

5. 水土保持投资均指建设期的投资。

2 项目概况

2.1 项目组成及工程布置

(1)项目组成及工程布置应包括下列内容:

1)项目建设基本内容,单项工程的名称、建设规模、平面布置、竖向布置等。存在依托关系的项目,应调查依托工程相关情况。

2)供电系统、给排水系统、通信系统、项目内外交通等。

(2)生产过程中产生的弃土(石、渣、灰、矸石、尾矿)及处置方案,包括来源、数量、类别和处置方式。

(3)应有项目组成及主要技术指标表。

(4)图件应包括项目总体布置图和工程平面布置图,公路、铁路等线型工程尚应有平、纵断面缩图和典型断面图。取土(石、砂)场、弃土(石、渣)场应附位置图。

【例2-1】 某建设项目项目组成及工程布置

1. 基本情况

(1)工程简介

项目名称:某机场建设项目

建设单位:××××

建设地点:×××

建设性质:新建

工程等级:×××

施工工期:计划于××年××月开工,××年××月完工,工期××个月

工程投资:×××

(2)地理位置

新建××工程涉及××省××市××乡(镇)。工程地址距××市中心约66 km,距××市中心约18 km。机场西跑道中心点为机场基准点,地理坐标为××。

地理位置详见图(略)。

(3)建设规模

××民用机场工程为新建工程,是全国航空网络的中心枢纽货运机场,同时兼顾部分客运支线业务,以货运为主,客运为辅。本期项目建设内容主要包括机场工程飞行区、航站区、货运区、工作区、场外台站区;转运中心、××航空基地以及场外供油工程。

××区等级为××,××滑行道系统按满足××年旅客吞吐量200万人次、货邮吞吐

量为 340 万 t 的目标设计，航站区、转运中心等设施按满足××年旅客吞吐量 100 万人次，年货邮吞吐量为××万 t，年起降架次 8 万架次的目标设计。本期主要建设内容包括：新建两条跑道长××m、宽××m，跑道间距××m，航站楼面积××hm^2，货运区面积××hm^2，转运中心面积××hm^2，××航空基地面积 38.53 hm^2，××个机位的站坪，最大设计机型为××。为保障机场正常运行，新建场外 7.0 km 的输油管线和一座 5 100 t 级的航油码头。

主要技术指标详见表(略)。

2. 项目组成

根据国家发展改革委员会对新建××民用机场工程可行性研究报告的批复，本项目建设内容包括机场工程、转运中心、航空基地及场外供油工程 3 个部分。工程项目组成表式见表 2-1。

表 2-1　××工程项目组成表

项目组成		建设内容
××工程	××区	跑道、站坪、防吹坪、滑行道、××工程、××工程、围场路、围界、××绿化
	××及附属工程区	××楼、××管楼、××站、××中心、工作区、转运中心、××航空基地、油库区、汽车加油站、景观绿化、围界
	场外台站区	茶山××、××DVOR/DME、××DVOR/DME、××雷达站、××道路
	料场区	××南侧的黄山地块
场外供油工程		××供油管线、××码头、××配套工程、绿化、围界

3. 项目布置

(1)平面布置

根据主体设计推荐方案，跑道平行且呈××走向，航站及附属工程区布置在两跑道之间××侧，××基地布置在西跑道北侧偏东，××中心布置在两跑道间中部。料场区位于××南侧。场外××码头布置在已建××m 处，输油管线从××码头接入××油库。场外二次雷达站布置在机场西跑道西南侧山顶，距离基准点横向距约××km。场外三处导航台分别布置在附近的山顶上。

××工程平面布置示意图(略)。

1)××区

××区主要包括跑道、滑行道、站坪、防吹坪、气象工程、导航工程、围场路、围界、场区绿化等，占地××hm^2。

①跑道工程

本期新建东、西两条等级为××的跑道，跑道长度××m，宽××m，两跑道间距××m。在跑道两侧新建跑道道肩，宽××m。跑道主降方向为由××向××。

跑道两端设置防吹坪和跑道安全区。防吹坪长××m，宽××m。升降带宽度为跑道中线及其延长线向每侧延伸××m，长向跑道两端向外延伸××m。

②站坪工程

新建××个站坪机位,其中新建转运中心机位××个,近机位××个。在转运中心南侧和西南侧设置××个远机位。在航站楼西侧设置××个客运机位,设置其他××货运机位××个。在西跑道二平滑北段东侧设置××个,在××跑道二滑北段设置××个隔离机位。

③道路工程

a. 滑行道

在××跑道与转运中心之间新建两条平行滑行道,设置一平滑,长度为××m。一平滑中心线以东××m设置二平滑,南段长度为2 360 m,北段长度为850 m。××跑道和一平滑主次降方向各设置××条快速出口滑行道。××跑道与一平滑南端设置××条联络道。

b. 围场路

为保证机场巡场等工作的需要,沿新建飞行区和航站区周边设置围场路供巡逻人员及车辆行驶使用。围场路宽××m,路基宽××m。围场路每间隔××m设置错车道。

机场滑行道布置示意图(略)。

④围界工程

本次新建围界主要采用双层钢筋网围界,围界高度××m,上设防攀越刺丝网。根据《航空无线电导航台和空中交通管制雷达站设置场地规范》的要求,在航向台和下滑台保护区范围内的围界采用灰砂砖墙围界。本期新建围界长度为××m,其中钢筋网围界××m,砖墙围界××m,××m宽双向开启式应急大门××座。

⑤导航工程

本期在机场飞行区两跑道主降方向各设置一套Ⅱ类精密进近仪表着陆系统,次降方向设置Ⅰ类精密进近仪表着陆系统。在东、西跑道南北两端分别设置航向台和下滑台。西跑道南北端下滑台距跑道端分别为××m、××m,东跑道南北两端下滑台距跑道端分别为××m、××m。下滑台均位于跑道外侧,航向台均距跑道端××m。导航台站采用整体式放舱,台站场内均无人值守,建筑面积××m^2。

另在××飞行区内分别建设一座场间雷达站。××场间雷达站位于××跑道××端内撤××m,距离东跑道中心线约××m,场地设计标高××m,平台高度××m。西面场间雷达站位于西跑道北端内撤××m,距西跑道中心线西侧约××m,场地设计标高××m,平台高度××m。场间雷达站占地面积共××m^2。

⑥气象工程

本期机场气象工程主要包括常规气象观测场和气象雷达站。

常规气象观测场位于西跑道××侧设置××m××m常规气象观测场,其中心点距离跑道中心线××m,从××跑道北段入口内撤××m处。常规气象观测场内设置自动气象观测站××座,系统终端位于航管楼观测值班室内。气象雷达站站址位于东跑道东侧约××m,距东跑道北段入口约××m处。台站占地面积××m^2,设计标高××m,塔台高度××m。台站内配套用房主要有雷达机房、监控室、设备维修间、值班用房及附属设施等。

⑦××区绿化

主体设计飞行区空地全部绿化,绿化面积××hm^2。

⑧××区边坡防护

飞行区填方边坡最大高度为7 m,坡比为1∶2。对于原地面高××m以下边坡全部采用浆砌石衬砌防护,厚度为0.3 m;高程20 m以上填方边坡采用六棱砖植草护坡,防护面积为××hm^2。挖方边坡采用喷播植草防护,边坡防护面积××hm^2。

填方边坡防护示意图(略),挖方边坡防护示意图(略)。

××区以上工程主要技术指标见表2-2。

表2-2 ××区主要技术指标表

序号	项目名称	项目特征
1	跑道	新建××两条跑道,跑道规模××m×46 m,两跑道间距××m。道肩宽××m,主降方向由××向××
2	防吹坪	新建防吹坪规模××m×49 m,两跑道两端各1处,面积共计××m^2
3	站坪	新建××个站坪机位,其中转运中心机位××个,客运机位××个,其他货运快递机位××个,货航机位××个,隔离机位××个
4	滑行道	新建4条平行滑行道,6条快速出口滑行道,14条联络道,3条垂直滑行道
5	围场路	宽度××m,道肩宽度××m,每隔××m设置宽××m、长××m的错车道
6	绿化用地	包括跑道段安全区、升降带、防吹坪及其他空地绿化,绿化面积××hm^2
7	围界	双层围界,围界高度××m,围界长度××m,围界大门××座
8	导航工程	主降包括南下滑台和北航向台各1座,次降包括北下滑台和南航向台各×座
9	气象工程	常规观测场和气象雷达站,常规观测场占地面积××m^2,气象雷达站占地面积××m^2
10	边坡防护	高程××m以下浆砌石护坡,高程××m以上填方边坡采用六棱砖植草防护,挖方边坡采用喷播植草防护,防护面积××hm^2

⑨××场内排水

a. 出水口布置

飞行区的雨水排放系统采用自流方式分区排放。从飞行区竖向设计及周边地势条件分析,机场场区整体地势北高南低,且北面不与周边水系及湖区相连,不宜布置出水口。飞行区排水出口主要集中布置在场区中部靠××侧,机场雨水经汇集后就近排出场外。飞行区共设置8个排水出口。

××区排水路径及出口位置示意图(略)。

b. 排水路线布置

飞行区排水线路主要沿跑道和滑行道平行方向规划,分别布置在跑道外侧、跑道与平行滑行道之间、滑滑之间(两滑行道中间位置)、平滑与机坪之间及指廊周边。

××区排水线路布置示意图(略)。

c. 飞行区防洪

根据《民用机场排水设计规范》(MH/T 5036—2017),机场防洪标准为100年一遇。飞行区防洪主要是防御××江洪水侵袭。与机场最近的长江干堤为××大堤××段,为二级堤防,设计水位为××m,堤顶高程××m。参照《××流域综合规划》,××江的防洪标准为防御"××年型"洪水,在××江流域××水利枢纽及各分蓄洪区综合调度运用的前提下,可抵御百年一遇洪水,即机场所处的××江干堤的防洪能力满足机场100年一遇防洪标准,可有效保障机场的防洪安全。

2)航站及其他工程

航站及工程区主要由航站楼、中心变电站、货运区、停车场、消防救援站、生产辅助设施、空管工程、供水站、污水垃圾处理站、信息工程、转运中心等组成。航站及附属工程区占地面积××hm^2。

①航站楼

航站楼位于机场南端、货运站东侧,占地面积××m^2。航站楼设计为两层,一层为出发层和到达层,功能包括送客厅、迎客厅、值机厅、行李提取大厅、行李分拣厅及贵宾候机厅等;二层为出发候机厅。

航站楼排水采用雨污分流制,室外雨水主要采用压力流和重力流相结合的方式经雨水口就近排入机场雨水管网。

②变电站

中心变电站位于机场××侧,占地面积××m^2。站内设置110 kV配电室、变压器室、10 kV配电室、××V配电室、电力监控室、办公室、材料间、维修间、车库等用房,并配有××kV配电装置、变压器、10 kV配电柜、××V配电柜、电力监控台等设备,另外,在中心变电站内根据要求相应地设置电视系统、电话系统、网络系统、消防系统、安防系统等。

③停车场

停车场位于航站楼东侧,规模按××年××个车位,××m^2的面积建设。采用单项循环的交通方式与场内进出场道路相接,同时配套建设非接触式IC卡智能停车场管理系统。

④货运区

货运区指处理普货的航空货运部分,包括快件中心和货运站房,布置在机场南端进场路西侧,占地面积××m^2。货运区主要包括国内货运站房、货运站业务及辅助用房、特运库、快件中心、快件业务及辅助用房等。

⑤消防救援站

本期共新建××个消防主站和××个消防执勤点。消防主站位于××跑道南端,执勤点××位于××跑道××端,执勤点××位于××跑道××南端,执勤点××位于××跑道××北侧。消防站建筑规模××m^2,场地面积为××m^2。

⑥其他设施

辅助设施主要布置在机场南侧,连接进场道路,包括机场办公楼、员工宿舍食堂、飞管部用房、地面服务部业务用房、机电业务用房、安检业务用房、机场公安用房、安保业务用房、生产保障车辆库房等,建筑面积合计××m^2。

a.供水站

供水站主要为机场的生产生活用水和陆侧区域的消防用水。目标年最高日总用水量约××万m^3/d。自来水引自××市市政管网,经二次加压后供使用。本期新建供水站规模为××m^3/d。供水设备主要包括配水泵房、清水池、加氯间及附属用房。占地面积××m^2。

b. 污水垃圾转运站

机场南货运区和北工作区分别设置垃圾转运站1座,占地面积××m^2。场内垃圾收集后用封闭式垃圾车运至市垃圾处理厂统一处理。本期工作区及××航空基地污水经管网收集后经排放,进入规划的污水处理厂。

c. 转运中心

转运中心布置在东西跑道中央的核心位置,是机场建设的重要组成部分。转运中心设计目标年(××年)年航空吞吐量××万t,每日起降架次××。转运中心整体呈"工"字形布置,长约××m,宽××m,近机位××个,远机位××个,占地面积××hm^2。主要建筑物包括分拣中心、综合业务楼等。建筑高度××m,占地面积××hm^2,综合业务楼××座,地上××层、地下××层,建筑高度××m,建筑面积××hm^2;在分拣中心设置××个卡口,建筑面积××m^2。

d. 景观绿化

绿化和环境布置既要符合规范的要求,又要充分体现当地的地方特色。绿化主要包括客运区绿化、站前停车场绿化、道路两侧绿化、各工作区及生活区绿化等,面积合计××m^2。

e. 边坡防护

工程区以填方边坡为主,边坡高度为××m~××m,坡比为××。原地面高程××m以下边坡采用浆砌石衬砌防护,厚度为××m;高程××m以上填方边坡采用六棱砖植草护坡,防护面积为××hm^2。

××工程区边坡防护示意图(略)

(2)竖向布置

1)飞行区竖向布置

设计原则:满足防洪、净空条件、地基最小填土高度、场内排水综合要求,按照《民用机场飞行区技术标准》(MH 5001—2013)相关规定,尽量减少土石方工程量,满足地基最小填土高度要求及降水自然排放原则进行设计飞行区竖向布置方案。

飞行区现状地面标高为××~××m(1985国家高程基准,下同)。场地湖面水深为××~××m。场址西南侧分布有××山、××山,山顶高程在××~××m。综合治理工程实施后飞行区地面高程为××~××m。

飞行区整体竖向设计采用平坡式布置形式,相对高差在××m以内。机场西跑道设计标高为南端××m,北端××m,纵坡为××%~××%;××跑道设计标高为××m,北端××m,纵坡为××%。跑道横坡为××%。

2)航站及其他工程

竖向布置设计的原则是:满足生产、运输与装卸以及管道敷设等对高程的要求;充分结合场地的地形、水文等条件,进行建构筑物、道路等的竖向布置,使场地雨水排放顺畅。

航站区整体竖向设计采用平坡式布置,相对高差不超过××m。航站楼设计标高为××m,转运中心设计标高为××m,两侧平均坡度控制在××%~××%,××基地设计标高为××m;其他设施设计标高××~××m,平均坡度小于0.1%。

××工程主要控制点标高示意图(略)。

(3)××设施系统

1)工程区排水

工程区排水充分利用场地条件,优先采用重力流排放,自排为主,强排为辅。排水方式采用雨水管网和方涵相结合的方式。工程区雨水汇流区域主要为航站区、货运区、工作区及转运中心和北端汇流区域。

工程区雨水汇流区域图(略)。

经计算,工程区××端汇流区域,最大设计流量为××m^3/s,面积为××hm^2,××端汇流面积为××hm^2,最大设计流量为××m^3/s。××端汇流雨水从排放口排出,最终排出场外。

雨水管网布置示意图(略)。

2)加油站

加油站位于机场××跑道××端西侧,设计高为××m,占地面积××hm^2。加油站主要建筑物包括生产值班用房、综合检测及灌油棚、油车库及器材间、管线车棚设施等。

加油管线从机场油库引出××条加油管线主管,敷设至飞行区,其中一路主管绕××跑道端头向××敷设至转运中心远机位,另一路主管线向××敷设,后向××敷设,分别沿航站楼、转运中心指廊及远机位敷设,两路主管线在机场最××端形成环路。转运中心××之间及北侧远机位均采用加油支环管,转运中心××侧及××侧远机位采用加油支环管。

3)供电系统

采用110 kV电源供电,一路引自220 kV××变电站(已建),距离机场××km;另一路引自220 kV××变电站(待建),距离机场19 km。场外110 kV电缆进入机场围界后,接入场内中心变电站。

场内中心变电站设置××台双绕组有载调压变压器,将场外××kV变压至××kV,再通过10 kV配电系统至各开闭站和变电站。本期在机场南区和北区各新建××座10 kV开闭站,占地面积为××m^2。10 kV开闭站进线电源由中心变电站直供,每个10 kV开闭站由110 kV中心站不同母线段引来2路电缆电源,每个开闭站容量不大于××kVA。

为保障重要设施负荷供电,在航站楼、塔台小区、导航站、助航灯光变电站、信息中心场地内设置柴油发电机组作为备用电源。

场外台站区供电系统:雷达站电源主要由××110 kV变电站引××路××kV线路至台站内;线路长度约××km;××导航台电源由××110 kV变电站引××路10 kV线路至台站内,线路长度约10 km;××山导航台电源由××镇××kV变电站引××路××kV线路至台站内,线路长度约××km。各台站内均设置高低压设备和××台柴油发电机组作为备用电源。

航油码头及附属工程区供电系统:航油码头及附属工程区外电源采用××供电,由码头附近变电所引××路电缆线至码头,其中一路为工作动力电源,一路为照明电源,两路为消防电源。工程区内不单独设置变电所,电缆线路主要沿电缆桥架方式敷设,局部采用保护钢管埋地敷设,电缆总长度约××km。

(4)给排水系统

场内:供水主要是通过××水厂和××水厂(待建)双水源并网向机场供水。供水管网主要沿××国道和××大道敷设市政供水管网进入机场××侧给水管线,经供水站二次加压后向场内供水,供水管径××mm。

机场供水站主要为机场范围内的生产生活用水和陆侧区域的消防用水,机场近期最高日最高时供水量为200 L/s,供水主管道管径为DN××。供水管网采用环形布置,管道主要沿道路敷设,部分位置偏远且允许间断供水的区域采用支装敷设,场内共新建供水管网××km。

机场场内飞行区和航站区排水设计(略),场内供水管网平面布置示意图(略)。

场外台站区给排水系统:场外台站距离附近村镇较远,无法接入周边市政供水管网,各台站均采用打井方式取水。场外台站区排水是在台站围界外侧及站内建筑周边布设浆砌片石排水沟,排水出口顺接周边沟渠或进站道路排水系统,站内硬化场地雨水散排至场区绿化区域。

(5)内外交通

1)场外交通

对外交通十分便捷,周边公路网主要有××高速、××高速、G××国道、S××省道等。××铁路穿境而过,沟通京广和京九铁路。水路可沿××江黄金水道下行约××km直达××,上行××km连接××。良好的交通环境为××机场提供了便捷的对外集疏运条件。

2)场内交通

机场工程其他场内施工道路采取永临结合的方式,根据机场内规划道路布设,待施工结束后修建为机场内永久道路。机场工程主要施工道路均采用碎石路面,双向××车道,路基平均宽度××m;通往其他施工道路路基平均宽度××m。

场外输油管线管道作业面宽为××m,可供运输车辆通行,航油码头及附属工程区有××道路通往施工现场,可满足施工要求,故不再新建施工道路。

(6)通信系统

1)机场场内通信系统

机场通信主要包括有线通信(固话、宽带、专线)、无线通信、数据专线等业务。在机场内新建通信机楼,在电信核心机楼与通信机楼之间建设××G PTN环路,并建设双路由中继传输光缆。机场内通信系统主要从××和××各敷设××跟××芯光缆至机场,总长度××km。

场内通信管道平面布置示意图(略)。

为满足机场通信要求,在飞行区新建××孔通信管道××km,新建××孔通信管道××km;在航站及附属工程区新建××孔通信管道××km,新建××孔通信管道××km。场内共新建通信管道××km。

2）场外台站区通信系统

场外台站区通信系统主要由附近的移动、联通基站或机房引接光纤进入台站区内，该工程由当地通信运营商负责实施，不纳入本工程建设范围内。

4. 生产过程中产生的弃土处置方案

本工程设置的淤泥临时堆放场结合各区清除淤泥数量布置在工程永久占地范围内，从水土保持角度分析，可节约工程占地，避免了由新增占地产生的水土流失；淤泥临时堆放场与各区清淤运距适中，运输方便，其布置能满足淤泥堆置、运输和防护要求；根据主体工程施工时序要求，晾晒后的淤泥临时堆置时间较短，同时考虑到施工期间采取临时排水、拦挡等防护措施，可明显控制淤泥在堆置过程中产生的水土流失。施工结束后，淤泥堆存场迹地根据飞行区规划设计进行绿化。

本工程开挖土石方总量为××万 m^3，填方总量为××万 m^3，借方××万 m^3，借方全部来自料场区开采，无永久弃方。施工期间临时堆土量约××万 m^3。

2.2 施工组织

编制包括下列内容：

（1）施工生产区和生活区的布设位置、数量、占地面积等；

（2）施工道路布设位置、长度、宽度、占地面积等；

（3）施工用水水源、供水工程布置、占地面积等，以及施工用电电源、供电工程布置占地面积等；

（4）取土（石、砂）场的布设位置、地形条件、取土（石、砂）量、占地面积等；

（5）弃土（石、渣）场的布设位置、地形条件、容量、弃土（石、渣）量、占地面积、汇水面积，以及下游重要设施、居民点等；

（6）与水土保持相关的场地平整、基础开挖、路基修筑、管沟挖填等土石方工程施工方法和工艺。

【例 2-2】 某建设项目施工组织

1. 施工场地布置

本工程施工场地布置主要包括施工生产生活区、施工便道、取土场、弃土（渣）场的布置等。

（1）施工生产生活区

施工生产区主要包括路基路面拌和站、沥青搅拌站、混凝土搅拌站、预制场、砂石堆放场、周转性材料堆放场、土方临时堆放区等。施工生活区一般紧临施工生产区布置，以满足施工人员住宿及施工办公使用等。施工生产生活区设置情况见表 2-3。

施工生产生活区和施工便道首先要进行表土剥离，并做好临时堆放表土的防护。在场地平整中，尤其应注意大桥预制场地的平整准备工作，保证与后续材料、机械设备进出场合理衔接；应及时开挖临时排水沟，以免在雨季时引起水土流失或影响施工进度。

（2）施工便道

主要连接施工生产生活区、大桥、取土场等，考虑施工生产生活区周边交通较为发达，只对于交通不便利的区域，在施工生产生活区以就近原则连接主线路区修筑便道。本项目需新建施工便道××条，长度××km，宽度××～××m，新增临时占地××hm^2。施工便道设置情况见表2-4。

表2-3 施工生产生活区布设位置、数量、占地类型、面积一览表

序号	布设位置		场地功能	占地类型和占地面积(hm^2)				
	行政区划	沿线桩号		耕地	林地	草地	工矿仓储用地	小计
1	××市		施工驻地					
2	××市		施工驻地					
3	××市		施工驻地					
4	××市		施工驻地					
5	××市		施工驻地					
6	××市		施工驻地					
7	××市		桥梁集中预制场					
8	××市		××大桥施工地					
9	××市		××大桥施工地					
10	××市		中桥施工场地					
11	××市		路面基层拌和站					
12	××市		路面面层拌和场					
13	××区		路面面层拌和场					
14	××区		路面基层拌和场					
15	××区		路面基层拌和场					
16	××区		路面基层拌和场					
17	××区		路面基层拌和场					
18	××区		施工驻地					
合计								

表2-4 施工便道布设位置、长度、占地类型、面积情况表

序号	项目名称及布设位置		长度(m)	占地类型和占地面积(hm^2)			
	名称	布设位置		耕地	草地	工矿仓储用地	小计
1	××中桥						
2	××河大桥						
3	××中桥						
4	××沟中桥						
5	××大桥						
6	××河大桥						
7	××大桥						
8	××河大桥						
9	××大桥						
10	××通道桥						
11	××通道桥						

续表 2-4

序号	项目名称及布设位置		长度(m)	占地类型和占地面积(hm^2)			
	名称	布设位置		耕地	草地	工矿仓储用地	小计
12	××通道桥						
13	××通道桥						
14	××通道桥						
15	××桥						
16	××桥						
17	××桥						
18	××桥						
19	××桥						
20	××涵洞						
合计							

(3)取土场

本工程现阶段确定××处取土场,占用土地面积××m^2,全部为临时占地,其中有××村取土场采用取弃结合,作为弃(土)渣场。

各取土场分布位置图(略),取土场布设位置、取土量、占地类型及占地面积一览表表式见表 2-5。

表 2-5 取土场布设位置、取土量、占地类型及占地面积一览表

序号	布设位置			取土量(万 m^3)	最大取土深度(m)	平均挖深(m)	占地类型及占地面积(hm^2)			运距(m)	恢复方向	地形条件
	行政区划	取土场名称	桩号				××地	耕地	小计			
S1	××市	××山									林地	山坡
S2	××市	××石									林地	山坡
S3	××市	××村									林地	山坡
S4	××市	××村									林地	山包
S5	××市	××屯									林地	山坡
S6	××市	××西									耕地	山坡
S7	××市	××南									耕地	山坡
S12	××区	××西									林地	平地
S13	××区	××旗									林地	山坡
S14	××区	××村									林地	平地
S15	××区	××村									林地	山坡
合计												

各取土场部分平面地形图和现场图片见图2-1。

图2-1 取土场部分平面地形图及现状照片

(4)弃土(渣)场

本工程现阶段确定7处弃土(渣)场,其中1处为平地取土场回覆弃土,占地面积在取土场中考虑,其余6处为废弃采坑弃土,共占用土地面积××hm^2,全部为临时占地。

弃土(渣)场详细情况表式见表2-6。

弃土(渣)场土地现状部分照片见图2-2。

各弃土(渣)场分布图(略)。

2. 主要的施工方法和施工工艺

路基工程、桥梁工程、互通工程等施工以机械施工为主,边坡防护工程以人工施工为主,公路绿化、美化工程为机械与人工相结合施工。与水土保持有关的施工工艺主要包括路基表土剥离、路基填筑、路基边坡防护、路基排水等内容。

表 2-6 弃土(渣)场布设位置、占地面积、弃方量及汇水面积一览表

序号	布设位置			土地现状	凹地平均深度(m)	占地面积(hm^2)			容量(m^3)	弃方量(万m^3)	最大弃土高度(m)	恢复利用方向	运距(m)	汇水面积(km^2)
	行政区划	弃土(渣)场名称	桩号			其他土地	林地	小计						
Q1	××市			废弃采坑								林地		
Q2	××市			废弃采坑								林草地		
Q3	××市			废弃采坑								林草地		
Q4	××市			废弃采坑								林草地		
Q5	××区			废弃采坑								林草地		
Q6	××区			废弃采坑								林草地		
S7	××区			林地								林地		
合计														

图 2-2 弃土(渣)场土地现状部分照片

(1)路基施工

路基施工前应先对占用的耕地、林地草地进行表土剥离,剥离表土面积,剥离厚度××cm。剥离的表土沿线集中堆放在路基工程区、互通立交区、取土场区,堆高 4 m,边坡 1:1,后期作为路基绿化和互通立交区、取土场区、弃土(渣)场区绿化和复耕用土。运距小于 100 m 时,可用推土机,运距较长时,可选用装载机配合自卸汽车拉运。

路基填筑一般采取水平分层填筑法进行路堤填筑作业，路基按照横断面全宽分成水平层次，逐层向上填筑。当原地面高低不平时，先从最低处分层填筑，分层填筑压实厚度不超过××cm，填筑区段完成一层卸土后，要用推土机或平地机进行摊平平整，做到填铺面在纵向和横向平顺均匀，以保证压路机车轮表面能以基本均匀接触地面进行碾压，达到碾压效果。

路基新建排水工程采用机械开挖为主、人工开挖为辅的施工方法，首先清除施工区域内的表土，然后开挖土石方。在基础开挖过程中，应修建与永久性排水设施相结合的临时排水设施，保持良好的排水，水流不能引起淤积或冲刷。对于挖出的土料，也可用作回覆或铺筑路堤使用。

为防止路基边坡被雨水冲刷，确保路基边坡稳定，并综合考虑路基美观、绿化和工程经济的合理性，本次设计根据路基填高、挖深及地质条件等，路基防护形式分别采用草灌结合防护、路堤拱形骨架护坡防护、路堑拱形骨架护坡防护及河滩路堤水泥混凝土预制块满铺防护。

1)填方路基

填方路段边坡路基高度小于××m时采用植物护坡的防护形式，路基高度大于××m时采用拱形骨架护坡的防护形式，河滩路基采用水泥混凝土预制块防护。

2)挖方路基

挖方路段边坡高度小于××m时采用植物防护，当边坡高度大于××m时采用拱形骨架护坡防护。本线路不良地质主要是腐殖土及淤泥质土，需根据不同的地质情况，采取清除换填，采用碎石挤密桩、搅拌桩等措施进行工程处理，共需处治不良地质长度××km。

(2)桥梁施工

施工前需对桥梁占用的耕地、林地、草地进行表土剥离，表土剥离厚度为××cm。剥离的表土临时堆存在桥梁施工区，做好临时拦挡和覆盖，后期作为桥梁施工场地和取土场绿化用土。桥梁施工主要集中在主线上，其施工造成水土流失的主要环节是基础施工部分。钻桩前，在桥梁施工区域设置泥浆沉淀池，初步拟定每个泥浆沉淀池长10 m，上口宽6 m，深2 m，底口坡面坡率为1:0.25，满足桥梁施工钻孔产渣，内铺防渗土工膜防护，灌注出浆进入沉淀池进行土石的沉淀，沉淀后的泥浆继续循环使用，以便后期进行综合利用，沉淀的钻渣及时收集清运至弃土(渣)场进行永久处置。

基础施工出渣必须及时清运至就近的弃土(渣)场进行永久处置。桥梁施工结束后及时清运建筑垃圾，并对场地进行平整。桥梁施工的清基、回覆等产生的土石方和建筑垃圾严禁倒入河流中或随意乱丢乱弃。

(3)取土场施工

取土作业应有序进行，不得随意开挖，取土场开挖一般采取挖掘机开采，汽车运输。其一般施工工序为：测量放线—清除表土—施工排水系统—取土开挖—边坡处理—土地整治—绿化或复垦—验收。在施工前先进行表土的剥离，将表土就近堆放，并对其采取临时拦挡和覆盖密目网等临时防护措施。在施工过程中，应按照顺序从上往下分层分台阶挖取，每隔8 m分一级台阶，每级平台宽2 m，取土坡面坡度大于1:2，不留陡边坡，取土结束后,对取土场进行土地整治,并覆土绿化或复耕。

(4)弃土(渣)场施工

除取弃结合的取土场外,本工程现阶段确定的弃土(渣)场均为废弃采坑,土地类型为其他土地,不具备剥离表土的条件。弃渣时应从低处分层堆弃,经压实后再堆弃上一层,弃渣结束后覆盖表土恢复植被。

(5)施工生产生活区、施工便道施工

施工生产生活区和施工便道首先要进行表土剥离,并做好临时堆放表土的防护。在场地平整中尤其应注意大桥预制场地的平整准备工作,保证与后续材料、机械设备进出场合理衔接;应及时开挖临时排水沟,以免在雨季时引起水土流失或影响施工进度。此外,施工单位对各种材料的规格、用量、临时堆放场地等,均需做出合理安排,制订调运计划,注意工程项目先后衔接,保证筑路材料及时满足工程所需。

2.3 工程占地

编制内容:

(1)工程占地应根据项目组成和施工组织,统计项目的占地面积、性质及类型,并应进行现场复核。

(2)工程占地调查成果表达应按项目组成及县级行政区分别说明占地性质、类型、面积,并列出工程总占地表;占地类型应按现行国家标准《土地利用现状分类》(GB/T 21010—2017)的相关规定和水土保持要求分类统计。

《土地利用现状分类》(GB/T 21010—2017)土地利用现状分类和编码见表2-7。

表2-7 土地利用现状分类和编码

一级类		二级类		含义
编码	名称	编码	名称	
01	耕地			指种植农作物的土地,包括熟地,新开发、复垦、整理地,休闲地(含轮歇地、休耕地);以种植农作物(含蔬菜)为主,间有零星果树、桑树或其他树木的土地;平均每年能保证收获一季的已垦滩地和海涂。耕地中包括南方宽度<1.0 m、北方宽度<2.0 m固定的沟、渠、路和地坎(埂);临时种植药材、草皮、花卉、苗木等的耕地,临时种植果树、茶树和林木且耕作层未被破坏的耕地,以及其他临时改变用途的耕地
		0101	水田	指用于种植水稻、莲藕等水生农作物的耕地,包括实行水生、旱生农作物轮种的耕地
		0102	水浇地	指有水源保证和灌溉设施,在一般年景能正常灌溉,种植旱生农作物(含蔬菜)的耕地,包括种植蔬菜等的非工厂化的大棚用地
		0103	旱地	指灌溉设施,主要靠天然降水种植旱生农作物的耕地,包括没有灌溉设施,仅靠引洪淤灌的耕地

续表 2-7

一级类		二级类		含义
编码	名称	编码	名称	
02	园地			指种植以采集果、叶、根、茎、汁等为主的集约经营的多年生木本和草本作物,覆盖度大于50%或每亩株数大于合理株数70%的土地,包括用于育苗的土地
		0201	果园	指种植果树的园地
		0202	茶园	指种植茶树的园地
		0203	橡胶园	指种植橡胶树的园地
		0204	其他园地	指种植桑树、可可、咖啡、油棕、胡椒、药材等其他多年生作物的园地
03	林地			指生长乔木、竹类、灌木的土地,以及沿海生长红树林的土地。包括迹地,不包括城镇、村庄范围内的绿化林木用地,铁路、公路征地范围内的林木,以及河流、沟渠的护堤林
		0301	乔木林地	指乔木郁闭度≥0.2的林地,不包括森林沼泽
		0302	竹林地	指生长竹类植物,郁闭度≥0.2的林地
		0303	红树林地	指沿海生长红树植物的林地
		0304	森林沼泽	以乔木森林植物为优势群落的淡水沼泽
		0305	灌木林地	指灌木覆盖度≥40%的林地,不包括灌丛沼泽
		0306	灌丛沼泽	以灌丛植物为优势群落的淡水沼泽
		0307	其他林地	包括疏林地(树木郁闭度≥0.1、<0.2的林地)、未成林地、迹地、苗圃等林地
04	草地			指生长草本植物为主的土地
		0401	天然牧草地	指以天然草本植物为主,用于放牧或割草的草地,包括实施禁牧措施的草地,不包括沼泽草地
		0402	沼泽草地	指以天然草本植物为主的沼泽化的低地草甸、高寒草甸
		0403	人工牧草地	指人工种植牧草的草地
		0404	其他草地	指树木郁闭度<0.1,表层为土质,不用于放牧的草地
05	商服用地			指主要用于商业、服务业的土地
		0501	零售商业用地	以零售功能为主的商铺、商场、超市、市场和加油、加气、充换电站等的用地
		0502	批发市场用地	以批发功能为主的市场用地
		0503	餐饮用地	饭店、餐厅、酒吧等用地
		0504	旅馆用地	宾馆、旅馆、招待所、服务型公寓、度假村等用地

续表 2-7

一级类		二级类		含义
编码	名称	编码	名称	
05	商服用地	0505	商务金融用地	指商务服务用地，以及经营性的办公场所用地，包括写字楼、商业性办公场所、金融活动场所和企业厂区外独立的办公场所；信息网络服务、信息技术服务、电子商务服务、广告传媒等用地
		0506	娱乐用地	指剧院、音乐厅、电影院、歌舞厅、网吧、影视城、仿古城以及绿地率小于65%的大型游乐等设施用地
		0507	其他商服用地	指零售商业、批发市场、餐饮、旅馆、商务金融、娱乐用地以外的其他商业、服务业用地，包括洗车场、洗染店、照相馆、理发美容店、洗浴场所、赛马场、高尔夫球场、废旧物资回收站、机动车、电子产品和日用产品维修网点、物流营业网点，以及居住小区和小区级以下的配套的服务设施等用地
06	工矿仓储用地			指主要用于工业生产、物资存放场所的土地
		0601	工业用地	指工业生产、产品加工制造、机械和设备维修及直接为工业生产服务的附属设施用地
		0602	采矿用地	指采矿、采石、采砂（沙）场，砖瓦窑等地面生产用地，排土（石）及尾矿堆放地
		0603	盐田	指用于生产盐的土地，包括晒盐场所、盐池及附属设施用地
		0604	仓储用地	指用于物资储备、中转的场所用地，包括物流仓储设施、配送中心、转运中心等
07	住宅用地			指主要用于人们生活居住的房基地及其附属设施的土地
		0701	城镇住宅用地	指城镇用于生活居住的各类房屋用地及其附属设施用地，不含配套的商业服务设施等用地
		0702	农村宅基地	指农村用于生活居住的宅基地
08	公共管理与公共服务用地			指用于机关团体、新闻出版、科教文卫、公共设施等的土地
		0801	机关团体用地	指用于党政机关、社会团体、群众自治组织等的用地
		0802	新闻出版用地	指用于广播电台、电视台、电影厂、报社、杂志社、通讯社、出版社等的用地
		0803	教育用地	指用于各类教育用地，包括高等院校、中等专业学校、中学、小学、幼儿园及其附属设施用地，聋、哑、盲人学校及工读学校用地，以及为学校配建的独立地段的学生生活用地
		0804	科研用地	指独立的科研、勘察、研发、设计、检验检测、技术推广、环境评估与监测、科普等科研事业单位及附属设施用地

续表 2-7

一级类		二级类		含义
编码	名称	编码	名称	
08	公共管理与公共服务用地	0805	医疗卫生用地	指医疗、保健、卫生、防疫、康复和急救设施等用地,包括综合医院、专科医院、社区卫生服务中心等用地,卫生防疫站、专科防治所、检验中心和动物检疫站等用地,对环境有特殊要求的传染病、精神病等专科医院用地,急救中心、血库等用地
		0806	社会福利用地	指为社会提供福利和慈善服务的设施及其附属设施用地,包括福利院、养老院、孤儿院等用地
		0807	文化设施用地	指图书、展览等公共文化活动设施用地。包括公共图书馆、博物馆、档案馆、科技馆、纪念馆、美术馆和展览馆等设施用地,综合文化活动中心、文化馆、青少年宫、儿童活动中心、老年活动中心等设施用地
		0808	体育用地	指体育场馆和体育训练基地等用地,包括室内外体育运动用地,如体育场馆、游泳场馆、各类球场及其附属的业余体校等用地,溜冰场、跳伞场、摩托车场、射击场,水上运动的陆域部分等用地,以及为体育运动专设的训练基地用地,不包括学校等机构专用的体育设施用地
		0809	公用设施用地	指用于城乡基础设施的用地,包括供水、排水、污水处理、供电、供热、供气、邮政、电信、消防、环卫、公用设施维修等用地
		0810	公园与绿地	指城镇、村庄范围内的公园、动物园、植物园、街心花园、广场和用于休憩、美化环境及防护的绿化用地
09	特殊用地			指用于军事设施、涉外、宗教、监教、殡葬、风景名胜等的土地
		0901	军事设施用地	指直接用于军事目的的设施用地
		0902	使领馆用地	指用于外国政府及国际组织驻华使领馆、办事处等的用地
		0903	监教场所用地	指用于监狱、看守所、劳改场、戒毒所等的建筑用地
		0904	宗教用地	指专门用于宗教活动的庙宇、寺院、道观、教堂等宗教自用地
		0905	殡葬用地	指陵园、墓地、殡葬场所用地
		0906	风景名胜设施用地	指风景名胜景点(包括名胜古迹、旅游景点、革命遗址、自然保护区、森林公园、地质公园、湿地公园等)的管理机构,以及旅游服务设施的建筑用地。景区内的其他用地按现状归入相应地类
10	交通运输用地			指用于运输通行的地面线路、场站等的土地,包括民用机场、汽车客货运场站、港口、码头、地面运输管道和各种道路以及轨道交通用地
		1001	铁路用地	指用于铁道线路及场站的用地,包括征地范围内的路堤、路堑、道沟、桥梁、林木等用地

续表 2-7

一级类		二级类		含义
编码	名称	编码	名称	
10	交通运输用地	1002	轨道交通用地	指用于轻轨、现代有轨电车、单轨等轨道交通用地,以及场站的用地
		1003	公路用地	指用于国道、省道、县道和乡道的用地,包括征地范围内的路堤、路堑、道沟、桥梁、汽车停靠站、林木及直接为其服务的附属用地
		1004	城镇村道路用地	指城镇、村庄范围内公用道路及行道树用地,包括快速路、主干路、次干路、支路、专用人行道和非机动车道,及其交叉口等
		1005	交通服务场站用地	指城镇、村庄范围内交通服务设施用地,包括公交枢纽及其附属设施用地、公路长途客运站、公共交通场站、公共停车场(含设有充电桩停车场)、停车楼、教练场等用地,不包括交通指挥中心、交通队用地
		1006	农村道路	在农村范围内,南方宽度≥1.0 m、≤8 m,北方宽度≥2.0 m、≤8 m,用于村间、田间交通运输,并在国家公路网络体系外,以服务于农村生产为主要用途的道路(含机耕道)
		1007	机场用地	指用于民用机场、军民合用机场的用地
		1008	港口码头用地	指用于人工修建的客运、货运、捕捞及工程、工作船舶停靠的场所及其附属建筑物的用地,不包括常水位以下部分
		1009	管道运输用地	指用于运输煤炭、矿石、石油、天然气等管道及其相应附属设施的地上部分用地
11	水域及水利设施用地			指陆地水域,滩涂、沟渠、沼泽、水工建筑物等用地,不包括滞洪区和已垦滩涂中的耕地、园地、林地、城镇、村庄、道路等用地
		1101	河流水面	指天然形成或人工开挖河流常水位岸线之间的水面,不包括被堤坝拦截后形成的水库区段水面
		1102	湖泊水面	指天然形成的积水区常水位岸线所围成的水面
		1103	水库水面	指人工拦截汇集而成的总库容≥10 万 m^3 的水库正常蓄水位岸线所围成的水面
		1104	坑塘水面	指人工开挖或天然形成的蓄水量 $<$ 10 万 m^3 的坑塘常水位岸线所围成的水面
		1105	沿海滩涂	指沿海大潮高潮位与低潮位之间的潮浸地带。包括海岛的沿海滩涂。不包括已利用的滩涂
		1106	内陆滩涂	指河流、湖泊常水位至洪水位间的滩地,时令潮、河洪水位以下的滩地,水库、坑塘的正常蓄水位与洪水位间的滩地,包括海岛的内陆滩涂,不包括已利用的滩涂

续表 2-7

一级类		二级类		含义
编码	名称	编码	名称	
11	水域及水利设施用地	1107	沟渠	指人工修建,南方宽度≥1.0 m、北方宽度≥2.0 m 用于引、排、灌的渠道,包括渠槽、渠堤、护堤林及小型泵站
		1108	沼泽地	指经常积水或渍水,一般生长湿生植物的土地,包括草本沼泽、苔藓沼泽、内陆盐泽等,不包括森林沼泽、灌丛沼泽和沼泽草地
		1109	水工建筑用地	指人工修建的闸、坝、堤路林、水电厂房、扬水站等常水位岸线以上的建(构)筑物用地
		1110	冰川及永久积雪	指表层被冰雪常年覆盖的土地
12	其他土地			指上述地类以外的其他类型的土地
		1201	空闲地	指城镇、村庄、工矿范围内部尚未使用的土地,包括尚未确定用途的土地
		1202	设施农用地	指直接用于经营性畜禽养殖生产设施及附属用地,直接用于作物栽培或水产养殖等农产品生产的设施及附属设施用地,直接用于设施农业项目辅助生产的设施用地,晾晒场、粮食果品烘干设施、粮食和农资临时存放场所、大型农机具临时存放场所等规模化粮食生产所必需的配套设施用地
		1203	田坎	指梯田及梯状坡地耕地中,主要用于拦蓄水和护坡,南方宽度≥1.0 m、北方宽度≥2.0 m 的地坎
		1204	盐碱地	指表层盐碱聚集,生长天然耐盐植物的土地
		1205	沙地	指表层为沙覆盖、基本无植被的土地,不包括滩涂中的沙地
		1206	裸土地	指表层为土质,基本无植被覆盖的土地
		1207	裸岩石砾地	指表层为岩石或石砾,其覆盖面积≥70% 的土地

【例 2-3】 某建设项目工程占地

工程总占地面积××hm²,其中永久占地××hm²,临时占地××hm²。

工程永久占地包括路基、桥梁、隧道、站场占地。工程永久占地××hm²,其中路基工程××hm²,桥梁工程××hm²,隧道工程××hm²,站场工程××hm²,改移工程××hm²。

工程临时占地中包括取土场、弃土场、施工生产生活区、施工便道等临时工程占地。工程临时占地××hm²,其中取土场××hm²,弃土场××hm²,施工生产生活区××hm²,施工便道××hm²。工程占地面积统计表式见表 2-8,工程占地面积汇总表式见表 2-9。

表 2-8 工程占地面积统计表

（单位：hm^2）

行政区划		占地性质	工程类型	耕地			园地	林地		草地		商服用地	工矿仓储用地	住宅用地		公共服务用地	交通运输用地			水域及水利设施用地					特殊用地	其他土地	合计
省	市、区（县）			水田	水浇地	旱地	果园	乔木林地	其他林地	天然牧草地	人工牧草地	零售商服用地	工业用地	城镇住宅用地	农村宅基地	公园绿地	铁路用地	公路用地	农村道路	河流水面	湖泊水面	坑塘水面	沟渠	水工建筑物用地	风景名胜设施用地	空闲地	设施农用地
××省	××市××区（县）	永久占地	路基工程																								
			桥梁工程																								
			隧道工程																								
			站场工程																								
			改移工程																								
			小计																								
		临时用地	取土场																								
			弃土场																								
			施工生产生活区																								
			施工便道																								
			小计																								
		合计																									

表2-9　工程占地面积汇总表　（单位：hm^2）

省	市	县(市、区)	永久占地	临时占地	合计
××	××	××区			
		××县			
		××县			
××	××	××区			
		××县			
		××县			
××	××	××区			
		××县			
		××县			
全线合计					

2.4　土石方平衡

2.4.1　编制要求

(1)土石方平衡应根据项目组成和施工组织,分区统计并复核挖方、填方、借方(说明来源)、余方(说明去向)量和调运情况。

(2)应列出土石方平衡表,绘制流向框图;表土应进行单独平衡,并列出平衡表。

(3)本项目剩余表土应说明堆存、后续利用方案。工程余方应说明优先考虑综合利用情况,不能利用的应说明弃土和弃石(渣)数量与分类堆存方案。

(4)水土保持方案对工程土石方量有调整的应说明。

2.4.2　编制内容的说明

(1)用文字说明项目挖填土石方总量,其中包括挖方量、填方量。

(2)用土石方平衡表反映项目各组成部分及总体平衡情况。土石方平衡表包括挖填方总量、挖方量、填方量、利用方量、调出方量、调入方量、借方量、弃方量。

挖方量——工程建设需要开挖的土石方量,如表土开挖、基础开挖、路堑开挖、渠槽开挖、隧洞开挖和覆盖层开挖等。

填方量——工程建设需要填筑的土石方量。如基础回填和建筑物(坝、路、渠)填筑、表土覆盖等需要的土石方量。

利用方量——本桩、段开挖且又可在本桩、段作为填方利用的土石方量。

调出方量——本桩、段利用不了,但可以调往其他桩、段作为填方的土石方量。

调入方量——从其他桩、段调入本桩、段作为填方的土石方量。

借方量——本桩、段的挖方和调入方均不能满足本桩、段填方的需要,需另外开采或外购的土石方量。

弃方量——挖方在本桩、段不需要或不能作为填方,又不能作为调出利用的土石方量。弃方一般置于弃土(石、渣)场或外销,也可综合利用。如挖出的砂卵石不能作为填方,但经过筛选,一部分可以作为混凝土配合材料的,在平衡表中仍计入弃方,但计算弃土(石、渣)量时应减去被利用的数量,并加以说明。临时堆土不能计入弃方量。

各方量之间的关系是:

挖填方总量 = 挖方量 + 填方量

挖方量 = 利用方量 + 调出方量 + 弃方量

填方量 = 利用方量 + 调入方量 + 借方量

总调入方量 = 总调出方量

一般设计计算出的挖方都是指自然密实度的体积(自然方),填方中的坝体、渠堤等建筑物是指夯实方体积,因此在进行土石方平衡计算时,不能直接采用设计计算出的挖、填方数量,必须全部折算成自然方,否则看数字是平衡的,实际上相差很大。土石方体积折算参考中华人民共和国水利部《水土保持工程概算定额》附录二 - 1 土石方松实系数表,见表 2-10。

表 2-10 土石方松实系数

项目	自然方	松方	实方	码方
土方	1	1.33	0.85	
石方	1	1.53	1.31	
砂方	1	1.07	0.94	
混合料	1	1.19	0.88	
块石	1	1.75	1.43	1.67

注:1. 松实系数是指土石料体积的比例关系,供一般土石方工程换算时参考。

2. 块石实方指堆石坝坝体方,块石松方即块石堆方。

注意,线型工程因线路长,全线相互调运不方便,应按标段或自然界点、行政区分段平衡。

(3)按土石方平衡表绘制流向框图。

某公路工程土石方平衡表式见表 2-11,流向框图图式参见图 2-3。

表 2-11　某公路工程土石方平衡表

（单位：万 m^3）

起讫桩号	挖填方总量	挖方量			填方量			利用方量			借方量		弃方量		
		合计	土方量	石方量	合计	土方量	石方量	合计	土方量	石方量	合计	土方量	合计	土方量	石方量
QK0 + 000—QK20 + 000	520.17	194.29	147.17	47.12	325.88	300.55	25.33	100.94	75.61	25.33	224.94	224.94	93.35	71.56	21.79
QK20 + 000—QK38 + 000	542.00	110.89	89.13	21.76	431.11	419.39	11.73	68.43	56.71	11.73	362.68	362.68	42.46	32.43	10.03
QK38 + 000—QK60 + 000	718.09	162.90	127.46	35.44	555.19	536.54	18.64	88.40	69.75	18.64	466.79	466.79	74.50	57.70	16.80
QK60 + 000—QK80 + 000	394.03	65.81	56.95	8.86	328.22	322.56	5.66	40.17	34.51	5.56	288.05	288.05	25.64	22.44	3.2
QK80 + 000—QK100 + 000	325.61	70.20	59.34	10.86	255.41	248.68	6.73	43.21	36.48	6.73	212.20	212.20	26.99	22.86	4.13
QK100 + 000—123 + 170	419.39	125.68	105.68	20.00	293.71	293.37	0.34	73.62	73.28	0.34	220.09	220.09	52.06	32.40	19.66
K127 + 200—K137 + 200	154.15	28.83	28.32	0.51	125.32	124.81	0.51	14.82	14.31	0.51	110.50	110.50	14.01	14.01	0.00
K137 + 200—K150 + 000	208.27	50.96	50.38	0.58	157.31	156.75	0.56	36.95	36.39	0.56	120.36	120.36	14.01	13.99	0.02
K150 + 000—K164 + 000	269.10	82.56	66.81	15.75	186.54	178.16	8.38	44.44	36.06	8.38	142.10	142.10	38.12	30.75	7.37
FK0 + 000—FK3 + 360	53.09	23.51	23.25	0.26	29.58	29.32	0.26	19.50	19.24	0.26	10.08	10.08	4.01	4.01	0.00
JK0 + 000—JK14 + 121	193.36	37.18	34.92	2.26	136.18	133.92	2.26	13.16	10.89	2.26	123.02	123.02	24.02	24.02	0.00
合计	3 777.28	952.82	789.41	163.41	2 824.46	2 744.05	80.41	543.65	463.24	80.41	2 280.81	2 280.81	409.17	326.17	83.00

注：表内数据全部为自然方。

图 2-3 某公路工程土石方流向框图 （单位：万 m^3）

(4)表土应进行单独平衡,并列出平衡表,表式见表2-12。

表2-12 表土平衡估算汇总表

[单位:万 m^3(自然方)]

序号	项目组成			挖方	填方	调入方		调出方		临时堆存	弃方	
				表土	表土	表土	来源	表土	去向	表土	表土	去向及利用方向
①	建筑物工程区	货运工程	国内货运									C存土场
②			国际货运									C存土场
③		机务维修工程										A存土场
④		航空食品工程							⑮			
⑤		基地运行及保障用房工程							⑰			
⑥		单身及倒班宿舍工程							⑱			
		小计										
⑦	道路及管线工程区	货运区	国内货运						⑬			存土场
⑧			国际货运						⑭			C存土场
⑨		机务维修区							⑮			A存土场
⑩		航空食品区							⑯			
⑪		基地运行及保障用房区							⑰			
⑫		单身及倒班宿舍区							⑱			
		小计										
⑬	绿化工程区	货运区绿地	国内货运									
⑭			国际货运									
⑮		机务维修区绿地										
⑯		航空食品区绿地										
⑰		基地运行及保障用房区绿地										
⑱		单身及倒班宿舍区绿地										
		小计										
⑲	施工生产生活区	货运区	国内货运									
⑳		机务维修区										
㉑		基地运行及保障用房区										
		小计										
合计												统一综合利用

2.5 拆迁(移民)安置与专项设施改(迁)建

拆迁(移民)安置与专项设施改(迁)建按照拆迁(移民)安置的规模、安置方式,专项设施改(迁)建的内容、规模及方案等进行编制。

【例 2-4】 某建设项目拆迁(移民)安置与专项设施改(迁)建

根据主体工程可研设计资料,本项目建设需拆迁建筑物××m^2,其中:大棚××m^2,砖瓦房××m^2,共需迁建电力线××处。表式见表 2-13 和表 2-14。本项目拆迁安置采用货币拆迁安置,即建设单位一次性将拆迁安置费交地方政府,由地方政府负责项目涉及拆迁户的安置工作及水土流失防治工作。本工程不涉及对拆迁范围内的房屋及人员安置进行水土保持设计。

表 2-13 本工程拆迁房屋情况一览表

路段	起讫桩号	拆迁		
		大棚(m^2)	砖瓦房(m^2)	小计
主线	××+000—××+600			
	××+600—××+550			
	××+550—××+300			
	××+300—××+500			
××连接线	××+000—××+750			
××连接线	××+000—××+172			
合计				

表 2-14 本工程拆迁电力设施情况一览表

路段	起讫桩号	拆迁		
		国网电力线(处)	自备电力线(处)	小计
主线	××+000—××+600			
	××+600—××+550			
	××+550—××+300			
	××+300—××+500			
××连接线	××+000—××+750			
××连接线	××+000—××+172			
合计				

2.6 施工进度

工期安排应包括工程总工期(含施工准备期)、开工时间、完工时间及分区或分段工程进度安排。

已开工项目补报水土保持方案的,应介绍施工进展情况。

2.7 自然概况

编制要求:自然概况应包括项目区地形地貌、地质、气象、水文、土壤及植被,编制应符合下列规定:

(1)地形地貌调查内容包括项目所在区域地形特征、地貌类型,项目占地范围内的地面坡度、高程和地表物质组成等。

(2)地质调查内容主要应包括项目占地范围内的地下水埋深,滑坡、崩塌及泥石流等不良地质情况。

(3)气象调查内容应包括项目所在区域所处的气候类型,多年平均气温、大于或等于10 ℃积温,年蒸发量、年降水量、无霜期,平均风速与主导风向、大风日数,雨季时段、风季时段及最大冻土深度等。

(4)水文调查内容应包括项目所在区域所处的流域,河流和湖泊的名称及等级、水功能区划、潮汐情况等,涉及河(沟)道的弃渣场应调查相应河(沟)道的水位、流量及防洪规划等相关情况。

(5)土壤调查内容应包括项目所在区域土壤类型、项目占地范围内表层土壤厚度、可剥离范围及面积等。

(6)植被调查内容应包括项目所在区域植被类型、当地主要乡土树(草)种和生长情况以及林草覆盖率等。

(7)点型生产建设项目自然概况应以乡(镇)或县(市、区)为单元表述,线型生产建设项目应以县(市、区)或市(地、州)为单元表述。

(8)应有项目区水系图、水土流失重点预防区和重点治理区区划图、土壤侵蚀强度分布图。

编制说明:主要介绍项目建设区地形特征、地貌类型、地表形态要素、项目占地范围内的地面坡度、高程、地面坡度和地表物质组成、沟壑密度以及山脉水系等,并附项目区地形地貌图。

具体编制内容如下:

2.7.1 地形地貌

地貌可参照中国地貌区划图,见范瑞瑜主编、黄河水利出版社出版的《生态清洁小流域建设实施方案编制与工程设计》第一部 实施方案编制附图3-1。

【例2-5】　某建设项目地形地貌

新建××机场民用工程项目区地势西南侧高，东部及北部低；地貌单元主要包括丘陵、岗状平原，临江一带为××一级阶地。

丘陵总体呈××展布，丘顶高程××～××m，相对高差××～××m，地形坡角××°～××°。丘间沟谷开阔、平缓，水系发育，鱼塘、冲沟星罗棋布。

岗状平原地形总体起伏不大，相对高差××～××m，其间的垄岗呈串珠状零散展布，岗顶高程××～××m不等，地形坡角××°～××°，垄间平地多为农田、居民区及鱼塘等，地面高程××～××m，塘深××～××m。

冲湖积平原区地形平缓，地形起伏小，一般小于××°，高程××～××m，相对高差一般××～××m，主要为湖泊、池塘及××一级阶地等。××湖流域三面环山，仅东侧为平原湖区，高程多为××～××m，西侧为丘陵地貌，山顶高程××～××m，沟谷××～××m，南侧、北侧为垄岗相间地形，岗顶呈浑圆状，冲垄与岗相对高差一般××～××m。

场址地跨××、××、××三个乡（镇），场址中部坐落于××湖之上，现有的××省道和××县道从拟建场址穿过，机场区域最北端位于××镇××村附近，距离××km，机场区域最南端紧邻××山。机场区域东北角紧邻××，地面高程××～××m，高差在××m左右，地貌单元属侵蚀堆积××区；机场区域西南侧地形起伏较大，地面高程××～××m，高差在××m左右，地貌单元属剥蚀残丘；机场区域西南侧地势较高，地面高程××～××m，最大高差××m左右，地貌单元属低丘；××区及周边地面高程在××～××m，高差在××m左右，属湖泊堆积平原区；走马湖北侧及其他大部分区域地势有一定起伏，地面高程××～××m，高差××～××m，地貌单元属剥蚀垄岗区。

项目区地形地貌图（略）。

2.7.2　地质

【例2-6】　某供电线路改接项目地质

1.地质构造及岩性

工程区位于川西高原向成都平原过渡地带，地势西高东低。工程区西部为大起伏中山区，东部主要为低海拔丘陵、中起伏中山区和河谷阶地。线路所经地带地貌形态按其成因可分为五个地貌单元：构造侵蚀、剥蚀大起伏中山地貌，溶蚀大起伏中山地貌，构造剥蚀低海拔丘陵地貌，构造侵蚀、剥蚀中起伏中山地貌，侵蚀堆积河谷阶地地貌。

2.地震情况

根据《中国地震动参数区划图》（GB 18306—2001）及已于2016年6月1日实施的《中国地震动参数区划图》（GB 18306—2015），线路沿线地震基本烈度Ⅵ～Ⅶ度，地震动峰值加速度为（0.15～0.30）g。

3.地下水情况

根据区域水文资料及本次现场踏勘，按地下水赋存介质不同，工程区内地下水类型可分为松散堆积层孔隙水、碳酸盐岩类岩溶水及基岩裂隙水三类。

(1)松散堆积层孔隙水

部分丘包间宽谷等地段主要以上层滞水的形式存在,水量贫乏,无稳定地下水位;侵蚀堆积河谷阶地以潜水为主,埋深一般××m左右,季节变幅××~××m。其余区段可不考虑受地下水影响。

(2)碳酸盐岩类岩溶水

主要赋存于碳酸盐岩溶蚀裂隙、溶沟、溶槽及溶洞中,该类地下水的径流方式主要为沿裂隙汇集于溶洞及暗河中,其补给来源于大气降水和基岩裂隙水。该类地下水直接受地形、构造及大气降水影响,其次受基岩溶蚀程度及溶洞发育深度的影响,一般埋藏较深。

(3)基岩裂隙水

地下水对混凝土结构具微腐蚀性,对钢筋混凝土结构中的钢筋具微腐蚀性。按弱透水土层判断,土对混凝土结构具微腐蚀性,对钢结构具微腐蚀性。

4.不良地质情况

通过收集资料和现场调查,线路沿线的不良地质作用和地质灾害主要为滑坡、不稳定斜坡、采空区、泥石流,其次为危岩和崩塌及岩溶。

(1)滑坡

滑坡是工程区内最为发育的不良地质作用类型,根据滑坡物质组成分为松散层滑坡和基岩滑坡。松散层滑坡是线路沿线的主要滑坡类型,主要发育于坡度较陡、崩坡积体较厚的河流岸坡地段,规模一般较小,工程沿线主要分布于沙坪、梨子坪、仁加附近。基岩滑坡主要发生在花岗岩、闪长岩等岩浆岩及砂泥岩、页岩地层中,以中小型滑坡为主,零星分布于甘谷地开关站及"π"接点—瓦窑坡段陡峭斜坡上。

(2)不稳定斜坡

不稳定斜坡是工程区内的主要不良地质作用类型之一,主要分布在地形陡峭且松散堆积层较厚的地段,多由"4·20"芦山地震形成地裂缝受后期降雨所形成。多分布于响水溪村—同盟村段,零星分布于甘谷地开关站—稗子地段。

(3)采空区

根据收集资料及现场调查,线路走廊附近的采空区主要为小煤窑采空区和铅锌矿小窑采空区。

2.7.3　气象

主要介绍项目区所处气候带、类型区和主要气象要素。项目跨几个气候区、行政区的应分别介绍。列表说明全年主要气象要素:年平均气温,极端最高温度,极端最低温度,不小于10℃的年活动积温;多年平均降水量,最大年降水量,最小年降水量,降水年内分布,雨季时段;多年平均风速,主害风风向,大风日数,全年主导风向,风季时段;多年平均蒸发量,年均日照时数,无霜期,冻土深度,并注明资料来源和系列长度。

气候区可参看"中国气候区别",见范瑞瑜主编、黄河水利出版社出版的《生态清洁小流域建设实施方案编制与工程设计》第一部　实施方案编制附图3-2,项目区气象特征值表式见表2-15。

表 2-15 项目区气象特征值表

气象项目		单位	气象特征值			备注
			××县	××市	××区	
气温	多年平均气温	℃				
	极端最高气温	℃				
	极端最低气温	℃				
	≥10 ℃积温	℃				
降雨	多年平均降水量	mm				
	一日最大降水量	mm				
	5 年一遇 10 min 降雨量	mm				/
	5 年一遇 1 h 降雨量	mm				/
	5 年一遇 6 h 降雨量	mm				/
	10 年一遇 10 min 降雨量	mm				/
	10 年一遇 1 h 降雨量	mm				/
	10 年一遇 6 h 降雨量	mm				/
	20 年一遇 1 h 降雨量	mm				/
	20 年一遇 6 h 降雨量	mm				/
	雨季时段	××月～××月				
湿度	多年平均相对湿度	%				
风	多年平均风速	m/s				
	多年最大风速	m/s				
	全年主导风向					
	风季时段	××月～××月				
其他	平均日照时数	h				
	无霜期	d				
	多年年均蒸发量	mm				
	最大冻土深度	cm				

2.7.4 水文

【例 2-7】 某建设项目水文

项目区属于××江流域。

本项目沿线河流除××河、××河、××河外,其余大部分为较小径流及人工开挖渠,雨季排洪除涝,旱季引水灌溉,河流和渠的补给主要为××河引水和大气降水。

××河发源于××岭(××顶子),由东南流向西北,流域面积××km^2。沿线支流纵横密布,较大支流左岸有××河,右岸有××河。项目区域内为××河在××山至××河口的中游段,属丘陵高原及河谷平原区,比降较缓,高程在海拔××~××m,地面比降为××~××,河谷较宽,一般在××~××km,水流变缓,河道弯曲。汛期洪水常泛滥成灾,有记载的最大洪水发生在××年,洪峰流量××m/s。

××河发源于××市××镇××山西坡,由东南流向西北,在××乡××村附近流入××河,流域面积××km^2。项目区域内为××河下游段,属平原区,地势较低,高程在海拔××~××m,地表平坦开阔,地面比降为××,水流缓慢。洪水常出槽泛滥成灾,有记载的最大洪水发生在××年,洪峰流量为××m/s。

××河是××江上游右岸的一级支流,有南北两源。南源称××河,发源于××山;北源为××河,发源于××市与××县交界处的××山。××河在××山处的河源高程为海拔××m,河口高程为海拔××m,总落差××m,比降为××。××河属于山溪性河流,径流补给以大气降雨为主,以融雪水和地下水补给为辅。××河流经××县、××县、××区和××等县(区),于××市××郊注入××江。

项目区水系分布图(略)。

2.7.5　土壤

编制包括项目所在区域土壤类型与分布、项目占地范围内表层土壤厚度、可剥离范围及面积、主要理化性质及土壤的可蚀性等。

中国土壤分类系统高级分类见表2-16,中国土壤类型见范瑞瑜主编、黄河水利出版社出版的《生态清洁小流域建设实施方案编制与工程设计》第一部　实施方案编制附图3-3。

表2-16　中国土壤分类系统高级分类表

土纲	亚纲	土类	亚类
铁铝土	湿热铁铝土	砖红壤	砖红壤、黄色砖红壤、褐色砖红壤
		赤红壤	赤红壤、黄色赤红壤、赤红壤性土
	湿暖铁铝土	红壤	红壤、黄红壤、棕红壤、山原红壤、红壤性土
		黄壤	黄壤、暗黄壤、漂洗黄壤、表潜黄壤、黄壤性土
淋溶土	湿暖淋溶土	黄棕壤	黄棕壤、暗黄棕壤、黄棕壤性土
		黄褐土	黄褐土、黏磐黄褐土、白浆化黄褐土、黄褐土性土
	湿暖温淋溶土	棕壤	棕壤、白浆化黄褐土、酸性棕壤、潮棕壤、棕壤性土
	湿温淋溶土	暗棕壤	暗棕壤、灰化暗棕壤、白浆化暗棕壤、草甸暗棕壤、潜育暗棕壤、暗棕壤性土
	湿寒淋溶土	白浆土	白浆土、草甸白浆土、潜育白浆土
		棕色针叶林土	棕色针叶林土、灰化棕色针叶林土、白浆化棕色针叶林土、表潜棕色针叶林土
		漂灰土	漂灰土、暗漂灰土
		灰化土	粗骨灰化土

续表 2-16

土纲	亚纲	土类	亚类
半淋溶土	半湿热淋溶土	燥红土	燥红土、淋溶燥红土、褐红土
	半湿暖温淋溶土	褐土	褐土、石灰性褐土、淋溶褐土、潮褐土、娄土、燥褐土、褐土性土
	半湿半淋溶土	灰褐土	灰褐土、暗灰褐土、淋溶灰褐土、石灰性灰褐土、灰褐土性土
		黑土	黑土、草甸黑土、白浆化黑土、表潜黑土
		灰色森林土	灰色森林土、暗灰色森林土
钙层土	半湿温钙层土	黑钙土	黑钙土、淋溶黑钙土、石灰性黑钙土、淡黑钙土、草甸黑钙土、盐化黑钙土、碱化黑钙土
	半干旱温钙层土	栗钙土	栗钙土、暗栗钙土、淡栗钙土、草甸栗钙土、盐化栗钙土、碱化栗钙土、栗钙土性土
		栗褐土	栗褐土、淡栗褐土、潮栗褐土
		黑垆土	黑垆土、黏化黑垆土、潮黑垆土
干旱土	干旱钙层土	棕钙土	棕钙土、淡棕钙土、草甸棕钙土、盐化棕钙土、碱化棕钙土、棕钙土性土
		灰钙土	灰钙土、淡灰钙土、草甸灰钙土、盐化灰钙土
漠土	温漠土	灰漠土	灰漠土、钙质灰漠土、草甸灰漠土、盐化灰漠土、碱化灰漠土、灌溉灰漠土
		灰棕漠土	灰棕漠土、草甸灰棕漠土、石膏灰棕漠土、石膏盐盘灰棕漠土、灌溉灰棕漠土
	暖温漠土	棕漠土	棕漠土、草甸棕漠土、盐化棕漠土、石膏棕漠土、石膏盐磐棕漠土、灌溉棕漠土
初育土	土质初育土	黄锦土	黄锦土
		红黏土	红黏土、积钙红黏土、复盐基红黏土
		新积土	新积土、冲积土
		龟裂土	龟裂土
		风沙土	荒漠风沙土、草原风沙土、草甸风沙土、滨海风沙土
	石质初育土	石灰(岩)土	红色石灰土、黑色石灰土、棕色石灰土、黄色石灰土
		火山灰土	火山灰土、暗火山灰土、基性岩火山灰土
		紫色土	酸性紫色土、中性紫色土、石灰性紫色土
		磷质石灰土	磷质石灰土、硬盘磷质石灰土、盐渍磷质石灰土
		石质土	酸性石质土、中性石质土、钙质石质土、含盐石质土
		粗骨土	酸性粗骨土、中性粗骨土、钙质粗骨土、硅质粗骨土

续表 2-16

土纲	亚纲	土类	亚类
半水成土	暗半水成土	草甸土	草甸土、石灰性草甸土、白浆化草甸土、潜育草甸土、盐化草甸土、碱化草甸土
		砂姜黑土	砂姜黑土、石灰性砂姜黑土、盐化砂姜黑土、碱化砂姜黑土、黑黏土
		山地草甸土	山地草甸土、山地草原草甸土、山地灌丛草甸土
		林灌草甸土	林灌草甸土、盐化林灌草甸土、碱化林灌草甸土
	淡半水成土	潮土(浅色甸土)	潮土、灰潮土、湿潮土、盐化潮土、碱化潮土、灌淤潮土
水成土	水成土	沼泽土	沼泽土、腐泥土、泥炭沼泽土、草甸沼泽土、盐化沼泽土
		泥炭土	泥炭土、低位泥炭土、中位泥炭土、高位泥炭土
盐碱土	盐土	盐土	草甸盐土、结壳盐土、沼泽盐土、碱化盐土、残余盐土
		漠境盐土	漠境盐土、干旱盐土
		滨海盐土	滨海盐土、滨海沼泽盐土、滨海潮滩盐土
		酸性硫酸盐土	酸性硫酸盐土、含盐酸性硫酸盐土
		寒原盐土	寒原盐土、寒原草甸盐土、寒原硼酸盐土、寒原碱化盐土
	碱土	碱土	草甸碱土、草原碱土、龟裂碱土、盐化碱土
人为土	水稻土	水稻土	潴育水稻土、淹育水稻土、渗育水稻土、潜育水稻土、脱潜水稻土、漂洗水稻土、盐渍水稻土、咸酸水稻土
	灌淤土	灌淤土	灌淤土、潮灌淤土、表锈灌淤土、盐化灌淤土
		灌漠土	灌漠土、灰灌漠土、潮灌漠土、盐化灌漠土
高山土	湿寒高山土	高山草甸土	高山草甸土、高山草原甸土、高山灌丛草甸土、高山湿草甸土
		亚高山草甸土	亚高山草甸土、亚高山草原草甸土、亚高山灌丛草甸土、亚高山湿草甸土
	半湿寒高山土	高山草原土	高山草原土、高山草甸草原土、高山荒漠草原土、高山盐渍草原土
		亚山草原土	亚高山草原土、亚高山草甸草原土、亚高山灌丛草原土、亚高山荒漠草原土、亚高山盐渍草原土
		山地灌丛草原土	山地灌丛草原土、山地淋溶灌丛草原土
	干寒高山土	干寒高山漠土	高山漠土
		亚高山漠土	亚高山漠土
	寒冷高山土	寒冻高山荒漠土	高山荒漠土

2.7.6 植被

编制时可参看中国植被类型图见范瑞瑜主编、黄河水利出版社出版《生态清洁小流域建设实施方案编制与工程设计》第一部 实施方案编制附图3-4。

【例2-8】 某生产建设项目植被

项目区属北亚热带落叶阔叶－常绿阔叶混交林带。当地主要乡土树草种繁多，共有植物3 000多种。

乔木主要树种有樟、杨、柳、杉、金钱松、马尾松、梧桐、广玉兰、楠竹、淡竹、荆竹、水竹等，经济林木有柑橘、梨、桃、枣、梅、柿等；灌木主要树种有白栎、毛栗、黄荆、油茶、石榴等；草种主要有狗牙根、苜蓿、冬青、油草、黄背草、黄花菜等90多种。当地这些主要乡土树草种普遍生长良好。

项目区林草覆盖率为22%。

3 项目水土保持评价

3.1 主体工程选址(线)水土保持评价

(1)根据水土保持法规、相关规范性文件进行评价。

(2)主体工程选址(线)应避让下列区域:

1)水土流失重点预防区和重点治理区;

2)河流两岸、湖泊和水库周边的植物保护带;

3)全国水土保持监测网络中的水土保持监测站点、重点试验区及国家确定的水土保持长期定位观测站。

(3)主体工程选址(线)有存在水土保持制约因素的,应提出对主体工程选址(线)或设计方案的调整要求,并提出评价结论。

国家级水土流失重点预防区和重点治理区见表3-1。

【例3-1】 某建设项目主体工程选址(线)水土保持评价

根据《中华人民共和国水土保持法》(2011年3月1日施行)、《生产建设项目水土保持技术标准》(GB 50433—2018)、《××市水土保持管理办法》《××省实施〈中华人民共和国水土保持法〉办法》进行水土保持评价。本工程选址(线)水土保持评价表式见表3-2。

3.2 建设方案与布局水土保持评价

3.2.1 建设方案评价

编制应符合下列要求:

(1)公路、铁路工程在高填深挖路段,应采用加大桥隧比例的方案,减少大填大挖;填高大于20 m,挖深大于30 m的应进行桥隧替代方案论证;路堤、路堑在保证边坡稳定的基础上,应采用植物防护或工程与植物防护相结合的设计方案。

(2)城镇区的建设项目应提高植被建设标准,注重景观效果,配套建设灌溉、排水和雨水利用设施。

(3)山丘区输电工程塔基应采用不等高基础,经过林区的应采用加高杆塔跨越方式。

(4)对无法避让水土流失重点预防区和重点治理区的生产建设项目,建设方案应符合下列规定:

表 3-1 国家级水土流失重点预防区和重点治理区

区名称	范围		县个数	县域总面积（km^2）	重点预防面积（km^2）
	省(区、市)	县(市、区、旗)			
一、国家级水土流失重点预防区					
大小兴安岭国家级水土流失重点预防区	内蒙古自治区	额尔古纳市、根河市、鄂伦春族自治旗、牙克石市	28	256 910.0	31 481.6
	黑龙江省	呼玛县、漠河县、塔河县、黑河市爱辉区、孙吴县、逊克县、嘉荫县、伊春市伊春区、伊春市南岔区、伊春市友好区、伊春市西林区、伊春市翠峦区、伊春市新青区、伊春市美溪区、伊春市金山屯区、伊春市五营区、伊春市乌马河区、伊春市汤旺河区、伊春市带岭区、伊春市乌伊岭区、伊春市红星区、铁力市、通河县、绥棱县			
呼伦贝尔国家级水土流失重点预防区	内蒙古自治区	陈巴尔虎旗、呼伦贝尔市海拉尔区、鄂温克族自治旗、满洲里市、新巴尔虎右旗、新巴尔虎左旗、阿尔山市	7	90 386.7	25 247.3
长白山国家级水土流失重点预防区	黑龙江省	绥芬河市、东宁县	21	85 435.0	25 764.2
	吉林省	敦化市、和龙市、安图县、汪清县、临江市、抚松县、靖宇县、长白朝鲜族自治县、白山市八道江区、白山市江源区、通化市二道江区、通化市东昌区、通化县、集安市			
	辽宁省	清原满族自治县、抚顺县、新宾满族自治县、桓仁满族自治县、宽甸满族自治县			
燕山国家级水土流失重点预防区	北京市	北京市昌平区、北京市怀柔区、北京市平谷区、密云县、延庆县	27	85 537.2	17 505.3
	河北省	沽源县、赤城县、丰宁满族自治县、围场满族蒙古族自治县、隆化县、滦平县、承德市双桥区、承德市双滦区、承德市鹰手营子矿区、承德县、平泉县、兴隆县、宽城满族自治县、遵化市、迁西县、迁安市、青龙满族自治县、抚宁县			
	天津市	蓟县			
	内蒙古自治区	多伦县、正蓝旗、太仆寺旗			

续表 3-1

区名称	范围		县个数	县域总面积（km^2）	重点预防面积（km^2）
	省(区、市)	县(市、区、旗)			
祁连山—黑河国家级水土流失重点预防区	甘肃省	金塔县、肃南裕固族自治县、高台县、临泽县、张掖市甘州区、民乐县、天祝藏族自治县、永登县	11	197 607.9	8 055.9
	青海省	门源回族自治县、祁连县			
	内蒙古自治区	额济纳旗			
子午岭—六盘山国级水土流失重点预防区	陕西省	甘泉县、富县、黄陵县、黄龙县、洛川县、宜君县、铜川市印台区、铜川市耀州区、铜川市王益区、淳化县、旬邑县、长武县、彬县、麟游县、千阳县、陇县、宝鸡市陈仓区	26	42 468.0	8 298.0
	甘肃省	正宁县、静宁县、平凉市崆峒区、崇信县、华亭县、张家川回族自治区、清水县			
	宁夏回族自治区	隆德县、泾源县			
阴山北麓国家级水土流失重点预防区	内蒙古自治区	苏尼特左旗、苏尼特右旗、四子王旗、达尔罕茂明安联合旗、乌拉特中旗、乌拉特后旗	6	146 159.0	25 791.6
桐柏山大别山国家级水土流失重点预防区	安徽省	六安市裕安区、六安市金安区、舒城县、霍山县、金寨县、岳西县、太湖县、潜山县	25	53 052.4	8 001.0
	河南省	桐柏县、信阳市平桥区、信阳市狮河区、罗山县、光山县、新县、商城县			
	湖北省	随州市曾都区、随县、广水市、大悟县、红安县、麻城市、罗田县、英山县、稀水县、蕲春县			
三江源国家级水土流失重点预防区	青海省	共和县、贵南县、兴海县、同德县、泽库县、河南省蒙古族自治县、玛沁县、甘德县、久治县、班玛县、达日县、玛多县、称多县、玉树县、囊谦县、杂多县、治多县、曲麻莱县以及格尔木市部分	22	404 059.5	64 087.6
	甘肃省	玛曲县、碌曲县、夏河县			

续表 3-1

区名称	范围		县个数	县域总面积（km^2）	重点预防面积（km^2）
	省（区、市）	县（市、区、旗）			
雅鲁藏布江中下游国家级水土流失重点预防区	西藏自治区	波密县、工布江达县、林芝县、米林县、朗县、加查县、隆子县、桑日县、曲松县、乃东县、琼结县、措美县、扎囊县、贡嘎县、浪卡子县、江孜县、仁布县、尼木县	18	101 308.3	10 404.7
金沙江岷江上游及三江并流国家级水土流失重点预防区	西藏自治区	江达县、贡觉县、芒康县	42	299 196.2	99 027.8
	四川省	石渠县、德格县、甘孜县、色达县、白玉县、新龙县、炉霍县、道孚县、丹巴县、巴塘县、理塘县、雅江县、得荣县、乡城县、稻城县、若尔盖县、九寨沟县、阿坝县、红原县、松潘县、壤塘县、马尔康县、黑水县、金川县、小金县、理县、茂县、汶川县			
	云南省	德钦县、香格里拉县、维西傈僳族自治县、贡山独龙族怒族自治县、福贡县、兰坪白族普米族自治县、泸水县、玉龙纳西族自治县、丽江市古城区、剑川县、洱源县			
丹江口库区及上游国家级水土流失重点预防区	湖北省	郧西县、郧县、十堰市茅箭区、十堰市张湾区、丹江口市、竹溪县、竹山县、房县、神农架林区	43	115 070.6	29 363.1
	陕西省	太白县、留坝县、城固县、洋县、佛坪县、略阳县、勉县、汉中市汉台区、宁强县、南郑县、西乡县、镇巴县、宁陕县、石泉县、汉阴县、安康市汉滨区、旬阳县、白河县、紫阳县、岚皋县、平利县、镇坪县、柞水县、商洛市商州区、镇安县、山阳县、丹凤县、商南县			
	重庆市	城口县			
	河南省	卢氏县、栾川县、西峡县、内乡县、淅川县			

续表 3-1

区名称	范围		县个数	县域总面积（km^2）	重点预防面积（km^2）
	省(区、市)	县(市、区、旗)			
嘉陵江上游国家级水土流失重点预防区	陕西省	凤县	20	61 105.7	7 394.6
	甘肃省	两当县、徽县、成县、西和县、礼县、宕昌县、迭部县、舟曲县、陇南市武都区、康县、文县			
	四川省	青川县、广元市利州区、广元市朝天区、广元市元坝区、旺苍县、南江县、通江县、万源市			
武陵山国家级水土流失重点预防区	重庆市	酉阳土家族苗族自治县、秀山土家族苗族自治县	19	50 724.0	5 402.2
	湖北省	建始县、利川市、咸丰县、宣恩县、鹤峰县、来凤县			
	湖南省	石门县、桑植县、慈利县、张家界市永定区、张家界市武陵源区、龙山县、永顺县、保靖县、古丈县、花桓县、凤凰县			
新安江国家级水土流失重点预防区	安徽省	绩溪县、黄山市徽州区、黄山市屯溪区、黄山市黄山区、歙县、黟县、休宁县、祁门县	10	17 181.4	4 606.3
	浙江省	淳安县、建德市			
湘资沅上游国家级水土流失重点预防区	广西省	资源县、全州县、龙胜各族自治县、兴安县、灌阳县	33	68 517.0	8 592.0
	贵州省	江口县、岑巩县、施秉县、镇远县、三穗县、天柱县、台江县、剑河县、锦屏县、黎平县			
	湖南省	靖州苗族侗族自治县、通道侗族自治县、城步苗族自治县、新宁县、东安县、永州市冷水滩区、永州市零陵区、祁阳县、双牌县、宁远县、新田县、道县、江永县、江华瑶族自治县、蓝山县、嘉禾县、临武县、宜章县			
东江上中游国家级水土流失重点预防区	广东省	和平县、连平县、东源县、河源市源城区、紫金县、新丰县、龙门县、博罗县、惠东县	12	29 211.4	7 679.7
	江西省	安远县、寻乌县、定南县			

续表 3-1

区名称	范围		县个数	县域总面积（km^2）	重点预防面积（km^2）
	省（区、市）	县（市、区、旗）			
海南岛中部山区国家级水土流失重点预防区	海南省	白沙黎族自治县、琼中黎族苗族自治县、五指山市、保亭黎族苗族自治县	4	7 113.0	2 760.0
黄泛平原风沙国家级水土流失重点预防区	河北省	成安县、临漳县、大名县、魏县	34	38 503.1	3 281.1
	河南省	南乐县、清丰县、范县、内黄县、延津县、长垣县、封丘县、兰考县、杞县、开封县、通许县、中牟县、尉氏县			
	山东省	武城县、夏津县、临清市、冠县、东阿县、莘县、阳谷县、郓城县、鄄城县、菏泽市牡丹区、东明县、曹县、单县			
	江苏省	沛县、丰县			
	安徽省	砀山县、萧县			
阿尔金山国家级水土流失重点预防区	新疆维吾尔自治区	若羌县、且末县	2	336 625.0	2 604.7
塔里木河国家级水土流失重点预防区	新疆维吾尔自治区	阿合奇县、乌什县、阿克苏市、阿瓦提县、阿拉尔市、巴楚县、麦盖提县、莎车县、泽普县、叶城县、皮山县、和田市、和田县、于田县、墨玉县、洛浦县、策勒县、民丰县	18	382 289.0	12 113.7
天山北坡国家级水土流失重点预防区	新疆维吾尔自治区	塔城市、额敏县、裕民县以及托里县、温泉县、博乐市、精河县、乌苏市、克拉玛依市独山子区、沙湾县、石河子市、玛纳斯县、呼图壁县、昌吉市、五家渠市、乌鲁木齐县、乌鲁木齐市天山区、乌鲁木齐市达坂城区、阜康市、吉木萨尔县、奇台县、木垒哈萨克自治县、巴里坤哈萨克自治县、伊吾县、哈密市部分	25	387 103.466	29 077.2
阿勒泰山国家级水土流失重点预防区	新疆维吾尔自治区	哈巴河县、布尔津县、阿勒泰市、吉木乃县、北屯市以及富蕴县、青河县部分	7	88 473.7	2 669.7
合计			460	3 344 037.5	439 209.4

续表 3-1

区名称	范围		县个数	县域总面积（km^2）	重点预防面积（km^2）
二、国家级水土流失重点治理区					
	省(区、市)	县(市、区、旗)			
东北漫川漫岗国家级水土流失重点治理区	黑龙江省	克山县、克东县、依安县、拜泉县、北安市、海伦市、明水县、青冈县、望奎县、绥化市北林区、庆安县、巴彦县、木兰县、宾县、延寿县、尚志市、五常市、方正县、依兰县、佳木斯市郊区、桦南县、勃利县、海林市、牡丹江市爱民区、牡丹江市东安区、牡丹江市阳明区、牡丹江市西安区、穆棱市、鸡西市梨树区、鸡西市恒山区、鸡西市麻山区、鸡西市鸡冠区、鸡西市滴道区、鸡西市城子河区	69	190 682.8	47 297.2
	吉林省	榆树市、德惠市、九台市、长春市二道区、长春市双阳区、舒兰市、吉林市昌邑区、吉林市龙潭区、吉林市船营区、吉林市丰满区、蛟河市、永吉县、桦甸市、磐石市、公主岭市、梨树县、四平市铁西区、四平市铁东区、伊通满族自治县、辽源市龙山区、辽源市西安区、东辽县、东丰县、梅河口市、辉南县、柳河县			
	辽宁省	昌图县、西丰县、开原市、铁岭市银州区、铁岭市清河区、调兵山市、铁岭县、康平县、法库县			
大兴安岭东麓国家级水土流失重点治理区	黑龙江省	讷河市、甘南县、齐齐哈尔市碾子山区、龙江县	14	120 558.4	33 202.5
	内蒙古自治区	莫力达瓦达斡尔族自治旗、阿荣旗、扎兰屯市、扎赉特旗、科尔沁右翼前旗、乌兰浩特市、突泉县、科尔沁右翼中旗、霍林郭勒市、扎鲁特旗			
西辽河大凌河中上游国家级水土流失重点治理区	内蒙古自治区	阿鲁科尔沁旗、巴林左旗、巴林右旗、克什克腾旗、翁牛特旗、敖汉旗、赤峰市松山区、赤峰市元宝山区、赤峰市红山区、喀喇沁旗、奈曼旗、库伦旗	28	129 357.9	47 736.3

续表 3-1

区名称	范围		县个数	县域总面积（km^2）	重点预防面积（km^2）
	省(区、市)	县(市、区、旗)			
西辽河大凌河中上游国家级水土流失重点治理区	辽宁省	彰武县、阜新蒙古族自治县、阜新市海州区、阜新市新邱区、阜新市清河门区、阜新市细河区、阜新市太平区、建平县、北票市、朝阳市双塔区、朝阳市龙城区、朝阳县、凌源市、喀喇沁左翼蒙古族自治县、义县、建昌县	28	129 357.9	47 736.3
永定河上游国家级水土流失重点治理区	河北省	张北县、尚义县、崇礼县、怀来县、万全县、张家口市下花园区、张家口市桥东区、张家口市桥西区、张家口市宣化区、宣化县、怀安县、阳原县、蔚县、涿鹿县	31	50 048.6	15 873.2
	山西省	天镇县、阳高县、大同县、大同市城区、大同市矿区、大同市南郊区、大同市新荣区、左云县、广灵县、浑源县、怀仁县、应县、山阴县、朔州市平鲁区、朔州市朔城区、宁武县			
	内蒙古自治区	兴和县			
太行山国家级水土流失重点治理区	北京市	北京市房山区	48	68 412.5	25 639.7
	河南省	林州市			
	河北省	涞水县、涞源县、易县、阜平县、曲阳县、行唐县、灵寿县、平山县、井陉县、元氏县、赞皇县、临城县、内丘县、邢台县、沙河市、武安市、涉县、磁县			
	山西省	灵丘县、繁峙县、代县、原平市、五台县、盂县、阳泉市城区、阳泉市矿区、阳泉市郊区、平定县、昔阳县、和顺县、榆社县、左权县、武乡县、沁县、襄垣县、黎城县、屯留县、潞城市、平顺县、子长县、长治市城区、长治市郊区、长治县、壶关县、陵川县、高平市			

续表 3-1

区名称	范围		县个数	县域总面积（km²）	重点预防面积（km²）
	省(区、市)	县(市、区、旗)			
黄河多沙粗沙国家级水土流失重点治理区	宁夏回族自治区	盐池县	70	226 425.6	95 597.1
	甘肃省	环县、华池县、庆城县、合水县、镇原县、庆阳市西峰区、宁县、泾川县、灵台县			
	内蒙古自治区	凉城县、和林格尔县、托克托县、清水河县、准格尔旗、达拉特旗、鄂尔多斯市东胜区、伊金霍洛旗、乌审旗、磴口县以及杭锦旗、鄂托克前旗、鄂托克旗的部分			
	山西省	右玉县、偏关县、神池县、河曲县、五寨县、保德县、岢岚县、静乐县、兴县、岚县、临县、方山县、吕梁市离石区、柳林县、中阳县、石楼县、交口县、永和县、隰县、汾西县、大宁县、蒲县、吉县、乡宁县、娄烦县、古交市			
	陕西省	府谷县、神木县、榆林市榆阳区、佳县、横山县、米脂县、吴堡县、定边县、靖边县、子洲县、绥德县、清涧县、子长县、吴起县、志丹县、安塞县、延安市宝塔区、延川县、延长县、宜川县、韩城市			
甘青宁黄土丘陵国家级水土流失重点治理区	宁夏回族自治区	同心县、海原县、固原市原州区、西吉县、彭阳县	48	95 369.6	33 024.7
	甘肃省	靖远县、会宁县、榆中县、兰州市城关区、兰州市西固区、兰州市七里河区、兰州市红古区、兰州市安宁区、定西市安定区、临洮县、渭源县、陇西县、通渭县、漳县、武山县、甘谷县、秦安县、庄浪县、天水市秦州区、天水市麦积区、永靖县、积石山保安族东乡族撒拉族自治县、东乡族自治县、临夏县、临夏市、广河县、和政县、康乐县			
	青海省	大通回族土族自治县、湟源县、湟中县、西宁市城东区、西宁市城中区、西宁市城西区、西宁市城北区、互助土族自治县、平安县、乐都县、民和回族土族自治县、化隆回族自治县、贵德县、尖扎县、循化撒拉族自治县			

续表 3-1

区名称	范围		县个数	县域总面积（km^2）	重点预防面积（km^2）
	省(区、市)	县(市、区、旗)			
伏牛山中条山国家级水土流失重点治理区	河南省	济源市、洛阳市洛龙区、新安县、孟津县、偃师市、伊川县、宜阳县、洛宁县、嵩县、汝阳县、鲁山县、巩义市、新密市、登封市、汝州市、渑池县、义马市、三门峡市湖滨区、三门峡市陕州区、灵宝市	26	36 478.3	11 373.5
	山西省	阳城县、垣曲县、夏县、运城市盐湖区、平陆县、芮城县			
沂蒙山泰山国家级水土流失重点治理区	山东省	济南市历城区、济南市长清区、淄博市淄川区、淄博市博山区、沂源县、泰安市泰山区、泰安市岱岳区、新泰市、莱芜市莱城区、莱芜市钢城区、临朐县、安丘市、枣庄市山亭区、泗水县、邹城市、平邑县、蒙阴县、沂水县、费县、沂南县、莒南县、莒县、五莲县、日照市东港区	24	35 818.0	9 954.9
西南诸河高山峡谷国家级水土流失重点治理区	云南省	云龙县、永平县、南涧彝族自治县、巍山彝族回族自治县、保山市隆阳区、龙陵县、施甸县、昌宁县、潞西市、凤庆县、镇康县、永德县、云县、临沧市临翔区、耿马傣族佤族自治县、双江拉祜族佤族布朗族傣族自治县、沧源佤族自治县、西盟佤族自治县、澜沧拉祜族自治县、孟连傣族拉祜族佤族自治县、景东彝族自治县、镇沅彝族哈尼族拉祜族自治县、墨江哈尼族自治县、元江哈尼族彝族傣族自治县、易门县、红河县、绿春县、双柏县	28	89 842.9	20 391.0
金沙江下游国家级水土流失重点治理区	四川省	石棉县、汉源县、甘洛县、冕宁县、越西县、美姑县、雷波县、西昌市、喜德县、昭觉县、德昌县、普格县、布拖县、金阳县、宁南县、会东县、会理县、盐边县、米易县、攀枝花市东区、攀枝花市西区、攀枝花市仁和区、	38	89 346.9	25 512.9
	云南省	绥江县、水富县、永善县、大关县、盐津县、昭通市昭阳区、鲁甸县、巧家县、彝良县、会泽县、马龙县、昆明市东川区、禄劝彝族苗族自治县、寻甸回族彝族自治县、永仁县、元谋县			

续表 3-1

区名称	范围		县个数	县域总面积（km^2）	重点预防面积（km^2）
	省（区、市）	县（市、区、旗）			
嘉陵江及沱江中下游国家级水土流失重点治理区	四川省	宣汉县、开江县、达县、大竹县、达州市通川区、渠县、巴中市巴州区、平昌县、营山县、仪陇县、阆中市、苍溪县、剑阁县、梓潼县、盐亭县、三台县、大英县、中江县、金堂县、简阳市、乐至县、资阳市雁江区、安岳县、仁寿县、威远县、资中县、井研县、犍为县、荣县、宜宾县	30	57 722.9	20 663.8
三峡库区国家级水土流失重点治理区	湖北省	宜昌市夷陵区、巴东县、秭归县	18	51 513.6	17 688.5
	重庆市	巫溪县、开县、云阳县、奉节县、巫山县、梁平县、重庆市万州区、垫江县、忠县、石柱土家族自治县、重庆市长寿区、重庆市涪陵区、重庆市渝北区、丰都县、武隆县			
湘资沅中游国家级水土流失重点治理区	湖南省	安化县、吉首市、泸溪县、辰溪县、麻阳苗族自治县、溆浦县、中方县、隆回县、武冈市、新化县、冷水江市、涟源市、娄底市娄星区、双峰县、湘乡市、衡山县、衡阳县、衡阳市雁峰区、衡阳市蒸湘区、衡阳市石鼓区、衡阳市珠晖区、衡阳市南岳区、衡东县、祁东县、衡南县、常宁市	26	43 197.2	7 585.5
乌江赤水河上中游国家级水土流失重点治理区	云南省	威信县、镇雄县	32	81 618.5	25 485.5
	贵州省	道真仡佬族苗族自治县、务川仡佬族苗族自治县、习水县、桐梓县、正安县、绥阳县、仁怀市、遵义县、湄潭县、余庆县、凤冈县、德江县、沿河土家族自治县、思南县、印江土家族苗族自治县、石阡县、毕节市、金沙县、大方县、黔西县、赫章县、纳雍县、织金县、普定县			
	四川省	兴文县、叙永县、古蔺县			
	重庆市	重庆市黔江区、彭水苗族土家族自治县、重庆市南川区			

续表 3-1

区名称	范围		县个数	县域总面积（km^2）	重点预防面积（km^2）
	省(区、市)	县(市、区、旗)			
滇黔桂岩溶石漠化国家级水土流失重点治理区	广西省	隆林各族自治县、西林县、田林县、乐业县、凌云县、天峨县、南丹县、凤山县、东兰县、河池市金城江区、巴马瑶族自治县、大化瑶族自治县、都安瑶族自治县	57	155 772.6	42 488.3
	贵州省	威宁彝族回族苗族自治县、六盘水市钟山区、水城县、六盘水市六枝特区、盘县、普安县、晴隆县、兴仁县、贞丰县、兴义市、安龙县、册亨县、望谟县、镇宁布依族苗族自治县、关岭布依族苗族自治县、紫云苗族布依族自治县、贵定县、龙里县、长顺县、惠水县、平塘县、罗甸县、贵阳市花溪区			
	云南省	宣威市、沾益县、富源县、曲靖市麒麟区、罗平县、宜良县、石林彝族自治县、澄江县、华宁县、建水县、弥勒县、开远市、个旧市、泸西县、丘北县、广南县、富宁县、文山县、砚山县、西畴县、马关县			
粤闽赣红壤国家级水土流失重点治理区	江西省	金溪县、抚州市临川区、南城县、南丰县、广昌县、乐安县、石城县、宁都县、兴国县、万安县、瑞金市、于都县、赣县、赣州市章贡区、南康市、上犹县、会昌县、信丰县、泰和县、吉安县、吉水县	44	114 288.6	14 864.0
	福建省	建宁县、宁化县、清流县、大田县、长汀县、连城县、龙岩市新罗区、漳平市、永定县、仙游县、永春县、安溪县、华安县、南安市、平和县、诏安县			
	广东省	大埔县、梅县、梅州市梅江区、丰顺县、兴宁市、五华县、龙川县			
合计			631	1 636 455.0	494 378.5

表3-2　主体工程选址(线)水土保持评价分析表

依据名称	相关条文	本工程实施情况	评价分析
水土保持法	第十七条:禁止在崩塌、滑坡危险区和泥石流易发区从事取土、挖砂、采石等可能造成水土流失的活动。	不涉及崩塌、崩塌滑坡危险区、泥石流易发区	不存在制约
	第十八条:水土流失严重、生态脆弱的地区,应当限制或者禁止可能造成水土流失的生产建设活动。严格保护植物、沙壳、结皮、地衣等。	本项目不涉及,工程施工结束后采取植物措施恢复植被	不存在制约
	第二十四条:生产建设项目选址、选线应当避让水土流失重点预防区和重点治理区;无法避让的,应当提高防治标准,优化施工工艺,减少地表扰动和植被损坏范围,有效控制可能造成的水土流失。	本项目区不属于国家级水土流失重点预防区和重点治理区,但无法避让省级水土流失重点治理区	采取措施后不存在制约
	第二十八条:依法应当编制水土保持方案的生产建设项目,其生产建设活动中排弃的砂、石、土、矸石、尾矿、废渣等应当综合利用;不能综合利用,确需废弃的,应当堆放在水土保持方案确定的专门存放地,并采取措施保证不产生新的危害。	本工程的弃渣已最大限度地综合利用,由于路基填料要求和交通运输条件限制,不可避免地产生弃土弃渣	本工程的弃渣已最大限度地综合利用,通过采取防护措施,水土流失危害能够得到有效控制
	第三十二条:在山区、丘陵区、风沙区以及水土保持规划确定的容易发生水土流失的其他区域开办生产建设项目或者从事其他生产建设活动,损坏水土保持设施、地貌植被,不能恢复原有水土保持功能的,应当缴纳水土保持补偿费,专项用于水土流失预防和治理。	方案已计列水土保持补偿费	不存在制约
	第三十八条:对生产建设活动所占用土地的地表土应当进行分层剥离、保存和利用,做到土石方挖填平衡,减少地表扰动范围。	已对耕地和部分草地表土进行了剥离并加以保存和利用;尽量减少料场开挖量和地表扰动范围	不存在制约

续表 3-2

依据名称	相关条文	本工程实施情况	评价分析
生产建设项目水土保持技术标准	3.2.1 节第 1 条:选址(线)应避让水土流失重点预防区和重点治理区。	项目位于省级水土流失重点治理区,执行水土流失防治一级标准	提高防治标准、优化施工工艺,有效控制水土流失
	3.2.1 节第 2 条:应避让河流两岸、湖泊和水库周边的植物保护带。	本项目不涉及	不存在制约
	3.2.1 节第 3 条:应避让全国水土保持监测网络中的水土保持监测站点、重点试验区及国家确定的水土保持长期定位观测站。	工程扰动区域附近没有所列站点及试验区	不存在制约
	3.2.3 节:严禁在崩塌和滑坡危险区、泥石流易发区内设置取土(石、砂)场。	本项目不涉及	不存在制约
	3.2.5 节:严禁在对公共设施、基础设施、工业企业、居民点等有重大影响的区域设置弃土(石、渣、灰、矸石、尾矿)场。	本项目设置外排土场,属于工业开发区域,本项目不涉及	不存在制约
××省实施《中华人民共和国水土保持法》办法	××	××	××
	××	××	××

1)应优化方案,减少工程占地和土石方量;公路、铁路等项目填高大于 8 m 宜采用桥梁方案;管道工程穿越宜采用隧道、定向钻、顶管等方式;山丘区工业场地宜优先采取阶梯式布置。

2)截排水工程、拦挡工程的工程等级和防洪标准应提高一级。

3)宜布设雨洪集蓄、沉沙设施。

4)提高植物措施标准,林草覆盖率应提高 1 ~2 个百分点。

已开工项目补报水土保持方案的,可简化工程建设方案与布局评价。涉及水土保持敏感区调查内容应包括项目所在区域是否涉及水土流失重点预防区和重点治理区、饮用水水源保护区、水功能一级区的保护区和保留区、自然保护区、世界文化和自然遗产地、风景名胜区、地质公园、森林公园以及重要湿地等,涉及的应说明与本工程的位置关系。

应明确工程建设方案评价结论,可提出优化建议。

3.2.2 工程占地评价

(1)工程占地根据下列规定进行评价:

1)工程占地应符合节约用地和减少扰动的要求;

2)临时占地应满足施工要求。

(2)应明确工程占地的评价结论。

【例 3-2】 某建设项目工程占地评价

本工程占地面积共计××hm^2,其中永久占地××hm^2,临时占地××hm^2;主要施工生产生活区、表土堆存场、淤泥临时堆放场等临时占地均布置在永久征地范围内,不再新增占地,施工道路充分利用现有道路或永临结合布设,满足工程布置和施工的要求。

通过对主体设计资料分析,××水系综合治理工程先于××工程实施,××工程场内和通往××地块的主要施工道路仍可供××工程使用,场外输油管线管道作业面宽度可供运输车辆通行,××码头及附属工程区也有乡村道路通往施工现场,场外台站区施工道路采用永临结合的方式布设,后期建设为永久道路,因此本工程大部分施工道路无须再新增临时占地。由于××后期绿化面积大,主体工程设计将施工生产生活区、表土堆存场及淤泥临时堆放场均布置在场内拟绿化的永久占地范围内,这样既节约占地,减少了施工临时占地对地表的扰动,也能结合永久工程布置情况,减少对地表的二次扰动,减轻水土流失。

从占地类型方面分析,××水系综合治理工程实施结束后,其场内占地类型全部为其他用地,故本工程占用其他用地面积较多,面积为××hm^2,占总面积的××%;其次为耕地,面积为××hm^2,占总占地面积的××%;再次为林地、住宅用地、草地、交通运输用地和水域及水利设施用地。工程占地类型分析图(略)。

依据××年××月国家发展改革委、××总局联合印发的《全国××布局规划(2025年)》,××项目是布局规划中的新增项目,并于××年××月得到国务院、中央军委的立项批复,××建设本也是促进区域经济发展、完善地区综合交通运输体系的民生工程,也得到××当地民众的强烈支持。但由于本项目属于××中游低丘剥蚀垄岗地貌,垄间平地多为耕地,工程建设占用大面积土地(耕地××hm^2)无可避免,建设单位以缴纳耕地开垦费方式补充数量相当的耕地面积,同时做好××项目植被恢复工作。

综合分析,本工程通过优化建筑物、施工场地等的布置,减少了工程扰动面积,节约了土地资源,主要体现在充分利用已有施工道路,并将施工生产生活区、表土堆存场、淤泥临时堆放场布置在建设区永久占地范围内,节约施工用地。从水土保持角度分析,本工程虽然不可避免地占用部分耕地和林草地,但在整体规划布局上已最大限度地优减工程占地的数量,不仅降低了资金投入,更重要的是节约土地资源,符合节约用地原则。工程施工结束后,施工生产生活区、表土堆存场区、淤泥临时堆放场区及部分施工道路等临时占地可全部恢复植被,场内其他施工道路结合永久道路规划建设,基本满足水土保持要求。

3.2.3 土石方平衡评价

(1)土石方平衡根据下列规定进行评价:

1)土石方挖填数量应符合最优化原则;

2)土石方调运应符合节点适宜、时序可行、运距合理原则;

3)余方应首先考虑综合利用;

4)外借土石方应优先考虑利用其他工程废弃的土(石、渣),外购土(石、料)应选择合规的料场;

5)工程标段划分应考虑合理调配土石方,减少取土(石)方、弃土(石、渣)方和临时占地数量。

(2)应明确土石方平衡的评价结论。

【例3-3】　某生产建设项目土石方平衡评价

按照《中华人民共和国水土保持法》规定,对生产建设活动所占用土地的地表土应当进行分层剥离、保存和利用,做到土石方挖填平衡,减少地表扰动范围。

1. 表土资源剥离利用评价

鉴于项目区属于东北黑土地,表土资源珍贵的特点,设计对表层土壤采取保护措施。

具体方案为:在露天矿剥离前,根据施工进度预先剥离采场表层××~××cm深范围内表土,初期运至表土临时堆存场,临时堆存量××万 m^3,对剥离堆存的表土实施保护措施,后期用作外排土场绿化覆土。项目其他各部分工程建设过程中,对占用耕地进行了表土剥离,剥离厚度××cm,表土剥离量××万 m^3,后期回填植被恢复的区域。表土堆存区域表面撒播草籽,部分表土装袋保护,并用装袋土压边,所剥离的表土后期全部综合利用。

表土剥离与回覆措施,既保护了表土资源,又解决了绿化用土,既能够减少投资,又能避免表土外购运输过程中造成的水土流失。通过这些措施的处理,表土资源能有效地得到保护利用,符合水土保持要求。

2. 工程建设挖、填土石方量的评价

施工期主要发生的土石方工程为:采掘场开挖、场区建筑基础开挖填筑、道路工程开挖填筑、施工场地临时设施基础开挖、工程管线开挖填筑、场地平整等。土石方工程主要集中在施工期。本工程设专用外排土场可供临时堆土调配使用,土石方开挖后运至指定地点堆放,集中管理并进行措施防护,减少水土流失的产生。

本工程土石方开挖除表土外××万 m^3,主体工程回填××万 m^3,剩余××万 m^3将来用于植被恢复带的回填区,回填利用率可达到100%。

经水土保持分析,本项目开挖、回填土石方性质单一,综合利用较为方便,推荐方案土石方平衡合理,能够满足工程施工建设的需要,各个分项工程的开挖土石方大部分能够就近综合利用,减少了土石方长途调运造成扰动和水土流失,调运方案合理,符合水土保持要求。

3.2.4　取土(石、砂)场设置评价

(1)根据下列规定进行评价:

1)严禁在崩塌和滑坡危险区、泥石流易发区内设置取土(石、砂)场;

2)应符合城镇、景区等规划要求,并与周边景观相互协调;

3)在河道取土(石、砂)的应符合河道管理的有关规定;

4)应综合考虑取土(石、砂)结束后的土地利用。

(2)必须明确取土(石、砂)场设置评价结论。

【例3-4】 某生产建设项目取土(石、砂)场设置评价

1. 取土(石、砂)场设置原则

根据《中华人民共和国水土保持法》和《生产建设项目技术标准》(GB 50433—2018),取料场选址应符合下述规定:①严禁在县级以上人民政府划定的崩塌和滑坡危险区、泥石流易发区内设置取料场;②应符合城镇、景区等规划要求,并与周边景观相互协调;③在河道取土(石、砂)的,应符合河道管理的有关规定;④应综合考虑取土(石、砂)结束后的土地利用;⑤取土场取土结束后,应对取土场进行覆土绿化和复耕。

2. 取土(石、砂)场选址

根据以上原则,本工程所需的碎石、沙子等建筑材料可从砂石厂直接购买,材料生产期间的水土流失防治责任由生产单位负责,运输期间的水土流失防治责任由运输单位负责,工程开工前,建设单位需同相关的生产企业、运输公司签订购买及运输合同,合同中需落实水土保持相关责任。

本方案项目组会同主体设计人员一起进行了现场调查,共同确定了本项目取土场位置。通过地形图分析以及对现场调查,本项目设置的取土场共计××处。拟规划的××处取土场均不涉及城市总体规划区、途经的乡镇规划区范围,也不涉及自然保护区、风景名胜区、地质公园、饮用水水源保护区等环境敏感区域。选定的取土场充分利用了山包集中取土、山坡集中取土和平地集中取土,在取土场周围根据地形设置合理的截、排水沟以形成完善的截排水系统,将取土场上游和场内汇水引至附近自然沟道排泄。取土自上至下进行,取土过程中不易引发大量水土流失且易于防护。取土结束后,取土场后期利用可恢复原土地功能。在取土坡面和平台上布设植物措施。采取以上措施能够控制并减少可能产生的水土流失。取土场的设置在控制扰动面积和减少水土流失的前提下能够基本满足工程建设和水土保持要求。

本工程取土场选址均没有影响周边公共设施、工业企业、居民点的安全;没有涉及河道防洪行洪安全,没有在河道、湖泊管理范围内设置取土场,取土场后期利用方向合理。本工程设计取土场××hm^2,取土量××万m^3,占地类型为耕地、林地、草地,取土场取土结束后,对取土场要进行覆土绿化和复耕。

取土(石、砂)场设置评价表式见表3-3。

由表3-3分析评价,本项目取土场均不受到地质灾害影响,取土场选址对周边乡镇的饮用水源均不构成影响,取土场在进行植物恢复后不会对周边景观形成永久性影响,选址是合理的。

3. 结论

综合以上分析可以看出,本项目取土(石、砂)场在选址过程中,已认真考虑了如何减少工程取土带来的水土流失。避让了沿线地质灾害、饮用水源等区域;从植物、景观方面考虑了更好地进行恢复协调;并从取土运距、施工时序上合理调整位置,使之更满足水土保持的要求;考虑了取土场后期利用问题。综上,取土(石、砂)场选址符合要求,选址是

表 3-3 取土(石、砂)场设置评价

名称	桩号及位置	取土量(万 m^3)	占地类型及占地面积(hm^2)			最大取土高度(m)	平均挖深(m)	汇水面积(km^2)	运距(m)	取土场类型	取土场选址合理性分析				结论
			林地	耕地	小计						影响行洪安全	涉及不良地质	涉及环境敏感区	景观协调	
××取土场										山坡取土	不在河道、湖泊、水库管理范围内,不影响行洪安全	地质条件良好,不属于泥石流、崩塌、滑坡等地质灾害危险区和易发区	不涉及自然保护区、风景名胜区、地质公园、饮用水水源保护区等环境敏感区域	通过选址避让和路线本身的阻隔,已经避开上述区域的可视范围,主要占用林地,后期可覆土绿化	满足水土保持要求
××取土场										山坡取土	不在河道、湖泊、水库管理范围内,不影响行洪安全	地质条件良好,不属于泥石流、崩塌、滑坡等地质灾害危险区和易发区	不涉及自然保护区、风景名胜区、地质公园、饮用水水源保护区等环境敏感区域	通过选址避让和路线本身的阻隔,已经避开上述区域的可视范围,主要占用林地,后期可覆土绿化	满足水土保持要求
××取土场										山坡取土	不在河道、湖泊、水库管理范围内,不影响行洪安全	地质条件良好,不属于泥石流、崩塌、滑坡等地质灾害危险区和易发区	不涉及自然保护区、风景名胜区、地质公园、饮用水水源保护区等环境敏感区域	通过选址避让和路线本身的阻隔,已经避开上述区域的可视范围,主要占用林地,后期可覆土绿化	满足水土保持要求

续表 3-3

名称	桩号及位置	取土量（万 m^3）	占地类型及占地面积（hm^2）			最大取土高度（m）	平均挖深（m）	汇水面积（km^2）	运距（m）	取土场类型	取土场选址合理性分析				结论
			林地	耕地	小计						影响行洪安全	涉及不良地质	涉及环境敏感区	景观协调	
××取土场										山包取土	不在河道、湖泊、水库管理范围内，不影响行洪安全	地质条件良好，不属于泥石流、崩塌、滑坡等地质灾害危险区和易发区	不涉及自然保护区、风景名胜区、地质公园、饮用水水源保护区等环境敏感区域	通过选址避让和路线本身的阻隔，已经避开上述区域的可视范围，主要占用林地，后期可覆土绿化	满足水土保持要求
××取土场										山坡取土	不在河道、湖泊、水库管理范围内，不影响行洪安全	地质条件良好，不属于泥石流、崩塌、滑坡等地质灾害危险区和易发区	不涉及自然保护区、风景名胜区、地质公园、饮用水水源保护区等环境敏感区域	通过选址避让和路线本身的阻隔，已经避开上述区域的可视范围，主要占用林地，后期可覆土绿化	满足水土保持要求
××取土场										山坡取土	不在河道、湖泊、水库管理范围内，不影响行洪安全	地质条件良好，不属于泥石流、崩塌、滑坡等地质灾害危险区和易发区	不涉及自然保护区、风景名胜区、地质公园、饮用水水源保护区等环境敏感区域	通过选址避让和路线本身的阻隔，已经避开上述区域的可视范围，主要占用耕地，后期可覆土复耕	满足水土保持要求

续表 3-3

名称	桩号及位置	取土量（万 m^3）	占地类型及占地面积（hm^2）			最大取土高度（m）	平均挖深（m）	汇水面积（km^2）	运距（m）	取土场类型	取土场选址合理性分析				结论
			林地	耕地	小计						影响行洪安全	涉及不良地质	涉及环境敏感区	景观协调	
××取土场										山坡取土	不在河道、湖泊、水库管理范围内，不影响行洪安全	地质条件良好，不属于泥石流、崩塌、滑坡等地质灾害危险区和易发区	不涉及自然保护区、风景名胜区、地质公园、饮用水水源保护区等环境敏感区域	通过选址避让和路线本身的阻隔，已经避开上述区域的可视范围，主要占用耕地，后期可覆土复耕	满足水土保持要求
××取土场										山坡取土	不在河道、湖泊、水库管理范围内，不影响行洪安全	地质条件良好，不属于泥石流、崩塌、滑坡等地质灾害危险区和易发区	不涉及自然保护区、风景名胜区、地质公园、饮用水水源保护区等环境敏感区域	通过选址避让和路线本身的阻隔，已经避开上述区域的可视范围，主要占用林地，后期可覆土绿化	满足水土保持要求

基本合理的。

3.2.5 弃土(石、渣、灰、矸石、尾矿)场设置评价

(1)按照下列规定进行评价:

1)严禁在对公共设施、基础设施、工业企业、居民点等有重大影响的区域设置弃土(石、渣、灰、矸石、尾矿)场;

2)涉及河道的,应符合河流防洪规划和治导线的规定,不得设置在河道、湖泊和建成水库管理范围内;

3)在山丘区宜选择荒沟、凹地、支毛沟,平原区宜选择凹地、荒地,风沙区宜避开风口;

4)应充分利用取土(石、砂)场、废弃采坑、沉陷区等场地;

5)应综合考虑弃土(石、渣、灰、矸石、尾矿)结束后的土地利用。

(2)必须明确弃土(石、渣、灰、矸石、尾矿)场设置评价结论。

【例3-5】 某生产建设项目弃土(石、渣、灰、矸石、尾矿)场设置评价

根据本方案土石方平衡情况,本项目剩余废方××万 m^3,需放置在弃土(渣)场,本方案共计设置弃土(石、渣、灰、矸石、尾矿)场××处,专门弃土(石、渣、灰、矸石、尾矿)场××处,取土场用作弃渣××处,可容纳工程沿线弃土弃渣。××处取土场均为平地取土场回覆弃土,占地面积在取土场中考虑,其余××处为废弃采坑弃土。

1.弃土(石、渣、灰、矸石、尾矿)场设置原则

(1)工程弃渣应遵循合理集中的原则,进行优化设计,做到既经济合理又注重水土保持;

(2)不得影响周边公共设施、工业企业、居民点等的安全。

(3)涉及河道的,应符合河流防洪规划和治导线的规定,不得在河道、湖泊、水库管理范围内设置。

(4)禁止在对重要基础设施、人民群众生命财产安全及行洪安全有重大影响的区域布设。

(5)不宜布设在流量较大的沟道,否则应进行防洪论证。

(6)在平原区宜选择凹地、荒地、风沙区,应避开风口和易产生风蚀的地方。

(7)弃土(石、渣、灰、矸石、尾矿)场设置不得占用基本农田保护区及其他需特殊保护的生态功能区。

(8)不得在易引发崩塌滑坡的地区或泥石流沟道设置。

(9)弃土(石、渣、灰、矸石、尾矿)场设置时尽量减少对耕地、园地的破坏,尽量选取疏林地弃渣。

2.弃土(石、渣、灰、矸石、尾矿)场设置评价

本工程共设置××处弃土(渣)场,其中1处为平地取土场回覆弃土,占地面积和水土保持措施在取土场分区中考虑,其余××处为废弃采坑弃土,现状地类为其他土地,不具备剥离表土的条件。本工程弃土(渣)场均为凹地弃土,弃渣时应从低处分层堆弃,经压实后再堆弃上一层,建筑垃圾和淤泥质土不得堆弃在弃土(渣)场周边位置,弃渣结束

后对于占用的弃土(渣)场以植被恢复为主,经过平整、覆土后,选择当地乡土树种进行植被恢复。弃渣后渣体最高处高程与凹地顶部高程相差××m,弃渣后采用灌草结合的方式进行植被恢复,渣体不会对四周产生影响。对于××处取弃结合取土场,应控制好施工时序,施工开始集中在取弃结合取土场进行取土,取弃结合取土场应提前具备弃渣条件。

通过上述分析,选定的弃土(渣)场不在对公共设施、基础设施、工业企业、居民点等有重大影响的区域;不在涉及河道;充分利用了废弃采坑;综合考虑弃土(渣)结束后的土地利用。因此,从弃土(渣)场设置数量、占地类型、弃土(渣)场恢复利用方向等多方面分析,本项目所选择的弃土(渣)场是合理的。

下阶段设计中,如遇路线线位调整或土石方数量变化,需要对这7处弃土(渣)场进行变更时,变更的弃土(渣)场选址仍需遵循本报告中弃土(渣)场的选址原则。在工程实施阶段可根据实际情况对弃土(渣)场进行优化,优化原则是集中弃渣、利于防护、不能造成严重的水土流失。弃土(石、渣、灰、矸石、尾矿)场设置评价表式见表3-4。

3.2.6 施工方法与工艺评价

(1)根据以下规定要求进行评价:

1)应控制施工场地占地,避开植被相对良好的区域和基本农田区。

2)应合理安排施工,防止重复开挖和多次倒运,减少土地裸露时间和范围。

3)在河岸陡坡开挖土石方,以及开挖边坡下方有河渠、公路、铁路、居民点和其他重要基础设施时,宜设计渣石渡槽、溜渣洞等专门设施,将开挖的土石导出。

4)弃土、弃石、弃渣应分类堆放。

5)外借土石方应优先考虑利用其他工程废弃的土(石、渣),外购土(石、料)应选择合规的料场。

6)大型料场宜分台阶开采,控制开挖深度。爆破开挖应控制装药量和爆破范围。

7)工程标段划分应考虑合理调配土石方,减少取土(石)方、弃土(石、渣)方和临时占地数量。

8)应符合减少水土流失的要求。

9)对于工程设计中尚未明确的,应提出水土保持要求。

(2)应明确施工方法与工艺的评价结论。

【例3-6】 某建设项目施工方法与工艺评价

本工程易产生水土流失的施工为土石方工程,施工活动包括场区场地平整、表土剥离、地基处理、构筑物基础挖填。该阶段由于地表大面积扰动,土壤裸露,土壤结构和植被受到破坏,易形成水土流失。由于项目区分布有较大面积的沟渠、水塘、素填土、杂填土及少量软填土,淤泥厚度××~××m;素填土、杂填土、软填土厚度均在2 m以内,采用换填法进行地基处理。换填法可提高淤泥利用率,减少弃渣量,但淤泥和换填材料的临时堆放及挖填活动都易产生水土流失,施工过程中应加强临时堆土的拦挡、苫盖、排水等防护措施,就可以尽量减少水土流失。

××站及××工程区建构筑物基础采用钻孔灌注桩施工方式。钻孔过程中产生的钻渣和泥浆如处理不当,极易造成水土流失。因此,主体工程设计在施工过程中采用机械分

表3-4 弃土(石、渣、灰、矸石、尾矿)场设置评价表

弃土(渣)场名称	对应桩号及位置	弃渣量(万 m^3)	占地类型及占地面积(hm^2)			土地现状(深度 m)	凹地容量(万 m^3)	最大弃渣高度(m)	运距(m)	汇水面积(km^2)	弃土场选址环境安全性分析	合理性分析
			林地	其他土地	小计							
××	××					废弃采坑					占用其他土地,汇流面积较小,弃渣方式为凹地填平,弃土(渣)场下游无居民点、河流水库、公共设施。弃渣后相对高差为××m,弃渣后采用灌草结合的方式进行植被恢复,渣体不会对四周产生影响	弃渣运输便利,利用地方道路可送达
××	××					废弃采坑					占用其他土地,汇流面积较小,弃渣方式为凹地填平弃渣后相对高差为××m,弃渣后采用灌草结合的方式进行植被恢复,渣体不会对四周产生影响	弃渣运输便利,利用地方道路可送达
××	××					废弃采坑					占用其他土地,汇流面积较小,弃渣方式为凹地填平,弃渣后相对高差为××m,弃渣后采用灌草结合的方式进行植被恢复,渣体不会对四周产生影响	弃渣运输便利,利用地方道路可送达
××	××					废弃采坑					占用其他土地,汇流面积较小,弃渣方式为凹地填平,弃渣后相对高差为××m,弃渣后采用灌草结合的方式进行植被恢复,渣体不会对四周产生影响	弃渣运输便利,利用地方道路可送达

续表 3-4

弃土（渣）场名称	对应桩号及位置	弃渣量（万 m^3）	占地类型及占地面积（hm^2）			土地现状（深度 m）	凹地容量（万 m^3）	最大弃渣高度（m）	运距（m）	汇水面积（km^2）	弃土场选址环境安全性分析	合理性分析
			林地	其他土地	小计							
××	××					废弃采坑					占用其他土地，汇流面积较小，弃渣方式为凹地弃渣，弃渣后相对高差为××m，弃渣后采用灌草结合的方式进行植被恢复，渣体不会对四周产生影响	弃渣运输便利，利用地方道路可送达
××	××					废弃采坑					占用其他土地，汇流面积较小，弃渣方式为凹地填平，弃渣后相对高差为××m，弃渣后采用灌草结合的方式进行植被恢复，渣体不会对四周产生影响	弃渣运输便利，利用地方道路可送达
××	××					废弃采坑					原为平地取土场，取土之后为凹地，在取土过程中严格控制取土深度，取土后回覆弃土，弃渣完成后采用乔灌草结合的方式进行植被恢复，渣体不会对四周产生影响	弃渣运输便利，利用取土场道路可送达
合计												

离法对钻孔产生的泥浆进行处理。利用设备和振动筛将大颗粒钻屑进行分离,分离后的泥浆循环使用。机械分离法占地面积小,效率高,能最大限度地减少对地表的扰动,保护原生土壤结构。机械处理法钻渣含水率较低,可直接采用卡车进行运输,用于其他非承重土面区回填利用。这样既可避免钻渣长时间堆积晾晒产生的水土流失,又可减少后期废弃泥浆处理的工作量,有利于水土保持。

输油管道作业带清理、管沟开挖、开挖料堆放均是造成水土流失加剧的原因,施工过程中应采取积极的临时防护措施,施工结束后及时植被恢复。管道沟槽开挖采用分层开挖、分层堆放、分层回填的方式,开挖的土石方就近临时堆放在作业带一侧,减少了土石方倒运距离,管道敷设完成后及时回填,大大减少了地表裸露时间和开挖料的堆放时间,有利于控制水土流失。

综合分析,新建××项目在建设过程中将会造成大面积的地表扰动,产生新增水土流失。但是本工程施工时序及施工工艺较为合理,有利于水土保持工作的顺利开展,在加强施工管理,采取相应水土保持措施的前提下,可以最大限度地控制水土流失。

3.2.7　主体工程设计中具有水土保持功能工程的评价

根据以下规定进行评价:

(1)评价范围应为主体工程设计的地表防护工程。

(2)评价内容应包括工程类型、数量及标准。

(3)应明确主体工程设计是否满足水土保持要求,不满足水土保持要求的,应提出补充完善意见。

(4)应界定水土保持措施。

【例3-7】　某建设项目主体工程设计中具有水土保持功能工程的评价

(1)××中心具有水土保持功能工程的评价

主体工程设计了沿道路一侧布设雨水排水管,起到了疏导地表径流、防止水流冲刷的作用,具有水土保持功能。雨水排水管设计了工程防护位置、防御标准、断面尺寸、工程量等量化指标,符合水土保持要求。

××中心主体工程确定的绿化面积××hm^2,主体工程仅提出了项目区内绿化思路,但未给出具体设计,需本方案进行补充设计,以达到水土保持设计要求。

主体设计××中心停车位采用透水砖铺装,由于项目区绿化面积较低,方案建议优化为嵌草砖铺装,既能增加地面雨水下渗,又能提高厂区绿化率。

主体工程没有设计土地整治、临时堆土防护的具体措施、投资等,本方案需补充设计。

(2)××物流仓储区具有水土保持功能工程的评价

主体工程设计了沿道路一侧布设雨水排水管,起到了疏导地表径流、防止水流冲刷的作用,具有水土保持功能。雨水排水管设计了工程防护位置、防御标准、断面尺寸、工程量等量化指标,符合水土保持要求。

××物流仓储区主体工程确定的绿化面积××hm^2、绿化率××%,主体工程仅提出了项目区内绿化思路,但未给出具体设计,需本方案进行补充设计,以达到水土保持要求。

主体设计××物流仓储区停车位采用透水砖铺装,由于项目区绿化面积较低,方案建议优化为嵌草砖铺装,既能增加地面雨水下渗,又能提高厂区绿化率。

主体工程没有设计土地整治、临时堆土防护的具体措施等措施,本方案需补充设计。

3.3 主体工程设计中水土保持措施界定

(1)应将主体工程设计中以水土保持功能为主的工程界定为水土保持措施。

(2)难以区分是否以水土保持功能为主的工程,可按破坏性试验的原则进行界定,即假定没有这些工程,主体设计功能仍然可以发挥作用,但会产生较大的水土流失,此类工程应界定为水土保持措施。

(3)具体界定可按下列要求进行:

1)生产建设项目拦挡和排水措施界定按表3-5界定。

表3-5 生产建设项目拦挡和排水措施界定

项目类型	界定为水土保持的措施		不界定为水土保持的措施	
	拦挡类	排水类	拦挡类	排水类
火电厂	弃土(石、渣)场挡渣墙、拦渣坝、拦渣堤	厂区雨水排水管、排水沟、截水沟、雨水蓄水池、灰场周边截水沟、排水沟	厂区挡土墙、围墙,储煤场防风抑尘网,灰场灰坝、拦洪坝、隔离堤	煤场沉淀池,灰场排水竖井、卧管、涵洞、盲沟、坝后蓄水池
水利水电(含航电枢纽)	弃土(石、渣)场挡渣墙、拦渣坝、拦渣堤	厂坝区、办公生活区雨水排水管、截水沟、排水沟,弃土(石、渣)场、取料场截水沟、排水沟	厂坝区、办公生活区挡土墙、围堰修筑和拆除	施工导流工程
输变电、风电	弃土(石、渣)场(点)挡渣墙	变电站(所)截水沟、排水沟,塔基和风机周边截水沟、排水沟、挡水堤	变电站(所)、塔基、风机挡土墙	
冶金、有色、化工	废石场和排土场拦渣墙、拦渣坝、拦渣堤	厂区和工业场地的雨水排水管、排水沟、截水沟、雨水蓄水池,采掘场和废石场截水沟、排水沟	厂区和工业场地挡土墙、围墙,尾矿库(赤泥库)的尾矿坝、拦渣堤、上游挡水坝,冶炼渣场拦渣坝	尾矿库(赤泥库)排水竖井、卧管、涵洞,冶炼渣场和废石场盲沟
井采矿	矸石场的挡矸墙、拦矸坝	工业场地雨水排水管、截水沟、排水沟、雨水蓄水池,排矸场截水沟、排水沟	工业场地挡土墙、围墙	

续表 3-5

项目类型	界定为水土保持的措施		不界定为水土保持的措施	
	拦挡类	排水类	拦挡类	排水类
露采矿	排土场、废石场挡渣墙、拦渣坝、拦渣堤	工业场地雨水排水管、截水沟、排水沟、雨水蓄水池,排土场、废石场截水沟、排水沟,采掘场截水围堰	工业场地挡土墙、围墙	采坑内集水、提排设施
公路、铁路	弃土(石、渣)场挡渣墙、拦渣坝、拦渣堤	服务区、养护工区等雨水排水管、截水沟、排水沟,路基截水沟、边沟、排水沟、急流槽、蒸发池,桥梁排水管、排水沟,隧道洞口截水沟、排水沟,弃土(石、渣)场、取土(石、砂)场截水沟、排水沟,西北戈壁区路基两侧导流堤	服务区、养护工区、路基挡土墙	路基涵洞、路面排水
机场	弃土(石、渣)场挡土墙	飞行区、航站区、办公区、净空区雨水排水管、排水沟、截水沟、蓄水池,取土(料)场和弃土(石、渣)场截水沟、排水沟	飞行区、航站区、办公区挡土墙	
港口码头		堆场、码头雨水排水管、排水沟	海堤,堆场、码头挡土墙	
输气、输油、输水管道	弃土(石、渣)场挡土墙、挡渣墙	站场截水沟、排水沟,管道作业带、穿越工程的截水沟、排水沟	站场挡土墙、围墙,稳管镇墩、截水墙,管道穿跨越的挡土墙	
油气田开采	弃土(石、渣)场挡渣墙	站场、井场雨水排水管、截水沟、排水沟,弃土(石、渣)场、取土(石、砂)场截水沟、排水沟	站场、井场挡土墙	

2)生产建设项目边坡防护措施界定应符合下列要求:

①植物护坡应界定为水土保持措施;

②工程与植物措施相结合的综合护坡应界定为水土保持措施;

③主体工程设计在稳定边坡上布设的工程护坡应界定为水土保持措施;

④处理不良地质采取的护坡措施(锚杆护坡、抗滑桩、抗滑墙、挂网喷混等)不应界定为水土保持措施。

3)生产建设项目其他措施界定应符合下列规定:

①表土剥离和保护应界定为水土保持措施;

②土地整治应界定为水土保持措施;

③植被建设应界定为水土保持措施;

④为集蓄降水的蓄水池应界定为水土保持措施;

⑤防风固沙措施应界定为水土保持措施;

⑥采用透水形式的场地硬化措施可界定为水土保持措施;

⑦江、河、湖、海的防洪堤、防浪堤(墙)、抛石护脚不应界定为水土保持措施。

(4)界定为水土保持措施的,应分区列表明确各项措施的位置、数量和投资;已开工项目补报水土保持方案的,应介绍水土保持措施实施情况。

主体工程设计中水土保持措施界定表式见表3-6。

表3-6 主体工程设计中水土保持措施界定表

项目组成	界定为水土保持措施	不界定为水土保持措施	本方案需补充新增水土保持措施
路基工程区	路基边坡综合护坡绿化措施;截水沟、排水沟	挡土墙、浆砌片石护、路基涵洞	表土剥离及防护、表土回覆、栽植乔灌木、植草绿化、路基临时排水、路基边坡临时苫盖
桥梁工程区		浆砌片石护坡	表土剥离及防护、表土回覆、撒播种草
互通立交区	边坡综合护坡绿化措施;截水沟、排水沟、边沟	挡土墙、浆砌片石护坡涵洞排水措施等	表土剥离及防护、表土回覆、栽植乔灌木、植草绿化、路基临时排水、路基边坡临时苫盖
服务管理设施场区		服务区、养护工区挡土墙	表土剥离及防护、表土回覆、栽植乔灌木、植草绿化
施工生产生活区			表土剥离及防护、表土回覆、栽植乔木、植草绿化、临时苫盖
施工便道区			表土剥离及防护、表土回覆、植草绿化、复耕
取土场区			表土剥离及防护、表土回覆、栽植乔灌木、植草绿化、复耕、截排水
弃土(渣)场区			表土回覆、挡渣墙、截(排)水沟、沉砂池栽植灌木、植草绿化

4 水土流失分析与预测

4.1 水土流失现状

编制应包括项目所在区域水土流失的类型、强度,土壤侵蚀模数和容许土壤流失量。

各侵蚀类型区土壤容许流失量见表4-4,水蚀强度分级标准见表4-5,风蚀强度分级见表4-6。

4.1.1 坡面土壤水力侵蚀强度计算

地块的坡面土壤侵蚀强度可采用山区坡面土壤侵蚀模型式计算,即

$$A = RKLSBET \tag{4-1}$$

式中 A——单位面积多年平均土壤流失量,t/(hm² · a);

R——降雨侵蚀力因子,MJ · mm/(h · hm² · a),R 的标准计算方法是降雨动能(E)与最大30 min雨强(I_{30})的乘积,可以用降雨过程资料直接计算,或根据等值线图内插,或利用简易公式根据当地年平均降水量计算;

K——土壤可蚀性因子,t · hm² · h/(MJ · hm² · mm),K 值可以通过标准小区观测资料获得,也可根据诺谟图计算获得;

L——坡长因子,无量纲;

S——坡度因子,无量纲;

B——植被覆盖因子,无量纲;

E——工程措施因子,无量纲;

T——耕作措施因子,无量纲。

4.1.2 水土流失预测预报模型(供应用参考)

4.1.2.1 坡面水蚀预报模型

1. 黄土高原地区坡面水蚀预报模型

(1)江忠善式(适用于陕北丘二区)

$$M_0 = 5.097P^{0.999} I_{30}^{2.637} S^{0.880} L^{0.286} \tag{4-2}$$

式中 M_0——裸地基准状态下次降雨侵蚀模数,t/km³;

P——次降雨量,mm;

I_{30}——次降雨量最大30 min雨强,mm/min;

S——坡度(°);

L——坡长，m。

若坡面上有浅沟发育，且有植被覆盖和水保措施，则上式应为

$$M_s = M_0 HC\eta \tag{4-3}$$

式中　H——浅沟侵蚀系数，由式 $H = 1 + \frac{S-15}{30-15}\left[1.003(PI_{30})^{0.103} - 1\right]$ 算出；

C——植被作用系数，当为人工草地时，$C = e^{-0.0418(V-5)}$，V 为植被盖度（%），当为林地时，$C = e^{-0.0085(V-5)^{1.5}}$，当为农作物时，按月份计，4 月 $C=1$，5 月 $C=0.88$，6 月 $C=0.67$，7 月 $C=0.60$，8 月 $C=0.58$，9 月 $C=0.62$，10 月 $C=0.76$，全年平均 $C=0.61$；

η——水土保持措施影响系数见表 4-1。

表 4-1　水土保持措施影响系数表

措施	η 值	措施	η 值
水平梯田	0.02～0.05	沟垄种植	0.60
坡水梯田	0.50	草粮带状间作	0.40～0.50
水平沟种植	0.50	草溪带状间作	0.20～0.40

（2）史景汉式（适用于陕西丘一区）

$$M_s = 0.5409 R^{0.5609} P_A^{1.3009} S^{0.2003} L^{0.063} \phi^{-0.3059} \tag{4-4}$$

式中　P_A——前期土壤含水率（%）；

R——降雨侵蚀力，即最大 15 min 降雨强度与雨滴动能的乘积，$\mathrm{Jmm/m^2\ min}$；

ϕ——植被度（%）。

（3）吴发启式（适用陕西渭北地区）

$$M_s = 24.523(PI_{30})^{0.337}(S^{1.869} L^{0.856})^{0.714} \tag{4-5}$$

式中　M_s——裸地土壤次降雨侵蚀量，$\mathrm{t/km^2}$，若有植被，需用 C 修正；

P——次降雨侵蚀量，mm；

I_{30}——最大 30 min 雨强，mm/min；

其他符号含义同前。

2. 东北山丘区

（1）周国忠式（适用于辽宁铁岭山地）

$$W_s = \alpha I^{2.41} tFc \tag{4-6}$$

式中　W_s——土壤流失量，kg；

I——次降雨强度，mm/h；

t——次降雨历时，h；

F——坡面面积，亩；

c——植被作用系数；

α——随坡度变化的系数。

（2）黑龙江省区模型

张宪奎等以试验资料为基础，建立于本区坡面侵蚀模型。

$$A = RKLSCP \tag{4-7}$$

式中 A——单位面积多年平均土壤流失量，t/hm²·a；

R——降雨侵蚀因子，J/m²，计算式为：$R = E_{60}I_{30}$，其中 E_{60} 为一次降雨 60 min 最大降雨动能，J/m²，I_{30} 同前，cm/h；

K——土壤可蚀因子，t/hm²，对黑土、白浆土 $K = \frac{A}{R}$，暗棕壤 $K = \frac{A}{RLS}$；

LS——地形因子，$LS = \left(\frac{L}{20}\right)^{0.18}\left(\frac{S}{8.75}\right)^{1.3}$；

C——植被与经营管理因子，由 $C_n = \frac{A_1}{A_2}$ 即有植被地与无植被地流失量之比得 C_n，乘以相应期 R 的百分数，全年累加得 C；

P——水保措施因子，在 0.029～0.372。

3. 长江流域地区

（1）杨艳生式（适用三峡地区）

$$A = 0.8351RKLSC^{-2.3} \tag{4-8}$$

式中 A——单位面积土壤流失量，t/(km²·a)；

R——降雨因子，$R = \sum_{i=1}^{12} 1.735\exp\left(1.5\lg\frac{P_i}{P} - 0.8188\right)$，其中 P 为年降雨量，mm，P_i 为月降雨量，mm；

K——土壤可蚀性因子，$K = 0.0075D - 0.05$，其中 D 为土壤粒砂及极细砂（0.002～0.10 mm）含量的百分数；

LS——地形因子，$LS = 0.0023 \times 1.1^{\alpha} \times h(1-\cos\alpha)/\sin\alpha$，其中 α 为地面平均坡度，h 为相对高差，m；

C——植被覆盖度。

（2）杨艳生式（适用江西宁都地区）

$$M_s = 5.459 - 0.472p + 0.128I + 1.715H - 14.041\alpha \tag{4-9}$$

式中 H——次降雨径流深；

α——径流系数；

其他符号含义同前。

4.1.2.2 坡面侵蚀物理模型

坡面侵蚀物理模型在国外研究较多，有 EVROSEM、SMODERP、KYERMO 等模型，我国学者王贵平、段建南等在分析总结国外模型的基础上，建立了侵蚀过程模型。现以段建南建立的坡地模型（SL EMSEP）为例加以说明。

段建南模型（1998）首先给出降雨击溅分散的动能 E 和地表径流量 Q 的计算式：

$$E = P(11.9 + 8.7\lg i) \tag{4-10}$$

$$Q = \frac{(p - 0.2S)^2}{p + 0.8S} \tag{4-11}$$

式中 p——降雨量，mm；

i——侵蚀降雨强度，mm/h；

S——水土保持参数。

在式(4-11)基础上可计算雨滴击溅分散量 F 和径流搬运量 G。

$$F = E[\exp(-\alpha p)]^{b} \times 10^{-3} \tag{4-12}$$

$$G = CQ^{d}(\sin\alpha) \times 10^{-3} \tag{4-13}$$

式中 p——降雨成为永久截留和江流的百分率；

C——作物覆盖管理因子；

α——坡度；

b、d——经验值。

4.1.2.3 小流域水蚀预报

这里仅介绍几个黄土高原地区的经验模型：

1. 江忠善、宋文经式(适用于陕北、晋西、陇东南丘陵区)

$$M_s = 0.37M^{1.15}JKP \tag{4-14}$$

式中 M_s——次暴雨的流域产沙量模数，t/km²；

M——次暴雨的洪量模数，m³/km²；

J——流域平均坡度，以比值计；

K——土壤可蚀性因子，以黄土中砂粒和粉粒占总量比例表示可蚀性，以小数计；

P——与流域植被度有关的植被作用系数，即有植被覆盖与裸露情况相对照的径流小区侵蚀量之比值。

2. 牟金泽、熊贵枢式(适用于陕北丘一区)

本式根据陕北黄土丘陵沟壑区第一副区岔巴沟流域(187 km²)多年实测资料，经过回归分析，得出三个层次的产沙预报模型。

第一层次为次洪水产沙模型：

当有洪水资料时
$$M_s = \alpha(M + q_p)^{n} \tag{4-15}$$

式中 M_s——次洪水流域产沙模数，t/km²；

M——次洪水总量模数，m³/km²；

q_p——洪峰模数，dm³/(s · km²)；

α、n——系数和指数，经分析得到 α 值多为 0.168 ~ 0.390，n 值为 1.07 ~ 1.16。

当无洪水资料时
$$M_s = 0.25(M + q_p)^{1.07} J_0^{0.2} L^{0.4} \tag{4-16}$$

式中 q_p——洪峰模数，计算式为：

$$q_p = c\frac{J_0^{\frac{1}{3}} A^{0.18}}{L} = c\frac{BJ_0^{\frac{1}{3}}}{A^{0.82}} \tag{4-17}$$

其中 c——暴雨强度影响参数，与重现期 N 有关，当 $N = 10$ 年时，$c = 179 \times 10^3$，当 $N = 20$ 年时，$c = 262 \times 10^3$，当 $N = 50$ 年时，$c = 375 \times 10^3$；

B——流域平均宽，km；

A——流域面积，km²；

M——洪量模数，计算式为：

$$M = Kq_p = 0.26\left(\frac{L}{J_0^{\frac{1}{3}}}\right)^{0.54} \cdot q_p \tag{4-18}$$

L——流域长度和主沟道平均比降 J_0,计算式为:

$$L = 1.58A^{0.5} \tag{4-19}$$

$$J_0 = 0.61A^{-0.42} \tag{4-20}$$

第二个层次为年产沙预报模型:

$$M_{s0} = 0.095M_0^{2.0}\ J_0^{0.28}\ L^{0.25} \tag{4-21}$$

式中 M_{s0}——年产沙模数,万 t/km²;

M_0——年径流模数,万 m³/km²;

其他符号含义同前。

第三个层次为多年平均年产沙量预报模型:

$$\overline{M_{s0}} = 0.095\eta\ \overline{M_0^{2.0}}\ J_0^{0.28}\ L^{0.25} \tag{4-22}$$

式中 η——修匀系数,分析为1.24;

其他符号含义同前。

3.吴发启、赵晓光式(适用于陕西渭北地区)

$$M_s = 1\,294.206M_w^{1.236} \tag{4-23}$$

或

$$M_s = 2\,767.857(qM_w)^{0.717} \tag{4-24}$$

式中 M_w——次洪水模数,m³/km²;

q——洪峰模数,m³/km²;

其他符号含义同前。

4.范瑞瑜式(适用于黄土高原)

$$M_s = 6.496R^{1.573}K^{1.235}J^{1.328}C^{1.491}P^{1.858} \tag{4-25}$$

式中 M_s——年产沙模数,万 t/(km²·a);

R——降雨侵蚀力指标,$R = 10^{-3}(E_n + p_c^{0.88})$,其中 E_n 为年暴雨总能量之和,J/m²,p_c 为汛期降雨总量,mm;

K——土壤可能性指标,采用土体中 >0.05 mm 粒级含量与易溶盐百分量之和表示,以小数计;

J——流域平均坡度;

C——植被影响侵蚀系数;

P——工程措施影响侵蚀系数。

根据流域地形图,流域平均坡度一般按式(4-26)计算:

$$J = \frac{\Delta H(0.5L_0 + L_1 + L_2 + \cdots + 0.5L_n)}{A} \tag{4-26}$$

对于地形起伏,山高坡陡的流域,流域平均坡度一般按式(4-27)计算:

$$J = (\Delta H \cdot \sum L)/A \tag{4-27}$$

式中 $L_0, L_1, L_2, \cdots, L_n$——流域内各等高线的长度,km;

ΔH——相邻两等高线间高差,km;

$\sum L$——等高线总长,km;

A——流域面积,km²。

植被影响侵蚀系数计算式为：

$$C = \alpha e^{-5.1724}x \tag{4-28}$$

其中 α 系数取值为1.0，x 为流域汛期(6~9月)平均植被度。

工程措施影响侵蚀系数的计算式为

$$P = 1 - \frac{B^{1.35} + T + P + S + T_i}{1\ 500A} \tag{4-29}$$

式中 B——坝地面积，亩；

T——水平梯田面积，亩；

P——垣平地面积，亩；

S——水地面积，亩；

T_i——滩地面积，亩。

此外，还有尹国康、陈楚群式，蔡强国等式对流域按地貌分带性分别给出产沙预报式，较麻烦（详见《水土保持学报》，2000年第4期）。

4.1.2.4 区域水蚀预报模型

1. 周佩华等分区模型

本模型依据各地的自然和社会经济条件，将全国划分为7大类型区，即东北漫岗丘陵区（简称Ⅰ区，下同）、黄土高原区（Ⅱ区）、青藏高原区（Ⅲ区）、北方山地丘陵区（Ⅳ区）、云贵高原及四川盆地区（Ⅴ区）、江南丘陵（含台湾省）区（Ⅵ区）、华南山地丘陵（含海南省）区（Ⅶ区），在各区内以代表河流的控制监测站资料，建立了河流输沙量与各主要影响因子的相关模型，以此分析全国水土流失发展趋势（不包括新疆，甘肃西部和内蒙古中西部风蚀区）。模型的基本形式为：

$$Y = \alpha M^b Q^c P^d \tag{4-30}$$

式中 Y——河流年输沙量，亿t；

M——一日最大洪水量，亿 m^3；

Q——年径流量，亿 m^3；

P——水土保持治理面积占水土流失面积的百分数；

a,b,c,d——地区参数。

各区模型如下：

Ⅰ区 $$Y = 0.226M^{-0.2}Q^{1.368} \tag{4-31}$$

Ⅱ区 $$Y = 0.075M^{2.399}Q^{-0.027} \cdot 1.537^{(1-p)} \tag{4-32}$$

Ⅲ区 $$Y = 0.335\ 7M^{-0.268}Q^{1.919}P^{-0.394} \tag{4-33}$$

Ⅳ区 $$Y = 76\ 100M^{0.705}Q^{0.986}P^{-2.477} \tag{4-34}$$

Ⅴ区 $$Y = 0.000\ 765M^{0.409}Q^{1.131}P^{-0.629} \tag{4-35}$$

Ⅵ区 $$Y = 66.09M^{0.988}Q^{0.178}P^{-0.151} \tag{4-36}$$

Ⅶ区 $$Y = 0.012\ 7M^{0.076}Q^{1.698} \tag{4-37}$$

2. 杨艳生模型

本模型是以径流小区观测资料和野外调查资料为基础，利用USLE模型思路建立的。有两个流域模型：

赣南山丘区 $$Y = 5.459 - 0.472x_1 + 0.128x_2 + 1.715x_3 - 14.041x_4 \tag{4-38}$$

$$A = 4YKLS \tag{4-39}$$

长江三峡区 $$A = 0.8351RKLSC^{-2.3} \tag{4-40}$$

式中 Y——坡面流失量,$t/(km^2 \cdot a)$;

x_1, x_2, x_3, x_4——降雨、降雨强度、径流深和径流系数;

K——土壤可蚀性因子;

LS——地形因子;

C——植被度。

3. 景可模型

本模型以黄河中游所建淤地坝为对象,建立区域宏观估算侵蚀量模型。计算式为:

$$\lg(T_m) = 2.35 + 6.31/(5/D_{mx} + 9/Z_x + 9/W_x + 3/P_x)^{+R_x} \tag{4-41}$$

式中 D_{mx}——地形因子,计算式为:

$$D_{mx} = 1.5/(0.9/G_m + 10/Q_{sd}) \tag{4-42}$$

式中 G_m——沟壑密度;

Q_{sd}——沟谷切割深度;

Z_x——植被指标,植被指标标度见表 4-2;

W_x——地面物质指标,地面物质指标标度见表 4-3。

表 4-2 植被指标标度表

植被温度	<10	10~20	20~30	30~40	40~50	50~60	60~70	>70
Z_x	10	9.5	6.5	4	3	2.5	2.0	0.1

表 4-3 地面物质指标标度表

岩性	砒砂岩	沙黄土	黄土	黏黄土	红土	红砂岩	其他岩
W_x	10	7.5	6.5	5.5	4	3	1

P_x——降水因子指标,计算式为:

$$P_x = P_7 + P_8 + P_9 \tag{4-43}$$

即 7~9 月降雨量的和。

R_x——人为活动因子指标,计算式为:

$$R_x = \lg(1 + 1.5G_{>15}/100) \tag{4-44}$$

其中,$G_{>15}$ 为坡度 >15°的耕地占总土地面积的百分比。

4.1.2.5 区域风蚀预报模型

沈渭寿式

本模型是以毛乌素沙地在飞播固沙植物后,不同类型沙丘形态可能固定的状态,评价治理效果。模型分三个类型区,如下:

Ⅰ类播区沙丘高 5 m 以下，以单个新月形沙丘为主，沙丘密度为 0.6～0.7。判别式为：

$$M = 0.124\,5 + 0.723\,5e^{-0.298\,9T} \tag{4-45}$$

$$S = 0.076\,2 + 0.023\,4T - 0.001\,8T^2 \tag{4-46}$$

$$F = 0.933\,0 - 0.829\,9e^{-0.145T} \tag{4-47}$$

式中　M、S、F——播区内流动、半固定和固定状态所占比例（%）；

T——播区年龄。

Ⅱ类播区沙丘高 5～10 m，以新月形沙丘链为主，间有格状沙丘，沙丘密度为 0.7～0.8。判别式为：

$$M = 0.131\,7 + 0.764\,2e^{-0.205\,5T} \tag{4-48}$$

$$S = 0.075\,8 + 0.035\,3T - 0.001\,7T^2$$

$$F = 0.755\,7 - 0.746\,6e^{-0.104\,6T} \tag{4-49}$$

Ⅲ类播区沙丘高 10 m 以上，以格状沙丘为主，沙丘密度在 0.8 以上。判别式为：

$$M = 0.262\,6 + 0.692\,5e^{-0.165\,3T}$$

$$S = 0.353\,5 + 0.332\,8e^{-0.215\,1T} \tag{4-50}$$

$$F = 0.410\,4 - 0.385\,8e^{-0.117\,2T} \tag{4-51}$$

表 4-4　各侵蚀类型区土壤容许流失量表

类型区	土壤容许流失量[t/(km² · a)]
西北黄土高原区	1 000
东北黑土区	200
北方土石山区	200
南方红壤丘陵区	500
西南石质山区	500

表 4-5　水蚀强度分级标准表

级别	平均侵蚀模数[t/(km² · a)]	平均流失厚度(mm/a)
微度	<200,500,1 000	<0.15,0.37,0.74
轻度	200,500,1 000～2 500	0.15,0.37,0.74～1.9
中度	2 500～5 000	1.9～3.7
强烈	5 000～8 000	3.7～5.9
极强烈	8 000～15 000	5.9～11.1
剧烈	>15 000	>11.1

注：本表流失厚度系按土壤容重 1.35 g/cm³ 折算，各地可按当地土壤容重计算。

表 4-6 风蚀强度分级表

级别	床面形态（地表形态）	植被覆盖度(%)（非流沙面积）	风蚀厚度(mm/a)	侵蚀模数[t/(km²·a)]
微度	固定沙丘,沙地和滩地	>70	<2	<200
轻度	固定沙丘,半固定沙丘,沙地	70~50	2~10	200~2 500
中度	半固定沙丘沙地	50~30	10~25	2 500~5 000
强烈	半固定沙丘,流动沙丘,沙地	30~10	25~50	5 000~8 000
极强烈	流动沙丘,沙地	<10	50~100	8 000~15 000
剧烈	大片流动沙丘	<10	>100	>15 000

4.2 水土流失影响因素分析

(1)根据项目区自然条件、工程施工特点,分析工程建设与生产对水土流失的影响。

(2)明确建设和生产过程中扰动地表、损毁植被面积,废弃土(石、渣、灰、矸石、尾矿)量。

【例 4-1】 某生产建设项目水土流失影响因素分析

本工程建设引起的水土流失量的增加主要表现在扰动地表,破坏植被,使地表土壤裸露,加大表层土壤松散性,抗蚀能力降低,路基、建筑物基础施工等产生弃渣,加大了土壤流失。根据公路工程的建设特点,路基工程区、桥梁工程区、互通立交区水土流失呈线状分布;服务管理设施场区水土流失呈点状分布。施工建设活动主要从以下几个方面新增水土流失。

(1)造成局部地形的变化

在公路建设过程中,由于原地表遭到人为扰动和破坏,形成取土场、路基边坡等再塑地貌。再塑地貌的岩土物质与原地面物质相比,结构松散,边坡大多不稳定,施工期抗侵蚀能力明显降低,易发生水土流失。

(2)土壤结构发生变化

土壤是被侵蚀对象,公路工程建设对土体的扰动作用,使扰动区土体结构疏松,抗侵蚀能力明显减弱。

(3)植被受到损毁

建设区原地表植被为耕地、林地、草地等,具有阻缓风蚀和水蚀的作用。在抗水蚀方面,能够截留降水,削减降雨能量,分散和滞缓地表径流,改善土体结构,固持土体;在抗风蚀方面,削弱对地表的风蚀。公路工程建设彻底破坏了原地表植被,从而加速土壤侵蚀。

通过对本工程建设用地范围内土地利用现状调查,工程建设占用耕地、林地、草地、工矿仓储用地、建设用地、交通运输用地等,损毁植被面积为××hm^2,其中林地××hm^2、草地××hm^2。

(4)产生废弃土(石、渣)量

本工程弃方共计××万 m^3,本方案设置弃土(石、渣)场共计××处,专门弃土(石、渣)场6处,取土场用作弃渣1处,容纳了工程沿线的弃土弃渣弃石。如遇大风大雨,防护不当,会加剧新的水土流失。

4.3　土壤流失量预测

4.3.1　预测单元

1. 编制内容

(1)预测单元确定

应按地形地貌、扰动方式、扰动后地表的物质组成、气象特征等相近的原则划分。

(2)预测单元面积的确定

1)应根据工程平面布置结合地形图确定。

2)自然恢复期预测面积应扣除建筑物占地、地面硬化和水面面积。

2. 编制说明

一般情况下,预测单元与防治分区一致,并在此基础上细化。如火电厂一级单元有厂区、施工生产生活区、储灰场、供排水管线、输电与通信线路、厂外道路、铁路专用线等;厂区、施工生产生活区又可划分为扰动和临时堆土两个二级单元;临时堆土区再划分为平面、边坡两个三级单元;储灰场堆灰区又可划分为平面和边坡两个三级单元。公路项目的线路工程防治区可再划分为路基、桥梁、隧道、收费及服务设施等单元。

4.3.2　预测时段

预测时段的编制要符合下列要求:

(1)预测时段应分施工期(含施工准备期)和自然恢复期。

(2)各预测单元施工期和自然恢复期应根据施工进度分别确定;施工期为实际扰动地表时间;自然恢复期为施工扰动结束后,不采取水土保持措施的情况下,土壤侵蚀强度自然恢复到扰动前土壤侵蚀强度所需要的时间,应根据当地自然条件确定,一般情况下湿润区取2年,半湿润区取3年,干旱半干旱区取5年。

(3)施工期预测时间应按连续12个月为一年计;不足12个月,但达到一个雨(风)季长度的,按一年计;不足一个雨(风)季长度的,按占雨(风)季长度的比例计算。

【例4-2】　某生产建设项目预测时段

本工程预测时段包括施工期(含施工准备期)和自然恢复期。各单元预测时段根据各类工程施工进度安排,按最不利情况考虑,未超过雨季长度的按占雨季长度的比例计算,超过雨季长度的按全年计。项目区雨季一般为每年6~9月。

(1)施工期(含施工准备期)

施工期预测时段从施工准备期开始,到建成投运,即2020年5月至2022年10月,总工期为30个月。施工期内工程建设施工活动集中,是造成水土流失最主要的时段,此时段内路基工程、桥梁工程、互通工程、排水防护工程以及取土场、弃土(渣)场、施工场地、便道等开工,尤其是对地表开挖,使其失去植被保护,施工机械、人员多,土体结构变化剧烈,造成的水土流失量也较大。根据工程施工组织和时序安排,单项工程施工过程中水土流失预测按最大不利施工时间考虑。

(2)自然恢复期

自然恢复期是指各单元施工扰动结束后未采取水土保持措施条件下,松散裸露面逐步趋于稳定,植被自然恢复,土壤侵蚀强度减弱并接近原背景值所需的时间。这一时期的工程开挖、填筑等大规模施工活动基本停止,工程建设的生态环境正逐渐得到恢复和改善。由于部分水土保持措施的水土保持功能尚未全面发挥,特别是实施的植物措施还没有全面到位或仍处于幼苗和生长阶段,距离实现预期设计功能还需时日。根据工程建设的自然条件,水土流失的自然恢复期为2~3年。水土流失预测时段见表4-7。

表4-7 水土流失预测时段

预测单元	施工期(含施工准备期)		自然恢复期	
	预测时段	预测时间(年)	自然条件	预测时间(年)
路基工程	2020年5月至2022年6月	2.5	半湿润区	3
桥梁工程	2020年5月至2022年6月	2.5	湿润区	2
互通立交	2020年5月至2022年6月	2.5	湿润区	2
服务管理设施场	2021年3月至2022年10月	2	半湿润区	3
施工生产生活区	2020年5月至2022年10月	3	半湿润区	3
施工便道	2020年5月至2022年10月	3	半湿润区	3
取土场区	2020年5月至2022年10月	2.5	半湿润区	3
弃土(渣)场区	2020年5月至2022年10月	3	半湿润区	3

4.3.3 土壤侵蚀模数

(1)预测单元原地貌土壤侵蚀模数,应根据土壤侵蚀模数等值线图等资料,结合实地调查综合分析确定。

(2)扰动后土壤侵蚀模数可采用数学模型、试验观测等方法确定。

【例4-3】 某建设项目土壤侵蚀模数

1.扰动地貌土壤侵蚀模数的确定

本工程施工期(含施工准备期)及自然恢复期土壤侵蚀模数采用类比法确定。通过与类比工程侵蚀特点的对比,并结合实地调查和有关资料分析,对类比工程水土流失监测数据进行修正,最终确定施工准备期、施工期及自然恢复期的土壤侵蚀模数。

2.类比条件分析

本工程选取××市至××市铁路客运专线为类比工程,该工程于××年××月开工建设,××年××月开通运营,全长××km。主体设计单位和水土保持方案编制单位为××有限公司,水土保持监测单位为××生态工程咨询有限公司,水土保持技术评估单位是××有限公司。水土保持监测工作于××年××月开始,采用遥感监测和调查监测相结合的方法进行水土保持监测工作。××年××月××日,水利部水保司在××市召开此专线水土保持设施竣工验收会议。××年××月××日,水利部以办水保函〔2015〕××号文进行批复。该项目包括路基、桥梁、隧道、站场、取土场、弃渣场、施工生产生活区、施工便道等工程内容，与本工程的工程内容基本相同，施工工艺相似，而且都是线形工程，具有可比性。

从表4-8中可以看出，类比工程与本工程在气候、土壤、植被、地形地貌、水土保持状况等方面基本相同，具有可比性，可作为本工程的类比工程。本工程与类比工程地貌相似，路段的自然条件及水土流失情况相似，且工程建设过程中开挖、填筑、临时建筑等可能造成水土流失的原因、程度和影响等两者均基本相近。方案对项目建设的施工准备期及施工期侵蚀模数根据降雨不同进行修正，本工程与类比工程监测期的降雨修正系数为××；另外，由于类比工程监测期已处于项目施工后期，侵蚀模数监测数据相比偏小，因而本工程在监测数据的基础之上乘以扩大系数1.4。自然恢复期第2年各项措施基本发挥效益，土壤侵蚀模数相比第1年减半。

表4-8 类比工程可比性分析表

类比项目	项目概况及可比性分析	
	××至××铁路客运专线	本工程
工程性质	客运专线	高速铁路
平面位置关系	××市、××市	××市、××市
地形地貌	丘陵、岗状平原	丘陵、岗状平原
气候类型	亚热带季风气候	北亚热带季风气候
降水量	年平均降水量为××mm	年平均降水量××mm
蒸发量	年平均蒸发量为××mm	年平均蒸发量为××mm
土壤	以黄棕壤为主	以水稻土、潮土为主
植被	亚热带常绿阔叶林	北亚热带常绿阔叶林
风速	年平均风速××m/s	年平均风速××m/s
可比性	类比工程与本工程所属区内气候条件、地形地貌、气候类型、土壤植被等、水土流失现状基本相同，具有可类比性	

类比工程监测数据表式见表4-9，土壤侵蚀模数表式见表4-10。

表4-9 类比工程监测数据

水保监测部位	土壤侵蚀模数[t/(km^2·a)]	
	施工期（含施工准备期）	自然恢复期
路基工程		
桥梁工程		
隧道工程		
站场工程		
改移工程		
取土场		
弃土场		
施工生产生活区		
施工便道		

表 4-10 预测期土壤侵蚀模数取值一览表

水保监测部位	土壤侵蚀模数[t/(km² · a)]		
	施工期(含施工准备)	自然恢复期	
		第一年	第二年
桥梁工程			
隧道工程			
站场工程			
改移工程			
取土场			
弃土场			
施工生产生活区			
施工便道			

4.3.4 预测结果

土壤流失量预测按下式计算。当预测单元土壤侵蚀强度恢复到原地貌土壤侵蚀模数以下时,不再计算。

土壤流失量预测
$$W = \sum_{j=1}^{2}\sum_{i=1}^{n} F_{ji}M_{ji}T_{ji} \tag{4-52}$$

式中 W——土壤流失量,t;

j——预测时段,$j=1,2$,即指施工期(含施工准备期)和自然恢复期两个时段;

i——预测单元,$i=1,2,3,\cdots,n-1,n$;

F_{ji}——第 j 预测时段、第 i 预测单元的面积,km^2;

M_{ji}——第 j 预测时段、第 i 预测单元的土壤侵蚀模数,$t/(km^2 \cdot a)$;

T_{ji}——第 j 预测时段、第 i 预测单元的预测时段长,a。

水土流失预测成果表达应符合下列规定:

(1)应列表说明各预测单元施工期、自然恢复期的土壤流失总量和新增土壤流失量。

(2)应根据预测结果综合分析提出水土流失防治和监测的指导性意见。

已开工项目补报水土保持方案的,还应对已造成的水土流失量进行调查。

(3)预测结果表式:

1)某公路建设项目水土流失预测结果表式

①施工期(包括施工准备期)水土流失预测结果,见表 4-11。

表 4-11 施工期水土流失预测结果表

预测单元	土壤侵蚀背景值[t/(km²·a)]	扰动后侵蚀模数[t/(km²·a)]	侵蚀面积(hm²)	侵蚀时间(a)	背景流失量(t)	预测流失量(t)	新增流失量(t)
路基工程区							
桥梁工程区							
互通立交区							
服务管理设施场区							
施工生产生活区							
施工便道区							
取土场区							
弃土(渣)场区							
合计							

②自然恢复期水土流失预测结果,见表 4-12。

表 4-12 自然恢复期水土流失预测结果表

预测单元		土壤侵蚀背景值[t/(km²·a)]	扰动后侵蚀模数[t/(km²·a)]	侵蚀面积(hm²)	侵蚀时间(a)	背景流失量(t)	预测流失量(t)	新增流失量(t)
路基工程区	第 1 年							
	第 2 年							
	第 3 年							
	小计							
桥梁工程区	第 1 年							
	第 2 年							
	第 3 年							
	小计							
互通立交区	第 1 年							
	第 2 年							
	第 3 年							
	小计							
服务管理设施场区	第 1 年							
	第 2 年							
	第 3 年							
	小计							
施工生产生活区	第 1 年							
	第 2 年							
	第 3 年							
	小计							

续表 4-12

预测单元		土壤侵蚀背景值 [t/(km²·a)]	扰动后侵蚀模数 [t/(km²·a)]	侵蚀面积 (hm²)	侵蚀时间 (a)	背景流失量 (t)	预测流失量 (t)	新增流失量 (t)
施工便道区	第1年							
	第2年							
	第3年							
	小计							
取土场区	第1年							
	第2年							
	第3年							
	小计							
弃土(渣)场区	第1年							
	第2年							
	第3年							
	小计							
合计								

③新增水土流失量,见表4-13。

表 4-13 水土流失预测汇总表 (单位:t)

预测单元	水土流失总量			原地貌侵蚀量			新增水土流失量		
	施工期	自然恢复期	小计	施工期	自然恢复期	小计	施工期	自然恢复期	小计
路基工程区									
桥梁工程区									
互通立交区									
服务管理设施场区									
施工生产生活区									
施工便道区									
取土场区									
弃土(渣)场区									
合计									

2)某房建项目水土流失预测结果表式

①施工期风力侵蚀量,见表4-14。

表 4-14　施工期风力侵蚀量表

预测单元		原地貌侵蚀模数 [t/(km^2·a)]	扰动后土壤侵蚀模数 [t/(km^2·a)]	侵蚀面积 (hm^2)	侵蚀时间 (a)	背景流失量 (t)	预测流失量 (t)	新增流失量 (t)
××中心	建(构)筑物							
	道路、硬化及管线							
	绿化区域							
	小计							
××仓储区	建(构)筑物							
	道路、硬化及管线							
	绿化区域							
	小计							
合计								

②自然恢复期风力侵蚀量,见表 4-15。

表 4-15　自然恢复期风力侵蚀量表

预测单元		原地貌侵蚀模数 [t/(km^2·a)]	自然恢复期侵蚀模数 [t/(km^2·a)]			侵蚀面积 (hm^2)	背景流失量 (t)	预测流失量 (t)	新增流失量 (t)
			第 1 年	第 2 年	第 3 年				
××中心	建(构)筑物								
	道路、硬化及管线								
	绿化区域								
	小计								
××仓储区	建(构)筑物								
	道路、硬化及管线								
	绿化区域								
	小计								
合计									

③施工期水力侵蚀量,见表 4-16。

表 4-16　施工期水力侵蚀量表

预测单元		原地貌侵蚀模数 [t/(km^2·a)]	扰动后土壤侵蚀模数 [t/(km^2·a)]	侵蚀面积 (hm^2)	侵蚀时间 (a)	背景流失量 (t)	预测流失量 (t)	新增流失量 (t)
××中心	建(构)筑物							
	道路、硬化及管线							
	绿化区域							
	小计							
××仓储区	建(构)筑物							
	道路、硬化及管线							
	绿化区域							
	小计							
合计								

④自然恢复期水力侵蚀量,见表4-17。

表4-17 自然恢复期水力侵蚀量表

预测单元		原地貌侵蚀模数 [t/(km²·a)]	自然恢复期侵蚀模数 [t/(km²·a)]			侵蚀面积 (hm²)	背景流失量 (t)	预测流失量 (t)	新增流失量 (t)
			第1年	第2年	第3年				
××中心	建(构)筑物								
	道路、硬化及管线								
	绿化区域								
	小计								
××仓储区	建(构)筑物								
	道路、硬化及管线								
	绿化区域								
	小计								
合计									

⑤水土流失量汇总,见表4-18。

表4-18 水土流失量汇总表 (单位:t)

预测单元	水土流失总量			原地貌水土流失量			新增水土流失量		
	施工期	自然恢复期	小计	施工期	自然恢复期	小计	施工期	自然恢复期	小计
××中心									
××仓储区									
合计									

4.4 水土流失危害分析

水土流失危害分析应包括对当地、周边、下游和对工程本身可能造成的危害形式、程度和范围,以及产生滑坡和泥石流的风险等。

已开工项目补报水土保持方案的,还应对已造成水土流失危害进行调查。

【例4-4】 某露天矿项目水土流失危害分析

××露天矿所处地区属于耕地、草地。由于矿区建设,如采掘场开挖,排土场的形成,工业场地及其附属设施的建设,使得大量的土地被征占和使用,导致地表原生地形地貌被破坏、扰动。随着露天矿建设,大量弃土、弃石、弃渣的排放,造成矿区新增水土流失量。根据调查分析,其危害主要表现在以下几方面:

(1)采掘场和排土场边坡土体如遇降雨极易产生滑坡,由于开挖、填筑,以及取土场的借方、弃土(渣)场的弃渣等,在雨季会造成周边径流泥沙量的增加,在旱季会产生大量扬尘,影响周边地区的空气质量,导致周边生态环境恶化。

(2)露天矿的地表剥离和排土活动,使得地表土壤干化,植被退化,植物根系固土能力降低,导致土壤抗蚀能力减弱,疏松的土壤如遇雨水的冲刷,可能产生大量水土流失,流失的土石可能侵入耕地,压占田面,对周围耕地耕作带来不利影响,造成周边耕地生产力下降。

(3)基础开挖也会产生易侵蚀钻渣,若不及时清运处理,如遇暴雨,则会进入河流,造成河流淤积、污染水源。

(4)由于本工程的土石方开挖量、回覆量均很大,施工过程中若对开挖产生的土石方不进行合理调配利用,不仅会增加取、弃方量和占地,而且会导致土地资源的减少。

(5)露天矿开采过程中,地下水疏干导致该地区部分地段地下水位下降,造成土壤含水量降低,地表土壤干化,造成地表植物严重退化。

4.5 指导性意见

编制内容:根据水土流失预测结果,提出水土流失防治和监测的重点区域。

【例 4-5】 某露天矿项目水土流失防治指导性意见

(1)水土流失防治重点区域

根据水土流失预测结果及现场调查,根据预测结果,外排土场、地面运输系统、地面防排水工程、管线工程区是产生新增水土流失量较大的区域。因此,在布设防护措施时,应以这几个区域为重点。

(2)水土流失防治措施意见

工业场地应加强施工期水蚀的防治措施,如:在空地区先行硬化及进行植物的种植和抚育,道路施工中应加强路基边坡和临时堆土的防止水蚀措施,应进行有效的临时挡护,在路基两侧实施植物措施;在给排水管线的堆土带外侧实施临时挡护,防止水蚀和堆土坍塌占压与破坏占地区外的土地;排土场平台和边坡都应加强相应的防护措施。

(3)水土保持监测重点区域

施工期监测重点区域:路基边坡、给排水管沟开挖堆土带。监测点位重点:地面防排水系统、路基边坡施工区的土方开挖等点位。

5 水土保持措施

5.1 防治区划分

5.1.1 防治区划分编制内容

(1)应根据实地调查(勘测)结果,在确定的防治责任范围内,依据工程布局、施工扰动特点、建设时序、地貌特征、自然属性、水土流失影响等进行分区。

(2)分区的原则:

1)各区之间应具有显著差异性。

2)同一区内造成水土流失的主导因子和防治措施应相近或相似。

3)根据项目的繁简程度和项目区自然情况,防治区可划分为一级或多级。

4)一级区应具有控制性、整体性、全局性,线型工程应按土壤侵蚀类型、地形地貌、气候类型等因素划分一级区,二级区及其以下分区应结合工程布局、项目组成、占地性质和扰动特点进行逐级分区。

5)各级分区应层次分明,具有关联性和系统性。

(3)应采取实地调查勘测、资料收集与数据分析相结合的方法进行分区。

(4)分区结果应采用文字、图、表说明。

5.1.2 防治区划分表式

(1)某煤矿建设项目防治区划分表,见表5-1。

表5-1 水土流失防治区划分表

一级分区	二级分区	占地性质	占地类型	占地面积(hm^2)
采掘场	首采区	永久占地	耕地、草地	
	内排土场	永久占地	耕地、草地	
	小计			
排土场	外排土场	永久占地	耕地、草地	
	表土场	永久占地	耕地、草地	
	小计			
地面生产系统	破碎站	永久占地	耕地、草地	
	带式输送机	永久占地	耕地、草地	
	储煤场	永久占地	耕地、草地	
	小计			

续表 5-1

一级分区	二级分区	占地性质	占地类型	占地面积(hm^2)
工业场地及其他设施	工业场地	永久占地	耕地、草地	
	其他设施	永久占地	耕地、草地	
	小计			
地面防排水工程	河道工程	永久占地	耕地、草地	
	河道工程临时施工区	临时占地	耕地、草地	
	小计			
地面运输工程	矿区道路	永久占地	耕地、草地	
	道路施工区	临时占地	耕地、草地	
	小计			
管线工程	给排水工程	永久、临时	耕地、草地	
	供电线路	永久、临时	耕地、草地	
	通讯线路	永久、临时	耕地、草地	
	供暖工程	永久、临时	耕地、草地	
	小计			
合计				

(2)某公路建设项目防治区划分表式,见表 5-2。

表 5-2　水土流失防治区划分表

防治分区	占地面积(hm^2)	水土流失特点
路基工程区		施工期间,路基挖填形成大面积裸露面、临时堆土易产生水土流失
桥梁工程区		桥梁基坑开挖等产生临时堆土易产生水土流失
互通立交区		施工期间,路基挖填形成大面积裸露面、临时堆土易产生水土流失
服务管理设施场区		建筑物基础开挖产生大面积裸露面、临时堆土易产生水土流失
施工生产生活区		施工期间场地平整形成大面积裸露地表、临时堆土易产生水土流失
施工便道区		机械碾压易产生水土流失
取土场区		施工期间取土形成大面积的裸露松散土表易发生水土流失
弃土(渣)场区		施工期间弃土形成大面积的裸露松散土表易发生水土流失
合计		

(3)某铁路建设项目防治区划分表式,见表5-3。

表5-3 水土流失防治区划分表

序号	防治分区	工程内容
1	路基工程区	全线建设路基总长度××km,其中正线建设路基总长度××km,相关配套工程建设路基长度××km。全线建设涵洞××座
2	桥梁工程区	设置建设桥梁××座,其中正线设置建设桥梁××座,相关工程及配套工程设置建设桥梁××座,车站工区、场所设置建设桥梁××座
3	隧道工程区	全线设置建设隧道××座,总长为××km
4	站场工程区	正线共设车站××座,其中利用既有站××座,新建车站××座。相关工程及配套工程新建站××座,改建站××座,另外还建设××线路所。全线新建牵引变电所××座,分区所××座、AT所××座、直供分区所××座
5	改移工程区	全线改移道路××处,改移沟渠××处
6	取土场区	工程在××省境内设置取土场××处
7	弃土场区	工程在××省和××省境内设置弃土场××处
8	施工生产生活区	设置铺轨基地××处,制梁场××处,临时材料厂××处,轨枕预制场××处,混凝土拌和站××处,填料拌和站××处,临时电力线××km,施工营地××处,临时堆土场××处
9	施工便道区	全线共设置通往重点工程便道××km,其中新建便道××km

5.2 措施总体布局

5.2.1 具体编制要求

(1)措施总体布局应结合工程实际和项目区水土流失特点,因地制宜,因害设防,提出总体防治思路,明确综合防治措施体系,工程措施、植物措施以及临时措施有机结合。

(2)应根据对主体工程设计中具有水土保持功能工程的评价,借鉴当地同类生产建设项目防治经验,布设防治措施。

(3)应注重表土资源保护。

(4)应注重降水的排导、集蓄利用以及排水与下游的衔接,防止对下游造成危害。

(5)应注重弃土(石、渣)场、取土(石、砂)场的防护。

(6)应注重地表防护,防止地表裸露,优先布设植物措施,限制硬化面积。

(7)应注重施工期的临时防护,对临时堆土、裸露地表应及时防护。

(8)水土保持措施布设的成果表达:

1)应绘制项目水土保持措施体系框图;

2)点型防治区应分区绘制措施总体布局图,一个防治区内涉及多个区块的,应分区块绘制措施总体布局图,比例不应小于1:10 000。

5.2.2 项目区水土保持措施体系框图图式

某房建项目水土保持措施体系框图图式如图5-1所示。

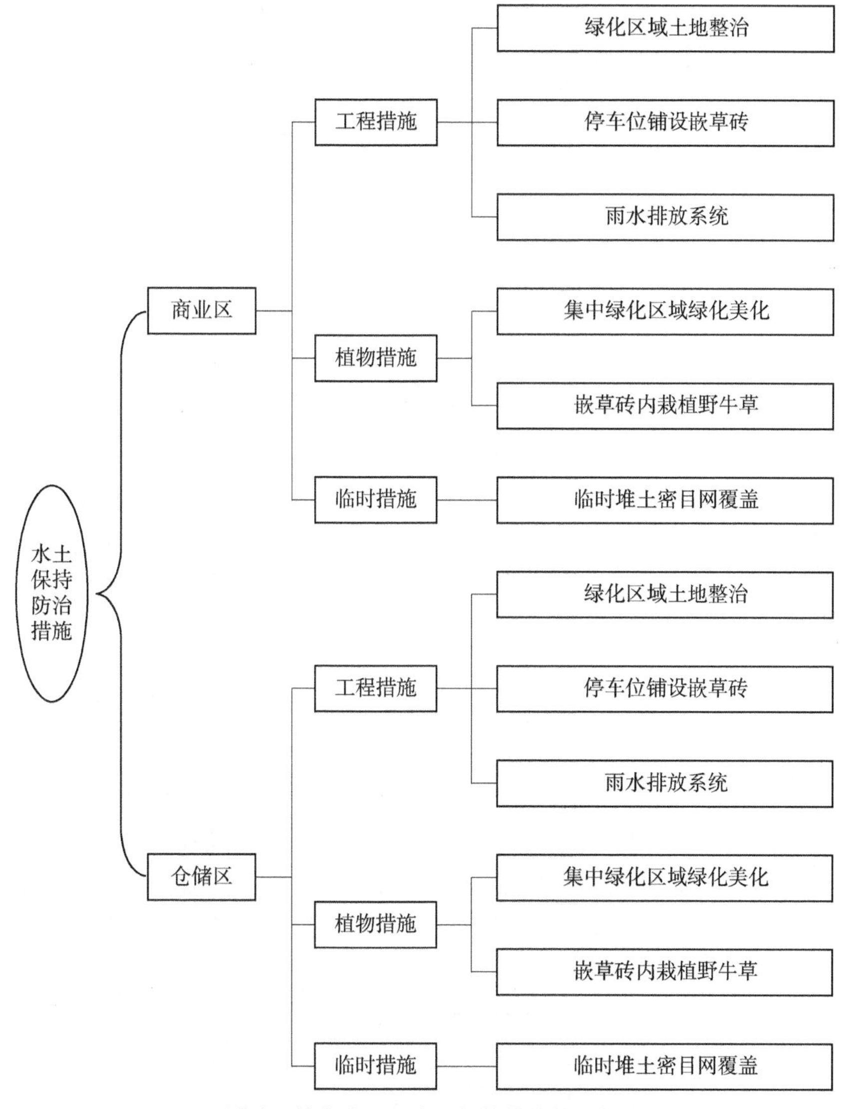

图5-1 某房建项目水土保持措施体系框图

某煤矿建设项目水土保持措施体系框图如图5-2所示。

某煤化工项目水土保持措施体系框图如图5-3所示。

某机场建设项目水土保持措施体系框图如图5-4所示。

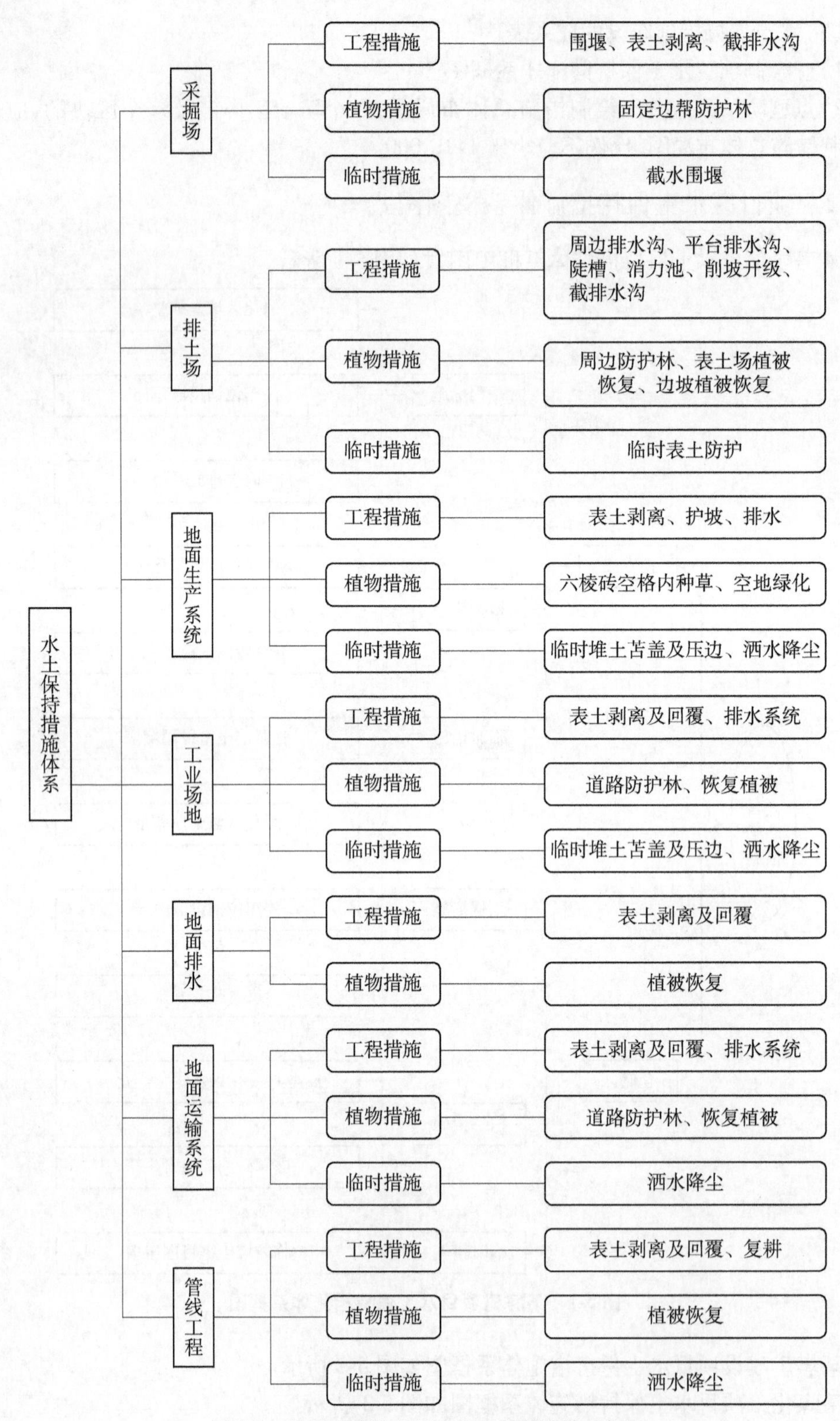

图5-2 某煤矿建设项目水土保持措施体系框图

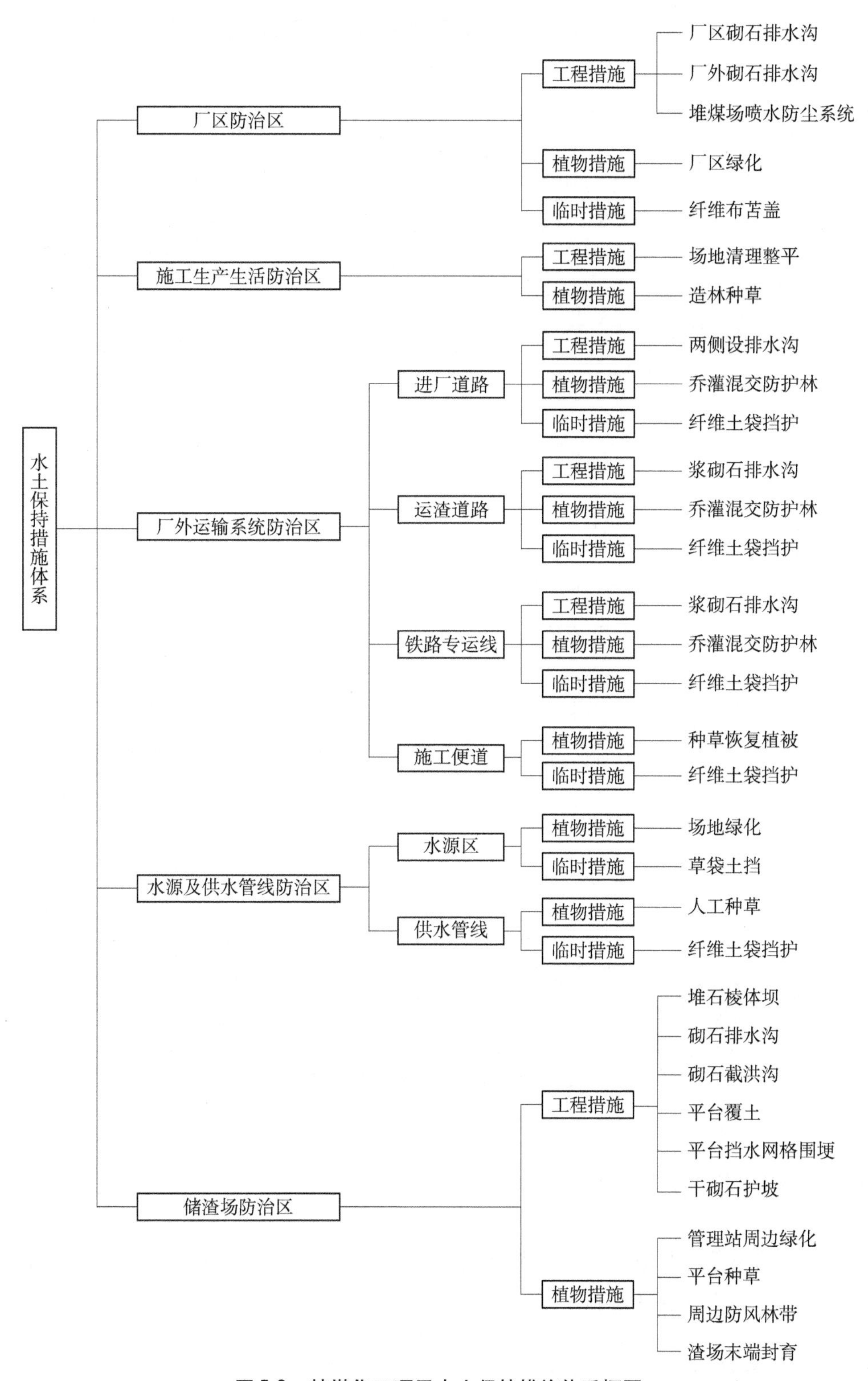

图 5-3 某煤化工项目水土保持措施体系框图

图5-4 某机场建设项目水土保持措施体系框图

5.3 分区措施布设

分区措施布设编制应结合各区特点和各类水土保持措施的适用条件,在各区内不同部位布设相应的水土保持措施。

5.3.1 各类措施布设

(1)表土保护措施布设:

1)地表开挖或回填施工区域,施工前应采取表土剥离措施;

2)堆存的表土应采取防护措施;

3)施工结束后,应将表土回覆到绿化或复耕区域,有剩余表土时,应明确其利用方向;

4)临时占地范围内扰动深度小于20 cm的表土可不剥离,宜采取铺垫等保护措施;

5)应初步明确剥离表土的范围、厚度、数量和堆存位置,以及铺垫保护表土的位置和面积。

(2)拦渣措施布设:

1)弃土(石、渣)场下游或周边应布设拦挡措施;

2)弃土(石、渣)场布置在沟道的,应布设拦渣坝或挡渣墙;

3)弃土(石、渣)场布置在斜坡面的,应布设挡渣墙;

4)弃土(石、渣)场布置在河(沟)道岸边的,应按防洪治导线布设拦渣堤或挡渣墙;

5)应初步确定挡渣墙、拦渣坝、拦渣堤等的位置、标准等级、结构、断面型式和长度。

(3)边坡防护措施布设:

1)对主体工程设计的稳定边坡,应布设边坡防护措施,主要护坡措施有植物护坡、工程护坡、工程和植物相结合的综合护坡;

2)对降水条件许可的低缓边坡,应布设植物护坡措施;

3)干旱区不宜布设植物措施或坡脚容易遭受水流冲刷的边坡,应布设工程护坡措施;

4)对降水条件许可的高(或陡)边坡,应布设工程和植物相结合的综合护坡措施;

5)应初步确定工程护坡、植物护坡、工程和植物综合护坡的位置、结构(植物配置)、断面形式和措施面积。

(4)截(排)水措施布设:

1)对工程建设破坏原地表水系和改变汇流方式的区域,应布设截水沟、排洪渠(沟)、排水沟、边沟、排水管以及与下游的顺接措施,将工程区域和周边的地表径流安全排导至下游自然沟道区域;

2)应初步确定截(排)水措施的位置、标准、结构、断面形式和长度。

(5)降水蓄渗措施布设:

1)对干旱缺水和城市地区的项目,应布设蓄水池、渗井、渗沟、透水铺装、下凹式绿地等措施,集蓄建筑物和地表硬化后产生的径流;

2)蓄水池容量应根据汇水、用水和排水情况确定;

3)应初步确定蓄水池、渗井、渗沟的位置、结构和断面形式,下凹式绿地、透水铺装的位置、面积。

(6)土地整治措施布设:

1)在施工或开采结束后,应对弃土(石、渣)场、取土(石、砂)场、施工生产生活区、施工道路、施工场地、绿化区域及空闲地、矿山采掘迹地等进行土地整治;

2)土地整治措施的内容包括场地清理、平整、覆土(含表土回覆)等;

3)应初步确定土地整治的范围、面积;

4)应明确整治后的土地利用方向,包括植树种草、复耕等。

(7)植物措施布设:

1)项目占地范围内除建(构)筑物、场地硬化、复耕占地外,适宜植物生长的区域均应布设植物措施;

2)植物品种应优先选择乡土树(草)种;

3)办公生活区应提高植被建设标准,宜采用园林式绿化;

4)干旱半干旱区,宜配套灌溉措施;

5)应初步确定布设乔、灌、草的位置、品种、面积或数量。

(8)临时措施布设:

1)施工中应采取临时防护措施;

2)临时堆土(料、渣)应布设拦挡、苫盖措施,施工扰动区域应布设临时排水和沉沙措施,相对固定的裸露场地宜布设临时铺垫或苫盖措施,裸露时间长的宜布设临时植草措施;

3)应初步确定临时拦挡、苫盖、排水、沉沙、铺垫、临时植草等措施的位置、形式、数量。

(9)防风固沙措施布设:

1)在易受风沙危害的区域应布设防风固沙措施;

2)防风固沙措施主要包括沙障及其配套固沙植物、砾石或碎石压盖等;

3)应初步确定沙障和砾石或碎石压盖形式、位置、数量以及配套植物措施的品种、面积或数量。

(10)水土保持措施的标准等级应符合现行国家标准《水土保持工程设计规范》(GB 51018)的规定,涉及弃渣场的应初步确定渣场等级。

5.3.2 典型措施布设

(1)典型措施布设内容及深度

1)拦渣措施:

①确定拦渣措施的布设位置,绘制典型断面图,并有一定的文字说明;

②可参考同类型工程确定断面尺寸,必要时,应进行稳定性计算校核。

2)边坡防护措施应确定边坡防护措施的区域或区段,绘制典型断面图,并有一定的文字说明。

3)截(排)水措施:

①确定截(排)水措施的区域或区段,绘制典型断面图,并有一定的文字说明;

②截(排)水措施断面尺寸应经水文及水力计算或根据主体设计确定;

③应明确消能防冲、沉沙措施布设位置,绘制平面图和典型断面图,明确排水去向和顺接措施,绘制典型断面图。

4)降水蓄渗措施:

①确定蓄水池、渗沟、渗井的大体位置,绘制平面图和典型剖面图;确定透水砖、下凹式绿地布设区域,绘制典型剖面图,并有一定的文字说明。

②应经水文计算确定蓄水池容积。

5)植物措施应绘制植物措施平面布置图,明确配置方式、种类、规格等,并附一定的文字说明。

6)防风固沙措施应绘制措施平面布置图,明确沙障形式、植物种类及规格、配置方式等,并附一定的文字说明。

7)取土(石、砂)场、弃土(石、渣)场综合防护措施应绘制综合措施平面布置图及各单项措施的典型断面图,并有一定的文字说明。

8)典型措施布设平面图比例不应小于1∶2 000。

9)线型防治区应选择典型地段,结合典型措施布设绘制典型地段措施总体布局图,比例不应小于1∶2 000。

(2)水土保持典型措施应计算各单位措施工程量,并明确单位工程量和推算同类工程量的适用范围。

(3)典型措施的选取:

1)拦渣措施应根据拦挡类型、拦渣量选取;

2)边坡防护措施应根据边坡类型(挖方、填方)和措施类型(工程、植物、综合)选取,线型项目应考虑沿途地形、地质变化情况;

3)截(排)水措施应根据建筑材料和断面形式选取,线型项目应考虑沿途地形、地质变化情况;

4)降水蓄渗措施应根据措施类型(蓄水池、透水砖、透水混凝土、下凹式绿地、渗沟、渗井等)选取;

5)植物措施应根据植物配置类型(乔、灌、草及其配置形式)选取;

6)防风固沙措施应根据措施类型(沙障及乔、灌、草配置形式)选取;

7)取土(石、砂)场综合防护措施应根据地形条件(坡地、岗地、平地、河滩地)、取土类别(土、石、砂)选取;

8)弃土(石、渣)场综合防护措施应根据地形条件(沟谷、临河、坡地、平地、凹地)、弃土(石、渣)类别、弃土(石、渣)数量选取。

已开工项目补报水土保持方案的,需明确已实施的水土保持措施布设情况,已实施的水土保持措施不做典型措施布设,按实际完成工程量计列。

(4)水土保持措施工程级别

1)根据《水土保持工程设计规范》(GB 51018—2014)的规定,弃渣场级别应根据堆渣量、堆渣最大高度以及弃渣场失事后对主体工程或环境造成危害程度,按表5-4的规定确定。

2)根据《水土保持工程设计规范》(GB 51018—2014)的规定,生产建设项目的植被恢复与建设工程级别,应根据生产建设项目主体工程所处的自然及人文环境、气候条件、立地条件、征地范围、绿化要求综合确定,应按表5-5～表5-11的规定执行,并应符合下列要求:

①工程项目区域涉及城镇、饮水水源保护区和风景名胜区的,应提高一级。

②弃渣取料、施工生产生活、施工交通等临时占地区域应执行3级标准。

表 5-4　弃渣场级别

渣场级别	堆渣量 V(万 m^3)	最大堆渣高度 H(m)	渣场失事对主体工程或 环境造成的危害程度
1	$2\ 000 \geqslant V \geqslant 1\ 000$	$200 \geqslant H \geqslant 150$	严重
2	$1\ 000 > V \geqslant 500$	$150 > H \geqslant 100$	较严重
3	$500 > V \geqslant 100$	$100 > H \geqslant 60$	不严重
4	$100 > V \geqslant 50$	$60 > H \geqslant 20$	较轻
5	$V < 50$	$H < 20$	无危害

注:1. 根据堆渣量、最大堆渣高度、渣场失事对主体工程或环境的危害程度确定的渣场级别不一致时,就高不就低。
2. 渣场失事对主体工程的危害指对主体工程施工和运行的影响程度,渣场失事对环境的危害指对城镇、乡村、工矿企业、交通等环境建筑物的影响程度。
3. 严重危害:相关建筑物遭到大的破坏或功能受到较大的影响,可能造成人员伤亡和重大财产损失的;较严重危害:相关建筑物遭到较大破坏或功能受到较大影响,需要进行专门修复后才能投入正常使用;不严重危害:相关建筑物遭到破坏或功能受到影响,及时修复可投入正常使用;较轻危害:相关建筑物受到的影响很小,不影响原有功能,无须修复即可投入正常使用。

表 5-5　水利水电项目植被恢复与建设工程级别

主要建筑物级别	生活管理区	枢纽闸站永久占地区	堤渠永久占地区
1、2	1	1	2
3	1	1	2
4	2	2	3
5	2	3	3

表 5-6　电力项目植被恢复与建设工程级别

电厂	生活管理区	灰坝及附属工程	贮灰场
	1	2	2

注:发电、变电等主体工程区不设植被恢复与建设工程级别,其设计应首先符合主体工程相关技术标准对植被绿化的约束性要求。

表 5-7　冶金类项目植被恢复与建设工程级别

冶金工程	生活管理区	生产设施区,辅助 生产、公用工程区	仓储运输设施区	排土场
	1	1	2	2

表 5-8　矿山类项目植被恢复与建设工程级别

矿山建设规模	生活管理区	采场区	废石场	尾矿库	排矸(土)场
大型	1	2	2	2	2
中型	1	3	3	3	3
小型	2	3	3	3	3

表 5-9 公路项目植被恢复与建设工程级别

公路级别	服务区或管理站	隔离带	路基两侧绿化带
高速公路	1	1	2
一级公路	2	2	3
二级及以下公路	3	—	3

表 5-10 铁路项目植被恢复与建设工程级别

铁路级别	铁路车站	路基两侧用地界	铁路桥梁、涵洞、隧道
高速铁路	1	3	3
Ⅰ级铁路	1	3	3
Ⅱ级及以下铁路	2	3	3

表 5-11 输气、输油、输变电工程的植被恢复与建设工程级别

<table>
<tr><td rowspan="2">输气、输油、输变电工程</td><td>生活管理区</td><td>集配气站/变电站</td><td>原油管道、储运设施、输变电站塔</td><td>附属设施</td></tr>
<tr><td>1</td><td>1</td><td>2</td><td>2</td></tr>
</table>

注:1. 管道填埋区绿化设计应首先满足其主体工程相关技术标准对植被绿化的约束性要求;
2. 储运设施、输变电站塔绿化设计应首先满足其主体工程相关技术标准对植被绿化的约束性要求。

(5)植被恢复与建设工程设计标准应符合下列规定:

1)1 级植被建设工程应根据景观、游憩、环境保护和生态防护等多种功能的要求,执行工程所在地区的园林绿化工程标准。

2)2 级植被建设工程应根据生态防护和环境保护要求,按生态公益林标准执行;有景观、游憩等功能要求的,结合工程所在地区的园林绿化标准,在生态公益林标准基础上适度提高。

3)3 级植被建设工程应根据生态保护和环境保护要求,按生态公益林绿化标准执行;降水量为 250 ~ 400 mm 的区域,应以灌草为主;降水量在 250 mm 以下的区域,应以封禁为主并辅以人工抚育。

(6)东北地区、西北地区、华北地区、华东地区、华中地区、华南地区、西南地区常植乔木、灌木、草本植物详见附录 3。

(7)典型措施设计图式详见附图 6。

【例 5-1】 某公路建设项目分区措施布设原则及标准

1. 分区防治措施设计原则

(1)采取分区防治的原则,制定切实可行的防治体系,坚持工程措施和植物措施相结合,永久措施和临时措施相结合,做到不重不漏、系统全面的原则。

(2)施工临时占地原为耕地的全部进行复耕整地,交给当地农民使用。

(3)根据当地水土保持综合治理的成功经验和已建××至××高速公路××至××段扩建工程等同类高速公路工程的水土保持植物措施的成功经验，选择适合当地自然条件，具有抗逆性强、抗病虫害等特点的乡土草树种。

2. 水土保持措施设计标准

根据《水土保持工程设计规范》(GB 51018—2014)的规定，本项目的植被恢复与建设工程级别应根据生产建设项目主体工程所处的自然及人文环境、气候条件、立地条件、征地范围、绿化要求综合确定，根据以上表5-5～表5-11的要求，服务管理设施场区植物措施执行1级标准，路基两侧绿化带、互通立交区执行2级标准，施工生产生活区、施工便道区、取土场、弃土(渣)场执行3级标准。

《水土保持工程设计规范》(GB 51018—2014)中没有对取土场的截排水制定标准，本方案根据《防洪标准》和《灌溉与排水工程设计规范》，坡面洪水频率标准按10年一遇降雨标准执行。

《水土保持工程设计规范》(GB 51018—2014)中没有对道路排水系统制定标准，主体工程按照公路行业相关标准执行。

临时措施主要包括临时拦挡、排水、沉沙等措施。临时措施的设计标准参照当地经验，按5年一遇短历时暴雨强度设计。

适生树(草)种的选择，根据《生产建设项目水土保持方案编制指南》附录4"全国各地常用植物介绍"，结合乡土树种、草种或者在当地绿化中已推广使用的树种、草种，本方案优选出紫花苜蓿、紫羊茅、紫穗槐、紫丁香、珍珠绣线菊、柳树、杨树等优良水土保持草树种。备选树种和草种及苗木规格见表5-12。

表5-12 乔木、灌木、草种苗木规格表

植物品种	植物性状	生态习性	种植时间	种植方式	苗木规格
樟子松	常绿乔木	喜光、抗瘠薄，深根性树种、对土壤要求不严，能生于酸性、中性钙质黄土上	秋季	移植	胸径10 cm、株高2 m以上
蒙古栎	落叶乔木	耐旱，对土壤要求不严，在中性、酸性或石灰岩的碱性土壤上均能生长	春季	植苗	胸径8 cm、株高150 cm以上
五角枫	落叶乔木	喜光、耐阴、对土壤要求不严，在中性、酸性土上均能生长	春季	植苗	胸径8 cm、株高150 cm以上
水曲柳	落叶乔木	耐寒、喜肥沃湿润土壤，生长快，抗风力强	春季	植苗	胸径6 cm、株高150 cm以上
银中杨	落叶乔木	耐贫瘠、抗旱、耐盐碱、耐寒，根系发达、固土能力强，生长速度快	春季	植苗	胸径8 cm、株高150 cm以上
连翘	落叶灌木	耐寒、耐瘠薄，对土壤要求不严，在中性、酸性或碱性土壤上均能生长	春季	植苗	株高80 cm以上

续表 5-12

植物品种	植物性状	生态习性	种植时间	种植方式	苗木规格
榆叶梅	落叶灌木	耐干旱、耐盐碱、耐寒冷、耐瘠薄,对土壤要求不严	春季	植苗	株高 80 cm 以上
接骨木	落叶灌木	喜光、耐阴、耐寒、耐旱、耐瘠薄,根系发达	春季	植苗	株高 80 cm 以上
毛樱桃	落叶灌木	喜光、耐阴、耐寒、耐旱,对土壤要求不严,能生于微酸性沙质壤土上	春季	植苗	株高 150 cm 以上
黄刺玫	落叶灌木	耐阴、耐寒、耐旱、抗瘠薄,对土壤要求不严,抗病能力较强	春季	植苗	株高 150 cm 以上
紫穗槐	落叶灌木	小枝灰褐色,耐寒、耐旱、耐湿、耐盐碱,抗逆性极强	春季	植苗	株高 30 cm 以上
珍珠绣线菊	落叶灌木	耐寒、耐旱、耐贫瘠,适应性强,在生态环境较恶劣的情况下能够生长	春季	植苗	株高 30 cm 以上
紫花苜蓿	草坪栽培	多年生草本,耐寒、耐旱、耐热能力强,生长速度快,再生力强	秋季	撒播	1 年生
紫羊茅	草坪栽培	多年生草本,耐旱、耐寒、耐酸碱、耐贫瘠,抗病虫能力强	秋季	撒播	1 年生

【例 5-2】　某机场建设项目飞行区措施布设

1. 工程措施

(1)排水工程

1)边坡排水

本工程飞行区挖方主要集中在跑道××侧山体开挖区域及××航空基地××山体开挖区域。主体工程在挖填方边坡坡脚布设浆砌石排水沟。挖方坡脚共修筑浆砌石排水沟××m,断面为××。

2)场区排水

主体工程为保证能将场内雨水径流尽快排出场外,在飞行区四周布设浆砌片石排水明沟,断面为梯形,底宽为××~××m,衬砌厚度××cm;挖方边坡坡脚设浆砌石排水明沟,断面为矩形,尺寸为××m×0.9 m(宽×深);穿越联络道、快滑道的铺筑区设置飞机荷载的钢筋混凝土盖板暗沟,上宽××~××m;快滑道附近平缓处设置 V 形沟。下滑台、滑行带、升降带范围内采用汽车荷载钢筋混凝土盖板明沟,宽为××~××m;航站楼和周边采用重车荷载钢筋混凝土盖板明沟,宽为××~××m;根据机场地势及周边自然排水灌渠分布情况,在飞行区共设置××个出水口。

主体工程设计浆砌片石梯形排水明沟××m,浆砌石矩形排水沟××m,混凝土 V 形沟××m,汽车荷载钢筋混凝土盖板沟××m,重型汽车荷载钢筋混凝土盖板沟××m,飞机荷载钢筋混凝土盖板沟××m。飞行区排水措施典型设计断面详细见典型设计。

(2)边坡防护

为满足机场防洪排涝要求,飞行区填方边坡按××坡比进行放坡,边坡高度均在××~××m内,主体工程设计对填方边坡坡面采用六棱砖护坡,防护面积×× hm^2。

(3)土地整治

1)表土剥离

飞行区场地平整前对场内耕地进行表土剥离,剥离厚度按30 cm计,剥离面积×× hm^2,共剥离表土××万 m^3。剥离的表土集中堆放在××跑道间靠××绿化空地的表土堆放场,施工结束后用于飞行区绿化覆土。

2)土地平整

施工结束后,对飞行区内绿化场地进行土地平整、回覆表土。表土回覆平均厚度×× cm,回覆表土量××万 m^3(由航站及附属工程区调入××万 m^3),土地平整面积×× hm^2。

2. 植物措施

(1)飞行区绿化

飞行区绿化对植被有特殊要求,一般不栽植乔灌木,本方案设计撒播狗牙根、结缕草混合草籽,混播比例××,狗牙根播种量×× kg/hm^2,结缕草播种量×× kg/hm^2。经统计,飞行区撒播草籽面积×× hm^2。

(2)边坡绿化

飞行区挖方边坡为岩质边坡,坡比设计××,采用"喷播植草"防护,喷播植草前在坡面回填×× cm腐殖土,草种选择狗牙根与结缕草一级草籽,按××比例喷播,播种密度×× kg/hm^2。经统计,挖方边坡喷播植草防护面积×× hm^2。填方边坡按××坡比进行放坡,边坡采用六棱砖进行防护,对砖内采用撒播草籽的方式进行植被恢复,草种选择狗牙根,撒播密度×× kg/hm^2,六棱砖内植草面积×× hm^2。

3. 临时措施

(1)临时排水沟

为避免施工期土壤随雨水流出场外,造成水土流失,拟沿机场平整边界、跑道及滑道周边、施工生产生活区周边、施工道路两侧、淤泥临时堆放场及表土堆放场四周布设临时排水沟。机场平整边界临时排水沟位置可结合主体设计的永久排水沟规划布设,后期改为永久排水沟。共需设置临时排水沟长××m。临时排水沟断面设计详见典型设计。

(2)简易沉沙池

本工程施工期间排水所含的泥沙量较大,为了沉降径流泥沙,降低流速,减少水土流失,根据地形特点和临时排水沟的布置情况,在临时排水沟出口处布设简易沉沙池,沉沙池采用××砖砌结构,断面尺寸××m×2.1 m×1.2 m(长×宽×深),共布置简易沉沙池××座。

(3)临时苫盖

本工程施工期较长,挖填边坡绿化措施滞后,为了避免边坡长时间裸露造成水土流失,施工期间需对裸露边坡采用塑料彩条布进行临时苫盖。共需塑料彩条布×× m^2。

由于本工程表土堆放时间长，裸露地表在强降雨条件下产生水土流失，堆土完成后，新增临时苫盖、撒播草籽等防护措施。草籽可选用狗牙根、结缕草等，按1∶1混播，撒播密度××kg/hm^2，撒播面积××hm^2。撒播草籽后采用农用无纺布对表土进行苫盖，苫盖面积约××hm^2。

(4)临时拦挡

为避免表土和淤泥在堆放过程中造成的水土流失对施工区造成不利影响，表土和淤泥堆放前在周边采用彩钢板进行拦挡。拦挡约××m。

(5)碎石压盖

由于本工程土石方量调运较大，运输车辆来往频繁，为了保证行车安全及施工便道结构稳定，防止扬尘及降雨造成的水土流失，本方案拟在施工道路表面铺设碎石，厚度为××m，共需碎石××m^3。

4. 水土保持措施工程量

飞行区水土保持措施工程量汇总表式见表5-13。

表5-13　飞行区水土保持措施工程量表

<table>
<tr><th>序号</th><th colspan="2">措施类型</th><th>单位</th><th>飞行区</th><th>备注</th></tr>
<tr><td>一</td><td colspan="2">工程措施</td><td></td><td></td><td></td></tr>
<tr><td>1</td><td colspan="2">浆砌片石矩形明沟(梯形)</td><td>m</td><td></td><td></td></tr>
<tr><td>2</td><td colspan="2">浆砌片石矩形明沟(矩形)</td><td>m</td><td></td><td></td></tr>
<tr><td>3</td><td colspan="2">汽车荷载钢筋混凝土盖板沟</td><td>m</td><td></td><td></td></tr>
<tr><td>4</td><td colspan="2">飞机荷载钢筋混凝土盖板沟</td><td>m</td><td></td><td></td></tr>
<tr><td>5</td><td colspan="2">混凝土V形沟</td><td>m</td><td></td><td></td></tr>
<tr><td>6</td><td colspan="2">六棱砖护坡</td><td>hm^2</td><td></td><td></td></tr>
<tr><td>7</td><td colspan="2">土地平整</td><td>hm^2</td><td></td><td></td></tr>
<tr><td>8</td><td colspan="2">表土剥离</td><td>万m^3</td><td></td><td></td></tr>
<tr><td>9</td><td colspan="2">表土回覆</td><td>万m^3</td><td></td><td></td></tr>
<tr><td>二</td><td colspan="2">植物措施</td><td></td><td></td><td></td></tr>
<tr><td>1</td><td colspan="2">植草绿化</td><td>hm^2</td><td></td><td></td></tr>
<tr><td>2</td><td colspan="2">六棱砖内植草绿化</td><td>hm^2</td><td></td><td></td></tr>
<tr><td>3</td><td colspan="2">植草护坡</td><td>hm^2</td><td></td><td></td></tr>
<tr><td>三</td><td colspan="2">临时措施</td><td></td><td></td><td></td></tr>
<tr><td rowspan="3">1</td><td rowspan="3">Ⅰ类临时排水沟</td><td>长度</td><td>m</td><td></td><td></td></tr>
<tr><td>土方开挖</td><td>m^3</td><td></td><td></td></tr>
<tr><td>M10水泥砂浆</td><td>m^2</td><td></td><td></td></tr>
<tr><td rowspan="6">2</td><td rowspan="6">简易沉沙池</td><td>个数</td><td>座</td><td></td><td></td></tr>
<tr><td>MU5.0砖砌体</td><td>m^3</td><td></td><td></td></tr>
<tr><td>土方开挖</td><td>m^3</td><td></td><td></td></tr>
<tr><td>土方回填</td><td>m^3</td><td></td><td></td></tr>
<tr><td>C15混凝土</td><td>m^3</td><td></td><td></td></tr>
<tr><td>M10水泥砂浆</td><td>m^2</td><td></td><td></td></tr>
</table>

续表 5-13

序号	措施类型		单位	飞行区	备注
3	临时苫盖	塑料彩条布	m^2		
		农用无纺布	m^2		
4	彩钢板拦挡	长度	m		
5	撒播草籽	面积	m^2		
6	碎石压盖		m^3		

【例 5-3】 某铁路建设项目路基工程区措施布设

1.工程措施

(1)路基边坡防护

1)路堤边坡

路堤边坡高度小于××m时,坡面采用空心砖内客土撒播草籽、栽种××防护,坡面每隔××~××m设置一条横向排水槽。

路堤边坡高度大于××m时,边坡采用××混凝土拱型截水骨架内(客土)撒播草籽防护,主骨架厚××m,净间距××m。××路基采用三维生态边坡防护。

路堤边坡高度大于××m时,在边坡××m宽度范围内间隔××m铺设一层双向土工格栅进行防护。

2)路堑边坡

①一般土质、全风化岩石路堑

路堑边坡高度小于××m时,采用空心砖内客土植草、栽种灌木防护,坡面每隔××~××m设置一条横向排水槽。

路堑边坡高度××~××m时,采用拱形截水骨架内客土植草、栽种灌木防护,骨架采用××混凝土整体现浇,净间距××m,主骨架厚××m。当边坡为砂砾状××全风化层时,骨架内可加铺空心砖后采用客土植草、种××防护。

路堑边坡高度大于××m时,下部设××加固,墙顶设置宽度不小于××m的平台,并设置截水沟;边坡较高或地质条件较差时,下部应采用预加固桩、桩板墙、先桩后墙等措施进行加固,上部边坡采用××骨架或××框架梁内客土植草、栽种××防护。

②软质岩石路堑

路堑边坡高度小于××m时,采用空心砖内客土植草、栽种××防护,坡面每隔××~××m设置一条横向排水槽。

路堑边坡高度××~××m,岩体节理裂隙不发育地段,路堑边坡采用基材植生防护,强风化硬质岩路堑边坡采用厚层基材植生防护。

路堑边坡高度大于××m,有放坡条件地段,路堑边坡采用台阶式边坡形式,设置边坡平台,平台上设截水沟,将坡面上的水引出路基以外。当堑顶边坡较陡时,采用××收坡,××采用××混凝土浇筑,最大墙高控制在××m以内。路堑边坡高度较大,或有不利结构面组合及其他工程地质条件较差地段,可在坡脚采用预加固桩、桩板墙、先桩后墙等措施进行支护。

侧沟及边坡平台上设置盛土槽，内种植攀爬类植物、常绿低矮灌木。

3）截水骨架护坡

形式主要有××混凝土拱形、人字形、方格形等形式的截水骨架，具体依据边坡土质及防冲刷要求并结合景观要求交替采用，一般主骨架、拱间净距××m，主骨架厚××m，拱骨架厚××m，埋深不小于××m。

（2）路基排水沟

路基应有良好、完善的排水系统。路基排水设施要与水土保持、农田水利、城市排灌的综合利用相结合，不得利用铁路排水系统作为灌溉渠道。为保证路基干燥稳固，防止坡面集水对路基的冲刷，需对路基有害地面集水采取拦截、引排至路基以外的排水沟渠，路基地面排水设施按下列原则设置：

1）路堤地段应在坡脚两侧天然护道外设置排水沟，排水沟距坡脚不小于××m。

2）路堑于路肩两侧设置侧沟，根据地形情况在堑顶外侧不小于××m处设置单侧或双侧天沟，在路堑边坡平台处设置截水沟。天沟、侧沟、排水沟、边坡平台截水沟等各类排水沟应将水引排至路基以外，防止水流冲刷路基。

3）天沟不应向路堑侧沟排水，受地形限制需要排入侧沟时，必须设置急流槽，并根据流量调整下游侧沟截面尺寸。

4）排水沟、天沟一般采用梯形沟，底宽××m，深××m，沟壁坡率××；侧沟一般采用矩形沟，底宽××m，深××m，靠线路侧预留泄水孔。排水沟、天沟采用××混凝土现浇，或采用××钢筋混凝土整体式预制拼装结构，侧沟采用××钢筋混凝土现浇或整体式预制拼装结构。

5）地面排水设备的纵坡不应小于××，沿铁路纵向排水坡段长度不宜大于××m，必要时应增设横向排水设施将水流引出路基外，并排入至自然河槽或沟渠内。排水沟沟顶应高出设计水位××m。

主体工程设计的路堤、路堑两侧设排水沟和天沟应界定为水土保持工程，防护标准为××年一遇1 h暴雨量，按照《生产建设项目水土保持技术标准》，排水沟的设计防护标准为10年一遇1 h暴雨量。

（3）表土剥离

为充分利用有限的表土资源，工程施工前，对填方路基占用耕地、园地和林地进行表土剥离，其中耕地剥离厚度25～35 cm，林地剥离厚度20～25 cm，园地剥离厚度15～20 cm，剥离的表土堆置在沿线设置的临时堆土场内，以便于后期绿化用土调配。

（4）土地整治

施工结束后，对要进行绿化的区域进行土地整治，以便于覆土工作的开展。

（5）绿化覆土

路基两侧进行绿化，绿化前利用临时堆土场堆置的表土覆土，覆土厚度25～35 cm。

2. 植物措施

（1）绿化原则

1）路基工程绿色通道设计按照内低外高、内灌外乔、灌草结合的原则，靠近线路地带种植灌、草植物，远离线路地带种植灌、乔植物为主，形成既保证铁路行车安全又具有多层次立体效果的绿色通道。

2）植物选择根据当地条件、种植目的及经济实用性等综合确定，以优良的乡土植物为主。

（2）路堤绿色防护

1）路堤除因浸水、冲刷防护等特殊要求不宜种植植物地段，全线路堤边坡均进行绿色防护。

2）路堤边坡高度小于××m时，边坡采用空心砖内培土撒草籽、种植灌木防护。每隔××～××m设平行于坡面的横向排水槽，并在路肩下部设拦水坎与横向排水槽衔接。路堤边坡高度小于3 m地段，边坡采用混凝土空心砖内（培土）撒草籽、种植灌木防护。

3）路堤边坡高大于等于××m时，边坡采用××混凝土预制块拱形截水骨架防护，骨架内铺设空心砖并喷播植草、种植灌木防护，骨架间距××m，宽××m，厚××m，拱宽××m，厚××m。当填料为细粒土、改良土时，在边坡××m宽度范围内每隔××m铺一层双向土工格栅。

4）车站和临近城市地段路基，根据路基填高情况，采用混凝土空心砖内（培土）撒草籽、种植灌木防护或者骨架内混凝土空心砖内（培土）撒草籽、种植灌木防护。

5）路堤边坡高度小于××m，有排水沟时，路堤坡脚至水沟间种植××排常绿灌木，株距××m，路堤排水沟至防护栅栏间，××排常绿灌木和××排花灌木，株距××m。无排水沟时，路堤坡脚至防护栅栏间，栽植××排常绿灌木和××排花灌木，株距为××m。

6）路堤边坡高度介于××m到××m，有排水沟时，路堤坡脚至水沟间栽植××排常绿灌木，株距××m，路堤排水沟至防护栅栏间，种植花灌木、小乔木各一排，株距为灌木××m、乔木××m。无排水沟时，路堤坡脚至防护栅栏间，栽植××排常绿灌木和××排小乔木，株距为灌木××m、小乔木××m。

7）路堤边坡高度大于××m，有排水沟时，路堤坡脚至水沟间种植××排灌木，株距××m，路堤排水沟至防护栅栏间，种植乔木××排，株距为××m。无排水沟时，路堤坡脚至防护栅栏间，种植乔木穴排，株距为××m。

（3）路堑绿色防护

1）土质边坡

当边坡高小于××m时，采用撒草籽、种植灌木防护，灌木间穴距××m，每穴两株；大于××m时采用××混凝土预制块拱形截水骨架内撒草籽、种植灌木防护，穴距××m，每穴两株。骨架净间距××m，主骨架厚××m，顶面留截水槽。花岗岩全风化路堑边坡中行栽香根草，其行间距××m，穴间距××m，采用穴栽法，每穴××～××株。

2）强风化软质岩、土路堑边坡

小于××m时，采用撒草籽、种植灌木防护，灌木穴距××m，每穴两株；大于××m时，采用××混凝土预制块截水骨架内撒草籽、种植灌木防护，灌木穴距××m，每穴两株，或混凝土预制块截水培土植草窗护坡，喷混植生护坡。

3）弱风化软质岩路堑边坡

一般采用喷混植生、凝土预制块截水骨架内混凝土空心砖内喷播植草、种植灌木防护。

4)挖方较大、工程地质条件较差的路堑工点(如顺层路堑或其他不利结构面组合的工点、岩石强风化且地下水发育的工点、风化呈土状的路堑),根据具体工点情况进行单独研究,主要采用预应力锚索、先桩后墙或其他预加固措施,必要时边坡采用框架锚索(杆)内喷播植草(客土植草)或喷混植生,确保施工开挖及运营期间路堑边坡的稳定。

5)硬质岩强风化岩层一般采用喷混植生防护,××混凝土预制块截水骨架内混凝土空心砖内喷播植草、种植灌木防护。分级平台按××~××m控制。必要时采用框架梁锚索(锚杆)内喷混植生或客土植草。

6)侧沟及边坡平台上设置盛土槽,内种植攀爬类植物、常绿低矮灌木,间距××m,采用适宜当地生长的、易于成活的树种。

7)路堑堑顶外绿化,有天沟时,路堑堑顶至天沟间部分,花灌木和常绿灌木各××排,株距××m,排距××m,建议栽植灌木冠幅不小于××cm,路堑天沟至防护栅栏间,种植××排常绿灌木,株距××m。无天沟时,路堑堑顶至防护栅栏间种植××排常绿灌木和××排花灌木,株距××m。

3.临时工程

(1)路基临时排水措施

工程项目所处地区年均降水量丰富,降水主要集中在××~××月,占全年降水量的70%。因此,路基施工过程中的临时排水措施不容忽视。

在路堤两侧每隔××m设一道急流槽,急流槽上部做成××形,与拦水埂接合紧密,槽宽为××m,深××m。急流槽采用装土编织袋顺边坡铺设,铺设时保证编织袋接合紧密、平顺,并随着路堤填筑加高而延伸,以利于雨水顺利排出路基范围外天然排水系统。

为了防止路基面路拱上的雨水任意流下,冲毁边坡,在施工中采用在填方路基两侧路肩处修起断面为顶宽××m、高××m、坡比××的长条形拦水埂,拍实后连接到急流槽上部的××口,将雨水汇集到急流槽排出。挖方段路基外排水应采用永临结合,首先应修建天沟,防治雨季外来集水冲刷开挖坡面。

(2)路基临时排水沟及沉沙池

在施工期路基两侧布设临时排水沟,排水沟采用梯形断面,底宽××cm,深××cm,坡比××,只开挖不衬砌,但排水沟边坡需设法固实。

在临时排水沟末端布设沉沙池,本项目为使沉沙效果好,路基选用三级砖砌沉沙池对泥沙进行三级沉淀,外围尺寸为长××m、宽××m、深××m,中间布设××道砖墙,墙底预留排水口,排水口尺寸××cm×45 cm,外围及中部砖墙衬砌厚××cm,底部衬砌厚××cm,砂浆抹面厚度××cm,为确保施工安全,在沉沙池周围布置警示标识,同时在沉沙池上方布设钢格栅盖板。

(3)路基边坡临时覆盖

在施工过程中,对于裸露的路基施工面采取密目网临时覆盖,防止降雨形成的地表径流对松散土质边坡的冲刷。

(4)临时堆土场拦挡防护工程

考虑工程施工时序,表土从剥离至利用临时堆置期间需采取措施进行临时防护。表土堆高控制在××～××m,堆土坡度为××～××,坡脚四周采用装土编织袋挡护,装土编织袋采用梯形断面,顶宽××m,高××m,坡比××,同时采用撒播草籽覆盖。

(5)临时堆土场排水沉沙工程

临时堆土场施工利用期间,为防止场地内积水影响施工,拟在场地四周设置简易排水沟。根据施工经验,施工临时排水沟采用梯形断面,底宽××cm,××40 cm,边坡××,只开挖不衬砌,排水沟边坡需固实。在临时排水沟末端设沉沙池,沉沙池为土质,沉沙池尺寸长××m、宽××m、深××m,开挖边坡××,以利于边坡稳定。施工过程中,定期清除沉沙池内淤积物,场地利用结束时,回填沉沙池。

路基工程区水土保持措施工程量表式见表5-14。

表5-14 路基工程区水土保持措施工程量

措施类型	序号	防护措施	单位	工程量			
				××区	××县	××市	合计
工程措施	1	剥离表层土工程					
	(1)	表土剥离	万 m^3				
	2	覆土工程					
	(1)	路基两侧绿化覆土	万 m^3				
	3	土地整治工程					
	(1)	土地整治	hm^2				
	4	路基骨架护坡					
	(1)	干砌石	m^3				
	(2)	浆砌石	m^3				
	(3)	混凝土	m^3				
	5	路基骨架护坡土工合成材料					
	(1)	复合土工膜	m^2				
	6	路基排水沟					
	(1)	混凝土	m^3				
	(2)	钢筋混凝土	m^3				
植物措施	1	路基两侧绿化					
	(1)	播草籽	m^2				
	(2)	喷播植草	m^2				
	(3)	喷混植生	m^2				
	(4)	栽植乔木	千株				
	(5)	栽植灌木	千株				
临时工程	1	路基临时排水					
	(1)	挡水埂土方	万 m^3				
	(2)	急流槽装土编织袋	m^3				
	2	临时排水沟	m				
	(1)	土方开挖	m^3				
	(2)	土方回填	m^3				
	3	临时沉沙池	个				

续表 5-14

措施类型	序号	防护措施	单位	工程量			
				××区	××县	××市	合计
临时工程	(1)	土方开挖	m^3				
	(2)	砖砌量	m^3				
	(3)	砂浆抹面	m^2				
	4	路基边坡临时覆盖					
	(1)	密目网	hm^2				
	5	临时堆土场拦挡					
	(1)	装土编织袋长度	m				
	(2)	装土编织袋土方	m^3				
	(3)	撒播草籽临时覆盖	hm^2				
	6	临时堆土场排水沟	m				
	(1)	土方开挖	m^3				
	(2)	土方回填	m^3				
	7	临时堆土场沉沙池	个				
	(1)	土方开挖	m^3				
	(2)	土方回填	m^3				

【例 5-4】 某煤矿建设项目方案变更采掘场措施布设

采掘场是低于周边原地貌几十米至百余米的巨大采坑。面蚀、沟蚀和重力侵蚀主要发生在采掘场帮坡和工作平台上，在主体工程设计中对边坡稳定进行了系统设计，且土壤侵蚀以内部搬移和沉积为主。因此，采坑的水土流失较小，采坑内不再做水土保持工程措施；要定期对施工人员进行水土保持知识教育，增强施工人员的水土保持意识，避免人为因素破坏增加水土流失。但采掘坑所占面积是逐年增加的，为了防止人为活动对采掘坑外围环境的破坏，增加采掘坑外围的植被覆盖度，以减少水土保持对周边环境的污染。

1. 工程措施

(1) 截水围堰

雨季为了避免采掘场施工过程中场外雨水流入坑内，对坡面冲刷造成水土流失，主体设计并且已实施截水围堰措施。截水围堰采用梯形断面，断面尺寸采用下宽××cm、上宽××cm、高××cm，采坑固定侧截水围堰长约××m。

(2) 表土剥离

采掘场在开挖前进行表土剥离，剥离的表土堆放于表土堆存场，剥离厚度 20～30 cm，表土剥离量××万 m^3。

(3)围墙外顺接截排水沟

工业场地及其他设施部分区域、主干道北侧及采掘场的雨水汇流至表土堆存场,在表土堆存场××侧围墙外引接一条排水沟,顺接至原有农场排水沟,排水沟采用梯形断面,断面尺寸采用下宽××cm、上宽××cm、高××cm,排水沟××m。

2. 植物措施

采掘场周边植物措施布设。在采掘场进行剥离表土初期,即在采区的固定帮坡外缘布设植被,植物措施采用乔灌混交林,乔木布设行,灌木分散种植,栽植乔木××株、灌木××株。植物措施布设如下:

(1)立地条件:未扰动原生土壤。

(2)树种搭配:三角形配置,树种选择耐寒、耐旱、根系发达的植被。乔木选用胸径××cm 的银中杨、小黑杨××行,株行距各××m;灌木选用冠丛高××cm 的沙棘、紫穗槐等 4 行,株行距为各××m。

(3)整地方式:人工穴状整地,乔木规格××cm×62 cm×62 cm,灌木规格××cm×32 cm×32 cm。

(4)造林方法及季节:春季植苗造林。选择茎干通直圆满,枝条茁壮,组织充实,健壮的植株,首先要扶正苗木入坑,用表土填至坑××处,将苗木轻轻上提,保持树身垂直,树根舒展,栽植后乔木深于原土痕 15 cm。栽植后行列保持整齐,栽好后用底土在树坑外围筑成灌水埂。

(5)抚育措施:连续抚育 3 年,松土、除草、摘芽、修枝、灌水。

3. 临时措施

雨季为了避免采掘场施工过程中场外雨水流入坑内,对坡面冲刷造成水土流失,主体设计并且已实施截水围堰措施。截水围堰采用梯形断面,断面尺寸采用下宽××cm、上宽××cm、高××cm,采坑滚动开采布设截水围堰长××m。采掘场水土保持措施量汇总表式见表 5-15。

表 5-15　采掘场水土保持措施量汇总表

序号	工程名称	单位	数量	已实施水土保持措施工程量	补充实施水土保持措施工程量
一	工程措施				
1	截水围堰	m			
2	表土剥离及回覆	万 m^3			
3	顺接截排水沟	m			
二	植物措施				
1	防护林	hm^2			
2	银中杨/小黑杨	株			
3	沙棘/紫穗槐	株			
三	临时措施				
1	截水围堰	m			

【例 5-5】　某建设项目排水工程典型设计

雨水设计流量计算：

$$Q = \psi q F$$

设计暴雨强度采用××区当地暴雨强度计算公式：

$$q = \frac{2\ 417(1 + 0.79\lg P)}{(t + 7)^{0.765\ 5}}$$

式中　Q——雨水设计流量，L/s；

q——设计暴雨强度，$L/(s \cdot hm^2)$；

F——汇水面积，hm^2；

P——重现期，年；

t——降雨历时，min；

ψ——径流系数，参考表 5-16。

汇水面积的平均径流系数按地表种类加权平均计算求得。

表 5-16　各种地面径流系数表

地表种类	径流系数 ψ	地表种类	径流系数 ψ
沥青混凝土路面	0.95	起伏的山地	0.50～0.80
水泥混凝土路面	0.90	细粒的土坡面	0.50～0.65
粒料路面	0.49～0.60	平原草地	0.40～0.65
粗粒土坡面	0.10～0.30	一般耕地	0.40～0.60
陡峭的山地	0.75～0.90	落叶林地	0.35～0.60
硬质岩石坡面	0.70～0.85	针叶林地	0.25～0.50
软质岩石坡面	0.50～0.75	粗砂土坡面	0.10～0.30
水稻田、水塘	0.70～0.80	卵石、块石坡地	0.08～0.15

排水沟采用明渠均匀流计算公式：

$$Q = AC\sqrt{RI}$$

式中　Q——设计最大流量，m^3/s；

A——过水断面面积，m^2；

C——谢才系数，$C = (1/n) \times R^{1/6}$；

n——糙率；

R——水力半径，m；

I——排水沟比降。

计算结果：根据《民用机场排水设计规范》(MH/T 5036—2017)和主体工程设计报告，飞行区暴雨重现期 P 取 5 年，降雨历时 t 取××min，铺筑面硬化区及土面区的平均径流系数 ψ 分别取 0.9 和 0.3。附属工程区内下沉广场、下穿通道等雨水系统暴雨重现期 P 取××年，其他区域暴雨重现期取××年，降雨历时 t 取××min，平均径流系数 ψ 取××。

根据汇水面积的不同，共设计了多种断面形式的排水沟，具体断面参数表式见

表 5-17。

表 5-17　各排水沟断面参数及过流能力复核

项目		宽（m）	深（m）	过水断面面积（m^2）	汇水面积（hm^2）	糙率 n	水力半径 R	沟道比降 i	计算流量（m^3/s）	设计流量（m^3/s）
××区	坡顶截水沟									
	马道截水沟									
	坡脚截水沟									
	坡面吊沟									
附属工程区	浆砌石排水沟									
台站区	浆砌石排水沟									

从表 5-17 可知，各排水沟的计算流量均大于设计流量，排水沟设计尺寸符合排水要求。航站及附属工程区南端区域汇集的雨水主要通过雨水管网收集后从出水口××排出场外，北端区域汇集的雨水顺地势汇入××区排水沟。

主体工程对××区场内排水共设计××个典型断面，分别为浆砌石矩形排水沟、浆砌石梯形排水沟、混凝土 V 形沟。各类排水设计如下：

（1）浆砌石矩形排水沟主要布置在××区挖方边坡坡脚，设计尺寸××m×1 m（宽×高），沟身采用片石砌筑，厚××mm。

浆砌石矩形排水沟典型断面图图式见图 5-5。

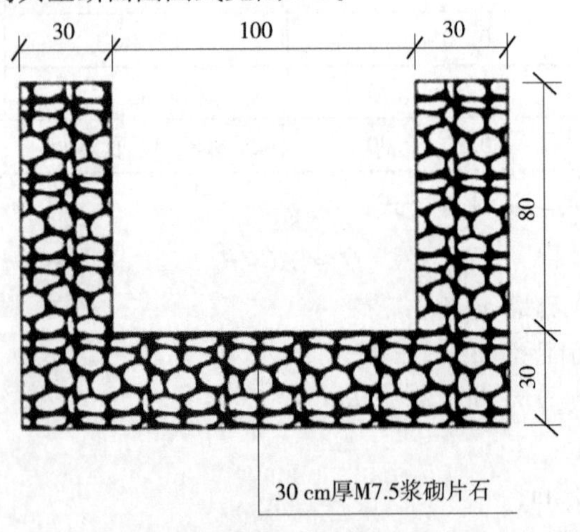

图 5-5　浆砌石矩形排水沟典型断面

（2）浆砌片石梯形明沟主要布置在升降带平整范围外的土面区。浆砌片石梯形明沟深（H）≤××mm 时，明渠边坡坡比为 1∶1；浆砌片石梯形明沟深（H）≥××mm 时，明渠边坡坡比为××。沟底部铺设××mm 碎石，沟身采用××浆砌石砌筑，衬砌厚度××mm，××砂浆抹面勾缝。

浆砌石梯形明沟典型断面图图式见图5-6。

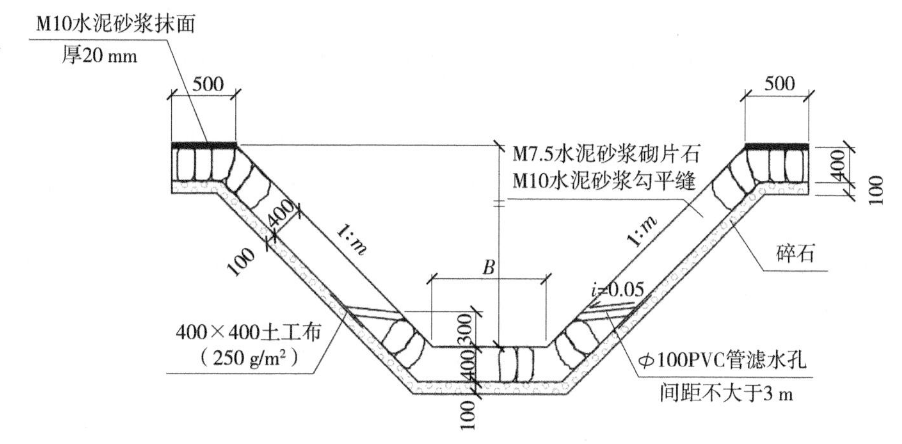

图5-6　浆砌石梯形明沟典型断面

【例5-6】　某建设项目截水沟工程典型设计

(1)取土前,结合临时征地范围和地形情况开挖截水沟,截水沟设置在取土场上边坡的外缘和周边,采用浆砌片石砌筑,排水出口连接天然沟道。

(2)截水沟设计

本工程布置的截水沟,只用于拦截流向取土场地的地面径流,保护取土场区不受水流冲刷,并将水流引向取土场以外的天然河道或沟渠,截水沟不接纳周围过境水流。截水沟设计的断面尺寸应满足排泄设计流量的要求,同时应尽量减小截水沟体积,减少工程数量,达到节省工程投资的目的。由于项目区设计涉及××国家级水土流失重点治理区,根据《防洪标准》和《灌溉与排水工程设计规范》,坡面洪水频率标准按××年一遇××h降雨标准设计。本工程典型设计的截水沟均采用梯形断面。

集水区的洪峰流量可按如下公式进行计算确定:

$$Q = 0.278\Psi iF \tag{5-1}$$

式中　Q——洪峰流量,m^3/s;

Ψ——洪峰径流系数,根据地形坡度及覆盖度得出;

i——10年一遇1 h最大降雨强度,mm/h;

F——汇水面积,利用CAD软件计算。

汇水面积计算方法:打开CAD软件—绘制汇水边界(闭合曲线)—输入快捷键命令AA—输入快捷键命令O—点选闭合曲线—面积会自动显示;也可通过地形图上测算。

截水沟设计流量可按明渠均匀流的连续方程式进行计算。

截水沟设计流量计算公式:

$$Q_{设} = A \cdot C\sqrt{Ri} = \frac{1}{n} \cdot A \cdot R^{\frac{2}{3}} \cdot i^{\frac{1}{2}} \tag{5-2}$$

式中　$Q_{设}$——截、排水沟设计流量(过水能力),m^3/s;

A——截、排水沟断面面积,m^2;

C——谢才系数;

R——水力半径,m;

i——截排水沟比降;

n——截水沟底面糙率,可参照《公路排水设计规范》(JTJ 018—97)表8.13执行,取0.02。

根据《××排水设计规范》(GB 50014—2006)中××节规定的"明渠和盖板渠的底宽,不宜小于××m的规定,考虑到各取土场具体情况,取土场截水沟断面分别选择了两种形式,其断面尺寸分别见图(略),两种断面形式截水沟每延米工程量表式见表5-18。通过校核取土场截水沟拟定的设计流量均大于集水区洪峰流量,排水能力满足过水要求,表式见表5-19。

表5-18 取土场截水沟每延米工程数量表

类型	浆砌片石(m^3)
Ⅰ	
Ⅱ	

表5-19 取土场截水沟汇水面积、设计流量表

序号	取土场	汇水面积(km^2)	截水沟长度(m)	截水沟平均纵比	洪峰流量(m^3/s)	采用截水沟类型	截水沟设计过水能力(m^3/s)
1	××右3 400 m				0.21	Ⅰ	0.73
2	××右3 300 m				0.36	Ⅰ	1.18
3	××右900 m				0.42	Ⅰ	0.93
4	××右2 200 m				—	—	—
5	××右1 400 m				0.25	Ⅰ	0.46
6	××右6 800 m				0.27	Ⅰ	0.80
7	××右7 200 m				0.07	Ⅰ	1.13
8	××右1 200 m				0.44	Ⅰ	0.87
9	××右1 100 m				—	—	—
10	××右3 400 m				1.84	Ⅱ	1.98
11	××右2 100 m				—	—	—
12	××右2 300 m				—	—	—
13	××右2 700 m				2.23	Ⅱ	2.51
14	××右3 500 m				—	—	—
15	××右1 300 m				—	—	—
16	××右7 000 m				0.69	Ⅰ	0.87
17	××右2 100 m				0.93	Ⅱ	2.56
18	××右6 000 m				0.53	Ⅰ	0.99

注:"—"表示该取土场为平地取土场或取土之后迹地为平地,没有设置截水沟。

截水沟典型断面设计图式见附图 3-2。

5.4　施工要求

施工要求编制内容：

(1)施工方法应明确实施水土保持各单项措施所采用的方法。

(2)施工进度安排应符合下列要求：

1)应与主体工程施工进度相协调,明确与主体单项工程施工相对应的进度安排；

2)临时措施应与主体工程施工同步实施；

3)施工裸露场地应及时采取防护措施,减少裸露时间；

4)弃土(石、渣)场应按"先拦后弃"原则安排拦挡措施；

5)植物措施应根据生物学特性和气候条件合理安排；

6)施工进度安排应说明各项措施对应于主体单项工程的施工时序,分区列出水土保持施工进度安排表。

已开工项目补报水土保持方案的,已实施的水土保持措施不做施工要求。

【例 5-7】　某机场建设项目施工要求

本项目水土保持措施主要包括工程措施、植物措施和临时措施。工程措施主要包括土石方开挖与填筑、土地整治；植物措施包括植树和种草；临时措施包括临时排水、沉沙、拦挡和苫盖措施。

1. 施工方法

(1)工程措施

1)排水设施施工

排水沟、沉砂池施工前,要由测量人员进行放线,施工机具设备必须运至施工现场,然后才可进行沟槽开挖。浆砌石排水沟采用××水泥砂浆砌筑。间距××~××m 设一道伸缩缝,缝宽××cm 中间,填沥青麻絮。施工开挖时采用机械作业和人工作业,开挖时严格控制宽度及标高,禁止出现超挖。排水沟施工时应先在底板铺碎石垫层,砌筑时要挂线施工,避免出现通缝现象。

砌筑时禁止使用风化的片石,片石的大小要均匀,且尺寸不应小于××cm。砌筑砂浆强度为××号,砂浆拌和采用机械拌和,堆放拌和好的砂浆禁止直接堆在松散的地面上,下面要铺设铁皮等隔离设施,砂浆随拌随用。对拌和完堆放时间太久的砂浆严禁用于砌筑施工中。各项截排水设施及消能设施均应按要求控制好沟道纵向坡度,确保排水顺畅,防止冲刷和淤积。

2)表土剥离与回填

场地表土剥离施工前,应进行现场调查、统计,核实施工范围内的障碍物及一切需拆迁的附着物(如地下电缆、光缆、管线等),并与相关部门及时联系解决。

为了合理进行表土剥离,在人工清理完地面杂物后,才可进行剥离。剥离施工方法：采用推土机、装载机等施工机械为主、人工为辅的施工方法。剥离深度××~××cm,剥离后的表层土去除残根、石块,运输至堆放场和堆放点集中堆放,施工后期用于机场绿化或临时用地的植被恢复。

3)土地整治

本项目土地整治是指项目施工完成后,对本期建设扰动的施工场地进行清除地表垃圾、坑洼回填等,平整土地主要采用75 kW推土机,范围较窄的区域可采用人工平整。平整后的场地能够布置植物措施,周边布置排水、道路等配套设施。

(2)植物措施

1)施工准备

现场踏勘,了解施工部位或现场环境条件,包括土壤、水源、运输和天然肥源等,熟悉各施工场地施工状况,按部就班进入施工作业面。

对工程中使用的各类苗木,应进行实地考察,了解苗木数量、质量和运输条件,包装和运输的最佳方案。

落实苗木种植过程中所需的土基、绑扎材料以及劳动力、设备和材料的工作。为确保植物生长,种植前,对土壤肥力、pH值等指标进行实测。

2)整地

整地前进行杂物清理,捡除石块、石砾和建筑垃圾,并进行粗平,填平坑洼,然后将剥离的表土进行覆土回填,以改善立地条件、增强土地肥力,对堆放场区需进行土壤翻松、碎土再进行细平。整平后,按设计要求人工用石灰标出单棵树的位置和片状分布的不同树草的区域分界线,对带土球的乔灌木,采用挖穴方式种植,根据树种的类型、根系的大小,确定挖穴的尺寸及间距,穴状采用圆形,乔木穴径一般为胸径的××倍,穴深一般大于土球高度××~××cm,灌木(如冠幅××m左右带土球的红叶石楠球等)穴径一般在××~××m,穴深××cm左右。

3)种苗选择

乔木选用胸径××cm、原生冠幅××m以上生长健壮的带土球乔木;灌木选用苗高××m、冠径××m以上冠型圆满密实的苗木;草籽要求种子的纯净度达××%以上,发芽率达××%以上,草皮要求生长状态良好,无病虫害。

4)栽植方法

乔木、灌木采用穴植方法,在栽植时按照栽植的技术要点,即"三填、两踩、一提苗",栽植深度一般以超过原根系××~××cm为准。种植工序为:放线定位—挖坑—树坑消毒—回填种植土—栽植—回填—浇水—踩实;苗木定植时苗干要竖直,根系要舒展,深浅要适当;填土一半后需提苗踩实,最后覆上表土。

草本采用人工撒播或铺植草皮的方法。撒播方法即将草籽按设计的撒播密度均匀撒在整好的土地上,然后用耙或耱等方法覆土埋压,覆土厚度一般为××~××cm,撒播后喷水湿润种植区。草皮运输过程中,遇晴天应直接向草皮洒水,避免根系脱水,草皮采用满膛或满坡铺设,边铺设边压实,确保草皮附着土壤,铺设完毕后浇水、踏实。

5)种植季节

造林季节尽量选在春季或秋季,以提高成活率,草籽撒播一般在雨季或墒情较好时进行,应考虑高温遮阳。

6)抚育管理

抚育采用人工进行,抚育内容包括松土、培土、浇水、施肥、补植树苗及必要的修枝和病虫害防治等,抚育时间一般在杂草丛生、枝叶生长旺盛的××月进行,××月下旬至××月上旬进行第二次抚育。抚育管理分××年进行,第一年抚育××次,第二年抚育××次。第一年定植后应及时浇水,保证苗木成活及正常生长,对缺苗、稀疏或成活率没有达到要求的地方,应在第二年春季及时进行补植或补播,成活率低于40%的需重新栽植,以后根据其生长情况应及时浇水、松土、除草、追肥、修枝、防治病虫害等。植物措施建植后,应落实好林地的管理和抚育责任。

(3)临时措施

本项目临时措施包括临时排水沟、简易沉砂池、编织袋装土拦挡、密目网覆盖等。临时排水沟和沉砂池施工与上述的永久排水设施施工方法基本相同。临时排水设施应尽可能结合永久排水进行布置,能通过加工改造成永久排水设施的不予拆除,减少二次扰动影响;不能利用的进行拆除或填埋。袋装土拦挡一般采用人工装、拆,土源采用表层耕植土,利于表土回填利用。编织袋直接或分层顺次平铺在堆土外侧即可。施工完毕编织袋挡土埂拆除后,编织袋能重复利用的,回收利用;不能重复利用的,集中处理。在表土堆放场堆土完成后应及时撒播草籽,采用人工撒播,并覆薄层表土。密目网覆盖应避开大风,平铺后,周边用砖头或块石压实,避免吹飞。

2. 施工进度安排

根据××新建民用机场项目主体工程进度安排,结合各水土流失防治分区的具体防治措施,按照“三同时”的原则,以尽量减少工程施工期间的新增水土流失为目的,安排本工程水土保持措施实施进度。本方案水土保持工程施工进度安排见表5-20。

【例5-8】 某建设项目施工要求

1. 施工方法

水土保持工程施工项目为绿化覆土、土地整治、土方开挖、浆砌石排洪渠、营造水土保持林及园林绿化等。

(1)表土剥离

施工生产生活区开挖前,其表土剥离,作为后期施工生产生活区等恢复植被或耕作土使用。表土剥离采用推土机推运至临时堆放场堆放。

(2)土方开挖

土方开挖主要是排水沟基础开挖。根据放样桩线,采用小型反铲挖掘机和人工开挖、装。弃土回填场地,通过人工修整坡度,使之达到设计要求。

(3)浆砌石砌筑

所需片石料从临时堆料场中人工捡集,并辅以人工胶轮车运输,人工修整并砌筑浆砌石,水泥砂浆由小型拌和机械现场拌制。

(4)撒播草籽

采用机械和人工播种,施工方法如下:播种前,清除杂草,整理场地,松土深××cm。播种前要进行种子处理,用1%石灰水浸泡××h,然后用清水洗净。播种前将草籽与复合肥拌和,复合肥施入量按××~××g/m^2计。采用机械喷播或人工撒播,将拌好的草籽均匀喷播，均匀覆盖××~××cm细土并压实。

(5)栽植苗木

采用人工挖穴，按设计规格进行挖穴，清除周围杂草，选择优质苗木栽植，每穴1株，然后填土压实。带土大树苗栽植，树要栽正打紧，浇足定根水，并支撑加固。灌木栽植采用均匀三角形布置，栽后修剪，高度适当，一致平整，边缘清晰。在挖运、栽植时要求迅速、及时，以免失水过多而影响成活。

栽植后要通过修枝，减少水分蒸发，缓解受伤根系供水压力。修枝应修掉内膛枝、重叠枝和病虫枝，并力求保持树形的完整；也可采用促根剂、蒸腾抑制剂和菌根制剂等新技术处理植苗。大苗木栽植后应用草绳裹干××m左右以减少水分蒸发，干旱时可向草绳喷水营造一个湿润的小环境。如果移植后天气干旱，可向树冠喷雾以降低叶片温度。若遇天气干燥，应隔天浇水一次，延续一周，使树苗生根成活。

(6)土方回填

主要为临时排水沟的回填、夯实和平整，采用土料填筑、人工夯实的方法。将堆置在排水沟两侧的土方采用人工回填至沟(池)体内，平土、刨毛并分层夯实，同时清理杂物并平整。

(7)装土编织袋

主要为临时堆土防护，采用草包装土防护的方法。人工装土，封包并堆筑，防护结束之后，拆除装土编织袋，并清理场地。

(8)覆盖密目网

为临时覆盖防护，堆土完成后铺设密目网搭接，边角块石压实。

2. 施工质量要求

工程措施所使用的材料的规格、质量应符合设计要求，胶合材料(水泥、灰浆等)性能良好，砌石、砌砖牢固、整齐。排水沟要求能有效地控制上部地表径流，经设计暴雨考验后基本完好，排水沟的完好率在××%以上。

水土保持种草所选种植地块的立地条件应符合相应草种的要求，种草密度要达到设计要求；采用保土能力强的适生优良草种，当年出苗率与成活率在××%以上，3年保存率在××%以上。

3. 水土保持措施施工进度安排

(1)安排原则

为充分发挥各种水土保持工程的水保作用，严格贯彻“三同时”方针，切实做到水土保持设施与主体工程同时设计、同时施工、同时投入使用，施工中应对水保工程的实施进行合理安排。

(2)进度安排

本工程建设期为××年××月至××年××月，总工期××个月。本方案结合水土流失防治分区所采取的水土保持综合措施，按照“三同时”的原则，以尽量减少工程期间的新增水土流失为目的，安排本工程防治分区的水土保持防治措施实施进度，分区水土保持工程实施进度见表5-21。

6 水土保持监测

6.1 范围和时段

(1)水土保持监测范围应为水土流失防治责任范围。

(2)监测时段应从施工准备期开始,至设计水平年结束。

(3)各类项目均应在施工准备期前进行本底值监测。

6.2 内容、方法、频次

根据以下要求编制。

6.2.1 水土保持监测内容

应包括扰动土地情况,取土(石、料)、弃土(石、渣)情况,水土流失情况和水土保持措施实施情况及效果等。

6.2.2 水土保持监测方法

应采取调查监测与定位观测相结合的方法。线性工程以调查为主,辅以必要的定位观测;点型工程采用样地调查和地面定位观测相结合的方法;大面积、长距离、跨省区的特大型项目,可采取遥感手段进行监测。

(1)调查监测。包括普查、抽样调查、地块调查、访问调查和巡查等方法。监测内容包括地形、地貌,占地面积,扰动地表面积,挖方量、填方量、弃渣量及堆放形态,对项目及周边地区可能造成的水土流失危害,防治措施数量和质量,林草成活率、保存率、生长情况和覆盖率,工程措施的稳定性、完好程度和运行情况。

(2)定位观测。主要是测定土壤侵蚀强度和径流模数,计算水土流失量。

1)水蚀监测。常用的有以下四种方法:

①小区观测。除砾石堆积物外,适用于各种类型生产建设项目;应根据需要布设不同坡度和坡长的径流小区进行同步观测。

②控制站观测。适用于扰动破坏面积大、弃土弃渣集中在一定流域范围内的生产建设项目。

③简易观测场。适用于类型复杂和分散、暂不受干扰或干扰少的弃土弃渣流失的监测。

④简易的坡面监测。适用于暂不被开挖的自然和堆积土坡面。

2）风蚀监测。采用降尘管（缸）观测扬尘，地面定位钎插、集沙仪观测风蚀。

各种定位观测，要明确规格、监测方法，并绘制设计图。

6.2.3 监测频次

（1）调查监测应根据监测内容和工程进度确定监测频次；取土（石、砂）量、弃土（石、渣）面积、正在实施的水土保持措施建设情况、扰动地表面积等至少每月调查记录1次；施工进度、水土保持植物措施生长情况至少每季度调查记录1次；水土流失灾害事件发生后1周内完成监测。

（2）定位监测应根据监视内容和方法采用连续观测或定期观测，排水含沙量监测应在雨季降雨时连续进行。

（3）风蚀量监测，应在风季连续进行。

6.3 点位布设

监测点位布设应遵循代表性、方便性、少受干扰的原则。每个监测区至少布设1个监测点，长度超过100 km的监测区每100 km宜增加2个监测点。

6.4 实施条件和成果

（1）应根据监测内容、方法提出需要的水土保持监测人员、设施和设备。

（2）监测成果应包括监测报告、监测数据、监测图件和影像资料。

生产建设项目水土保持监测表式：附表1-1地表组成物质监测记录表、附表1-2植被状况（扰动前）监测记录表、附表1-3地表扰动情况监测记录、附表1-4水力侵蚀测钎监测记录表、附表1-5水力侵蚀侵蚀沟监测记录表、附表1-6水力侵蚀控制站监测记录表、附表1-7风力侵蚀测钎监测记录表、附表1-8植物措施监测记录表、附表1-9工程措施监测记录表、附表1-10水土保持措施实施情况统计表、附表1-11生产建设项目水土保持监测季度报告表，详见附录1。

【例6-1】 某建设项目水土保持监测

1.范围和时段

（1）监测范围及分区

根据《生产建设项目水土保持监测与评价标准》（GB/T 51240—2018）以及《生产建设项目水土保持技术标准》（GB 50433—2018），水土保持监测范围为水土保持方案确定的水土流失防治责任范围，以及项目建设与生产过程中扰动与危害的其他区域。本项目水土流失防治责任范围为××hm^2。

水土保持监测分区应以水土保持方案确定的水土流失防治分区为基础。结合项目工程布局进行划分。本工程属线型项目，监测重点区域主要应为大型开挖（填筑）面、施工道路取土（石、料）场、弃土（石、渣）场、穿（跨）越工程、土石料临时转运场和集中排水区周边。

本项目位于××区，土壤侵蚀类型属于××区，本项目水土流失防治分区是根据项目特点、主体工程布置以及不同单元的水土流失特点进行划分，各防治分区之间具有差异性，因此本项目采用水土流失防治分区结果作为监测分区方案，本项目共划分为××工程区、××工程区、××工程区、××工程区、取土场区、弃土场区6个监测分区。

（2）监测时段

根据主体工程建设进度和水土保持措施实施进度安排，为保证监测的实时、准确性，水土保持监测应与主体工程同步进行，从而能及时了解和掌握工程建设中的水土流失状况。结合工程建设特点，本方案水土保持监测时段确定为施工期（包括施工准备期）至设计水平年结束，即从××年××月到××年××月，共××年。

2. 内容和方法

（1）监测内容

根据《生产建设项目水土保持监测与评价标准》（GB/T 51240—2018）的规定，水土保持监测内容应包括水土流失影响因素、水土流失状况、水土流失危害和水土保持措施等。

1）水土流失影响因素监测包括的内容：

①气象水文、地形地貌、地表组成物质、植被等自然影响因素；

②项目建设对原地表、水土保持设施、植被的占压和损毁情况；

③项目征占地和水土流失防治责任范围变化情况；

④项目弃土（石、渣）场的占地面积、弃土（石、渣）量及堆放方式；

⑤项目取土（石、料）的扰动面积及取料方式。

2）水土流失状况监测包括的内容：

①水土流失的类型、形式、面积、分布及强度；

②各监测分区及其重点对象的土壤流失量。

3）水土流失危害监测应包括的内容：

①水土流失对主体工程造成危害的方式、数量和程度；

②水土流失掩埋冲毁农田、道路、居民点等的数量、程度；

③对铁路造成的危害；

④生产建设项目造成的沙化、崩塌、滑坡、泥石流等灾害；

⑤对水源地、生态保护区、江河湖泊、水库、塘坝、航道的危害，有可能直接进入江河湖泊或产生行洪安全影响的弃土（石、渣）情况。

4）水土保持措施监测包括内容：

①植物措施的种类、面积、分布、生长状况、成活率、保存率和林草覆盖率；

②工程措施的类型、数量、分布和完好程度；

③临时措施的类型、数量和分布；

④主体工程和各项水土保持措施的实施进展情况；

⑤水土保持措施对主体工程安全建设和运行发挥的作用；

⑥水土保持措施对周边生态环境发挥的作用。

（2）监测方法与频次

1）水土流失影响因素监测

①降雨和风力等气象资料可通过监测范围内或附近条件类似的气象站、水文站收集，或设置相关设施设备观测，统计每月的降水量、平均风速和风向。日降水量超过××mm或1 h降水量超过××mm的降水应统计降水量和历时，风速大于××m/s时统计风速、风向、出现的次数或频率。

②地形地貌状况可采用实地调查和查阅资料等方法获取。整个监测期监测1次。

③地表组成物质应采用实地调查的方法获取。施工准备期前和设计水平年各监测1次。监测记录表格式见附录1附表1-1。

④植被状况应采用实地调查的方法获取，主要确定植被类型和优势种。应按植被类型选择3～5个有代表性的样地，测定林地郁闭度和灌草地盖度，取其计算平均值作为植被郁闭度（或盖度）。施工准备期前测定1次。监测记录表格详见附录1附表1-2。郁闭度采用样线法和照相法测定。盖度采用针刺法、网格法和照相法测定。

⑤水土流失防治责任范围、地表扰动情况应采用实地调查并结合查阅资料的方法进行监测。调查中，采用实测法、填图法和遥感监测法。实测法采用测绳、测尺、全站仪、GPS或其他设备量测；填图法应用大比例尺地形图现场勾绘，并应进行室内量算；遥感监测法宜采用高分辨率遥感影像。监测记录表格式见附录1附表1-3执行。本工程属线型项目，全线巡查每季度1～2次，典型地段监测每月1次。

⑥弃土弃渣应在查阅资料的基础上，以实地量测为主，监测弃土（石、渣）量及占地面积。弃土弃渣监测方法以实测为主。正在使用的弃土弃渣场，每10天监测1次，其他时段应每季度监测不少于1次；其他渣场每季度监测不少于1次。弃土（石渣）占地面积可采用实测法、填图法，有条件的可采用遥感监测。弃土（石、渣）量根据渣场面积，结合占地地形、堆渣体形状测算。

⑦取土（石、料）在查阅资料的基础上，进行实地调查与量测，监测地表扰动面积。本项目正在使用的大型和重要料场每10天监测1次，其他料场每季度监测1次。

2）水土流失状况监测

①水土流失类型及形式应在综合分析相关资料的基础上，实地调查确定。每年1次。

②本项目水土流失面积监测宜采用抽样调查法，每季度1次。

③土壤侵蚀强度应根据现行行业标准《土壤侵蚀分类分级标准》（SL 190）按照监测分区分别确定，施工准备期前和监测期末各1次，施工期每年1次。

④重点区域和重点对象不同时段的土壤流失量通过监测点观测获得，在综合分析的基础上，项目建设过程中产生的土壤流失量按式（6-1）计算。

$$S_j = \frac{A_j}{N}\sum_{i=1}^{n} S_i \tag{6-1}$$

式中 S_j —— 第 j 个监测分区的土壤流失量，t；

A_j ——第 j 个监测分区的面积，km^2；

n ——第 j 个监测分区内监测点数量，个；

S_i ——由第 i 个监测点观测数据计算的单位面积土壤流失量，t/km^2；

j ——监测项目划分的监测分区数量，个，$j = 1,2,3,\cdots,m$；

i ——某监测分区内的土壤流失量监测点数量，个，$i = 1,2,3,\cdots,n$。

水力侵蚀土壤流失量应根据监测区域的特点、条件和降雨情况，选择不同方法进行观测，统计每月的土壤流失量。具体方法如下：

a. 径流小区法。采用全坡面径流小区或简易小区，开挖或弃土弃渣形成的、以土质为主的稳定坡面土壤流失量监测，按照设计频次或每次降雨后测量泥沙集蓄设施中的泥沙量，采用式(6-2)计算：

$$S_T = \rho S h_w \times 10^6 \tag{6-2}$$

式中　S_T——集蓄设施中的泥沙量(土壤流失量)，g；

ρ——含沙量，g/cm³；

S——泥沙集蓄设施底面面积，m²；

h_w——泥沙集蓄设施水深，m。

b. 测钎法。用于开挖、填筑和堆弃形成的、以土质为主的稳定坡面土壤流失量简易监测。按照设计频次观测钉帽距地面的高度变化，土壤流失量可采用式(6-3)计算，监测记录表格式见附录1附表1-4。

$$S_T = \gamma_s S L cos\theta \times 10^3 \tag{6-3}$$

式中　S_T——土壤流失量，g；

γ_s——土壤容重，g/cm³；

S——观测区坡面面积，m²；

L——平均土壤流失厚度，mm；

θ——观测区坡面坡度，(°)。

c. 侵蚀沟量测法。用于暂不扰动的土质开挖面、土质或土与粒径较小的石砾混合物堆垫坡面的土壤流失量监测。按设计频次量测侵蚀沟长，土壤流失量可采用式(6-4)计算，监测记录表格式见附录1附表1-5。

$$V_r = \sum_{i=0}^{n} \sum_{j=1}^{m} \overline{b}_{ij} \overline{h}_{ij} l_{ij} \tag{6-4}$$

$$S_T = V_r Y_s \tag{6-5}$$

式中　V_r——侵蚀沟体积，cm³；

$\overline{b}_{ij}$——侵蚀沟的平均宽度，cm；

$\overline{h}_{ij}$——侵蚀沟的平均深度，cm；

l_{ij}——侵蚀沟的长度，cm；

S_T——土壤流失量，g；

Y_s——土壤容重，g/cm³；

i——量测断面序号，$i=1,2,\cdots,n$；

j——断面内侵蚀沟序号，$j=1,2,\cdots,m$。

d. 集沙池法。用于径流冲刷物颗粒较大、汇水面积不大、有集中出口汇水区的土壤流失量监测。按照设计频次观测集沙池中的泥沙厚度。在集沙池的四个角及中心点分别量测泥沙厚度，并测算泥沙密度。土壤流失量可采用式(6-6)计算：

$$S_T = \frac{h_1 + h_2 + h_3 + h_4 + h_5}{5} S \rho_s \times 10^4 \tag{6-6}$$

式中 S_T——汇水区土壤流失量,g;

h_i——集沙池四角和中心点的泥沙厚度,cm;

S——集沙池底面面积,m^2;

ρ_s——泥沙密度,g/cm^3。

e. 控制站法。用于边界明确、有集中出口的集水区内建设活动产生的土壤流失量监测。每次降雨产流时观测泥沙量、计算土壤流失量。监测记录表格式见附录1附表1-6。

f. 微地形测量法。用于土质开挖面、土质或土石混合物及粒径较小的石质堆垫坡面的土壤流失量测定。可通过测量获取变化前后的微地形三维数据,对比计算流失量。

风力侵蚀强度监测采用测钎、集沙仪、风蚀桥等设备。监测时,可单独使用这些设备,也可组合使用。应每月统计1次,监测记录表格式见附录1附表1-7。

重力侵蚀监测可采用调查、实测等方法,对崩塌、滑坡、泥石流等土石方量进行量测。

3)水土流失危害监测

①水土流失危害的面积可采用实测法、填图法或遥感监测法进行监测。

②水土流失危害的其他指标和危害程度可采用实地调查、量测和询问等方法进行监测。

③水土流失危害事件发生后1周内应完成监测工作。

4)水土保持措施监测

①植物措施监测:

a. 植物类型及面积应在综合分析相关技术资料的基础上,实地调查确定。应每季度调查1次。

b. 成活率、保存率及生长状况采用抽样调查的方法确定。应在栽植××个月后调查成活率,且每年调查1次保存率及生长状况。乔木的成活率与保存率应采用样地或样线调查法。灌木的成活率与保存率应采用样地调查法。

c. 郁闭度与盖度监测方法按本节监测方法与频次水土流失影响因素监测④执行。应每年在植被生长最茂盛的季节监测1次。

d. 林草覆盖率应在统计林草地面积的基础上分析计算获得。植物措施监测记录表格式见附录1附表1-8。

②工程措施监测:

a. 措施的数量、分布和运行状况应在查阅工程设计、监理、施工等资料的基础上,结合实地勘测与全面巡查确定。

b. 重点区域应每月监测1次,整体状况应每季度监测1次。

c. 对于措施运行状况,可设立监测点进行定期观测。工程措施监测记录表格式见附录1附表1-9。

③临时措施可在查阅工程施工、监理等资料的基础上,实地调查,并拍摄照片或录像等影像资料。

④措施实施情况可在查阅工程施工、监理等资料的基础上,结合调查询问与实地调查确定。每季度统计1次。措施实施情况统计表格式见附录1附表1-10。

⑤水土保持措施对主体工程安全建设和运行发挥的作用应以巡查为主。每年汛期前

后及大风、暴雨后进行调查。

⑥水土保持措施对周边水土保持生态环境发挥的作用以巡查为主。每年汛期前后及大风、暴雨后应进行调查。

监测内容、方法与频次表见表6-1。

表6-1 监测内容、方法与频次表

监测内容		监测方法	监测频次
水土流失影响因素监测	降雨和风力等气象资料	气象站、水文站收集	施工前监测1次
	地形地貌	调查法	整个监测期应监测1次
	地表组成物质	调查法	施工准备期前和试运行期各监测1次
	植被状况	标准样地法	施工准备期前测定1次
	地表扰动情况及水土流失防治责任范围	调查法	全线巡查每季度不应少于1次，典型地段监测每月1次
		遥感监测法	
	弃土弃渣	沉积物调查法	大型和重要渣场正在使用的弃土弃渣场，应每10天监测1次。其他时段应每季度监测不少于1次；其他渣场应每季度监测不少于1次
		调查法	
		无人机监测法	
		遥感监测法	
水土流失状况监测	水土流失类型及形式	资料分析+实地调查	每年不应少于1次
	水土流失面积	调查法	每季度1次
	土壤侵蚀强度	根据《土壤侵蚀分类分级标准》确定	施工准备期前和监测期末各1次，施工期每年不应少于1次
	各监测分区及其重点对象的土壤流失量	沉积物调查法	施工期每年不应少于1次
		调查法	
		测钎法	
		遥感监测法	
水土流失危害监测	水土流失危害的面积	遥感监测法	水土流失危害事件发生后1周内应完成监测工作
	水土流失危害的其他指标和危害程度	调查法	
水土保持措施监测	植物类型及面积	调查法	每季度调查1次
	成活率、保存率及生长状况	调查法+标准样地法	每年调查1次保存率及生长状况
	郁闭度	标准样地法	样线法和照相法
	林草覆盖率	标准样地法	
	工程措施的数量、分布和运行状况	调查法	重点区域应每月监测1次，整体状况应每季度1次
	工程措施运行状况	定期观测	
	临时措施	调查法+无人机监测法	
	措施实施情况	调查法	每季度统计1次
	水土保持措施对主体工程安全建设和运行发挥的作用	巡查	每年汛期前后及大风、暴雨后进行调查
	水土保持措施对周边水土保持生态环境发挥的作用	巡查	每年汛期前后及大风、暴雨后进行调查

3. 点位布设

(1)点位布设原则

1)监测点的分布应反映项目所在区域的水土流失特征。

2)监测点应与项目构成和工程施工特性相适应。

3)监测点应按监测分区,根据监测重点布设,同时兼顾项目所涉及的行政区。

4)监测点布设应统筹考虑监测内容,尽量布设综合监测点。

5)监测点应相对稳定,满足持续监测要求。

6)监测点数量应满足水土流失及其防治效果监测与评价的要求:

①植物措施监测点数量可根据抽样设计确定,每个有植物措施的监测分区和县级行政区应至少布设 1 个监测点。

②工程措施监测点数量应综合分析工程特点合理确定。本工程属线型项目,选取不低于 30% 的弃土(石、渣)场、取土(石、料)场、穿(跨)越大中河流两岸、隧道进出口布设工程措施监测点,施工道路应选取不低于 30% 的工程措施布设监测点。

③土壤流失量监测点数量应按项目类型确定。本工程属线型项目,每个监测分区应至少布设 1 个监测点。监测分区中的项目长度超过 × ×km 时,每 × ×km 增加 2 个监测点。

(2)监测点位布设

1)工程措施监测点布设

①工程措施监测点应根据工程措施设计的数量、类型和分布情况,结合现场调查进行布设。

②应以单位工程或分部工程作为工程措施监测点。单位工程和分部工程的划分应按现行行业标准《水土保持工程质量评定规程》(SL 336)的规定执行。每个重要单位工程都布设监测点,重要单位工程的界定应按现行国家标准《生产建设项目水土保持设施验收技术规程》(GB/T 22490)的规定执行。

③当某种类型的工程措施在多处分布时,选择 × ×处以上作为监测点。

2)植物措施监测点布设

①综合分析植物措施的立地条件、分布与特点,选择有代表性的地块作为监测点,在每个监测点内选择 3 个不同生长状况的样地进行监测。

②植物措施监测样地的规格根据植被类型确定:

a. 乔木林应为 10 m×10 m~30 m×30 m,依据乔木规格选择合适的样方大小;

b. 灌木林应为 2 m×2 m~5 m×5 m;

c. 草地应为 1 m×1 m~2 m×2 m;

d. 绿篱、行道树、防护林带等植物措施样地长度不小于 × ×m。

3)土壤流失量监测点布设

①径流小区设计:

a. 布设径流小区的坡面应具有代表性,且交通方便、观测便利。

b. 径流小区的规格可根据具体情况确定。全坡面径流小区长度应为整个坡面长度,宽度不小于 × ×m。简易小区面积不应小于 × ×m^2,形状采用矩形。

c. 径流小区的组成和平面布设应按现行行业标准《水土保持试验规程》(SL 419)的规定执行。

②控制站设计:

a. 控制站的选址与布设应按现行行业标准《水土保持监测技术规程》(SL 277)和《水土保持试验规程》(SL 419)的规定执行。与未扰动原地貌的流失状况对比时,可选择全国水土保持监测网络中邻近的小流域控制站作参照。

b. 建设时,根据沟道基流情况确定监测基准面。水尺应坚固耐用,便于观测和养护;所设最高、最低水尺应确保最高、最低水位的观测;应根据水尺断面测量结果,率定水位—流量关系。断面设计时,应注意测流槽尾端堆积;结构设计和建筑材料选择要保证测流断面坚固耐用。

③测钎法监测点设计:

a. 选择有代表性的坡面布设测钎,选址应避免周边来水的影响。

b. 应将直径小于 × ×cm、长 × × ~ × ×cm 类似钉子形状的测钎,根据坡面面积,按网格状等间距设置。测钎间距为 × × ~ × ×m,数量不少于 × ×根。测钎应铅垂方向打入坡面,编号登记入册。

④侵蚀沟监测点设计:

a. 侵蚀沟监测点布设在具有代表性、能够保存一定时间的开挖面或填筑面。

b. 侵蚀沟监测点长度应为整个坡面长度,宽度不应小于 × ×m。监测断面均匀布设在侵蚀沟的上、中、下部。当侵蚀沟变化较大时,应加密监测断面。

⑤集沙池设计:

a. 集沙池宜修建在坡面下方、堆渣体坡脚的周边、排水沟出口等部位;

b. 集沙池规格应根据控制的集水面积、降水强度、泥沙颗粒和集沙时间确定。

⑥风力侵蚀监测点设计:

a. 应选择具有代表性、无较大干扰的地面作为监测点,一般为长方形或正方形,面积不小于 10×10 m,短边与主风向垂直。与未扰动原地貌的风力侵蚀状况对比时,选择全国水土保持监测网络中邻近的风力侵蚀观测场作参照。

b. 风力侵蚀观测场内可布设测钎、集沙仪、风蚀桥等设备中的一种或几种设备,具体执行:

(a)测钎布设可按照本节③测钎法监测点设计执行,也可采用标桩代替测钎。标桩不应少于 × ×根,间距不小于 × ×m,标桩长度宜为 × × ~ × ×m,埋入地面下 × × ~ × ×m,出露地面 0.4 ~0.9 m。

(b)集沙仪不宜少于 3 组,进沙口正对主风向。根据监测区风向特征,可选择单路集沙仪或多路集沙仪。

(c)风蚀桥宜多排布设,桥身应与主风向垂直,排距为 × × ~ × ×m。

本项目共计布设监测点位 86 处,其中工程措施监测点位 36 处,植物措施监测点位 39 处,土壤流失量监测点 11 处。

监测点位布设表式见表 6-2。

表 6-2 监测点位布设表

监测分区					监测点布设			
分区	工点名称	里程范围		行政区划	植物措施监测点	工程措施监测点	土壤流量监测点	小计
		起点	终点					
××工程区	××							
	××							
	××							
××工程区	××特大桥							
	××大桥							
	××大桥							
	××桥段							
	××桥段							
	××大桥							
××工程区	××山隧道							
××工程区	××站							
	××站							
	××站							
	××站							
	××站							
××区	××取土场							
××区	××弃土场							
	××弃土场							
	××弃土场							
	××弃土场							
临时××区	××堆土场							
	××堆土场							
	××临时堆土场							
	××临时堆土场							

4. 实施条件和成果

(1)实施条件

1)组建监测项目部

监测单位应组建监测项目部。本项目属高速铁路项目,线路较长,可根据实际情况分设监测项目分部。总监测工程师为项目部负责人,全面负责项目监测工作的组织、协调、实施和监测成果质量，并设总监测工程师、监测工程师、监测员等岗位。监测工程师负责日常监测工作，并负责数据的采集、整理、汇总、校核，编制监测实施方案、监测季度报告、监测年度报告、监测总结报告等。监测员协助监测工程师完成好日常监测工作、监测数据的采集和整理，并做好监测原始记录、文档、图件、成果的管理。本项目部分 3 个监测组，共安排 9 人，其中总监测工程师 2 人，监测工程师 5 人，监测员 2 人。

监测单位应于监测合同签订后 20 个工作日内将项目部组成报送项目建设单位。

2）监测技术交底

在监测人员进场后 20 个工作日内，在建设单位安排的由水土保持监测单位、监理单位、工程设计单位、主体工程监理单位、施工单位的有关负责人参加的监测技术交底会议上，进行水土保持监测技术交底，内容如下：

①介绍水土保持法等法律法规及生产建设项目水土保持管理的相关规定。

②介绍监测实施方案，包括水土保持监测技术路线、布局、内容和方法、监测工作组织与质量保证体系等。

③建立项目水土保持组织管理机构，明确监测单位在机构中的职责。

3）监测设施设备

根据监测实施方案和主体工程进度落实监测点位置和监测设施设备，监测设施建设应满足《水土保持监测设施通用技术条件》（SL 342—2006）的要求。

为准确获取各项地面观测及调查数据，水土保持监测必须采用现代技术与传统手段相结合的方法，借助一定的先进仪器设备，使监测方法更科学，监测结论更合理。如利用全球定位系统（GPS）、全站仪对取土场形态变化进行动态监测，利用地理信息系统（GIS）建立动态监测数据库，用水样、土样分析仪器分析典型区域含沙量以及土壤养分等。监测仪器设备由监测单位提供，监测仪器数量及监测费用表式见表 6-3。

表 6-3 监测设备及设施的数量及费用表

序号	工程名称	单位	××市	××省	××省	单价（元）	××市	××省	××省	合计（万元）
			数量	数量	数量		小计（万元）	小计（万元）	小计（万元）	
一	径流泥沙观测设备									
1	称重仪器（电子秤、台秤）	台								
2	泥沙测量仪器（1 L 量筒、比重计）	个								
3	烘箱	台								
4	取样塑料仪器	台								
5	采样工具（铁锹、铁锤、水桶等）	批								
二	降雨观测仪器									
1	自计雨量计	个								
三	植被调查设备									
1	植被高度观测仪器	台								
2	植被测量仪器（测绳坡度仪等）	批								

续表 6-3

序号	工程名称	单位	××市	××省	××省	单价（元）	××市	××省	××省	合计（万元）
			数量	数量	数量		小计（万元）	小计（万元）	小计（万元）	
四	扰动面积、开挖、回填、临时堆土场调查									
1	GPS	台								
2	测钎	个								
五	其他设备									
1	笔记本电脑	台								
2	照相机	台								
3	遥感卫片	套								
六	交通折旧及燃油费									
1	交通折旧费	台								
2	燃油费	万元/年								
七	监测人工费	万元								
1	外业工作									
(1)	监测查勘、调查费用	万元								
(2)	自然状况调查费用									
2	内业工作									
(1)	资料分析整理费	万元								
(2)	监测报告编制费	万元								
八	合计									

（2）监测成果及要求

按照《生产建设项目水土保持监测与评价标准》（GB/T 51240—2018）等相关规定，监测成果应包括水土保持监测实施方案、监测报告、图件、数据表（册）、影像资料等。

1）《生产建设项目水土保持监测实施方案》应包括综合说明、项目及项目区概况、监测布局、内容和方法、预期成果和工作组织等，各部分内容要符合下列规定：

①项目及项目区概况应说明项目概况、项目区概况、项目水土流失防治布局。

②水土保持监测布局应包括监测目标与任务、监测范围及其分区、监测点布局、监测时段和进度安排。

③监测内容和方法应包括施工准备期前（是指主体工程施工准备期前一年）、施工准备期、施工期的监测内容，监测指标与监测方法，监测点设计。

④预期成果应包括水土保持监测季度报告表、水土保持监测总结报告、数据表（册）、附图和附件。

⑤监测工作组织与质量保证体系应包括监测技术人员组成、主要工作制度和监测质量保证体系。

2）《生产建设项目水土保持监测总结报告》应包括综合说明、项目及水土流失防治工作概况、监测布局与监测方法、水土流失动态监测结果与分析、水土流失防治效果评价和结论等，各部分内容要符合下列规定：

①项目及水土流失防治工作概况要说明项目及项目区概况、项目水土流失防治工作概况。

②监测布局与监测方法应包括监测范围及分区、监测点布局、监测时段、监测方法与频次。

③水土流失动态监测结果与分析包括防治责任范围监测结果、弃土(石、渣)监测结果、扰动地表面积监测结果、水土流失防治措施监测结果和土壤流失量分析。防治责任范围监测结果包括水土保持方案确定的和各时段的水土流失防治责任范围监测结果,弃土(石、渣)监测结果应包括设计弃土(石、渣)情况、弃土(石渣)场位置及占地面积监测结果和弃土(石、渣)量监测结果,水土流失防治措施监测结果包括工程措施、植物措施和临时防治措施及各类措施的实施进度,土壤流失量分析应包括各时段土壤流失量分析和重点区域土壤流失量分析。

④水土流失防治效果分析评价应包括表土保护率、水土流失治理度、渣土防护率、林草覆盖率、土壤流失控制比、林草植被恢复率等指标的分析评价。

⑤结论部分应包括水土流失动态变化、水土保持措施评价存在问题及建议,并给出综合结论。

3)本工程属线型项目,图件应包括项目区地理位置图、监测分区与监测点分布图,以及大型弃土(石、渣)场、大型取土(石、料)场[指取土(石、料)量不小于10万m^3的取土(石、料)场]、取土(石、料)场和大型开挖(填筑)区的扰动地表分布图、土壤侵蚀强度图、水土保持措施分布图等。

4)数据表(册)包括原始记录表和汇总分析表。

5)影像资料包括监测过程中拍摄的反映水土流失动态变化及其治理措施实施情况的照片、录像等。

6)监测成果应采用纸质和电子版形式保存,做好数据备份。

7 水土保持投资估算及效益分析

7.1 投资估算

7.1.1 编制原则及依据

编制原则和依据应符合下列规定：

(1)水土保持投资估算的价格水平年、人工单价、主要材料价格、施工机械台时费、估算定额、取费项目及费率应与主体工程一致。

(2)主体工程估算定额中未明确的，应采用水土保持或相关行业的定额、取费项目及费率。

(3)编制依据应包括生产建设项目水土保持投资定额和估算相关规定、主体工程投资定额估算和相关规定、相关行业投资定额和估算的相关规定。

7.1.2 编制说明与估算成果

(1)应按相关规定列出投资估算总表、分区措施投资表(包括工程措施、植物措施、临时措施)、分年度投资估算表、独立费用计算表、水土保持补偿费计算表、工程单价汇总表、施工机械台时费汇总表、主要材料单价汇总表。

(2)水土保持投资估算总表应按分区措施费、独立费用、基本预备费和水土保持补偿费计列。

(3)科研勘测设计费、水土保持监理费参考相关资料根据实际工作量计列。

(4)水土保持监测费包括人工费、土建设施费、监测设备使用费和消耗性材料费，参考相关资料，结合实际工作量计列。

报告书后应附工程单价分析表。

已开工项目补报水土保持方案的，对已实施的水土保持措施投资按实际完成计列。

【例7-1】 某建设项目水土保持投资估算

1.投资估算

(1)编制原则及依据

1)编制原则

①项目措施投资包括工程措施、植物措施、施工临时工程三部分进行计列。

②概算编制的项目划分、费用构成、编制方法、概算表格应依据《水土保持工程(估)算编制规定》及有关行业工程概算编制规定执行。

③本工程的水土保持投资估算作为工程建设的一个组成部分,费用估算的编制依据、价格水平年、主要工程单价、费率计取等与主体工程一致,不能满足要求的部分可按当地造价信息或参照相关行业标准确定。

④工程投资估算价格水平年为2019年第二季度。

⑤采用的工程单价、施工机械台时费,应说明编制的依据和方法,并附单价分析表。

⑥运行期的水土保持及有关行业工程投资另行计列(单独列表),不计入总投资。

2)编制依据

①水土保持工程概(估)算编制规定》(水利部水总〔2003〕67号);

②《水利部办公厅关于调整水利工程计价依据增值税计算标准的通知》(办财务函〔2019〕448号);

③《水利部办公厅关于转发国家发展改革委财政部降低水土保持补偿费收费标准的通知》(办财务〔2017〕113号);

④《国家发展改革委、财政部关于降低电信网码号资源占用费等部分行政事业性收费标准的通知》(发改价格〔2017〕1186号);

⑤《关于水土保持补偿费收费标准(试行)的通知》(发改价格〔2014〕886号);

⑥《交通运输部办公厅关于印发〈公路工程营业税改征增值税计价依据调整方案〉的通知》(交办公路〔2016〕66号);

⑦《公路工程建设项目投资估算编制办法》(JTG 3820—2018);

⑧《公路工程建设项目概算预算编制办法》(JTG 3830—2018);

⑨《公路工程概算定额》(JTG/T 3831—2018);

⑩《公路工程概算定额》(JTG/T 3832—2018)。

(2)编制说明与估算成果

1)基础单价编制

①人工预算单价:按交通运输部颁发的“投资估算编制办法”和黑交发〔2019〕90号《关于贯彻执行交通运输部公路工程建设项目估算概算预算编制办法的补充规定》进行计算,人工预算单价基础定额为100.54元/日,经计算本工程人工预算单价为12.57元/工时。

②材料预算价格

主要材料预算价格一般包括材料原价、包装费、运杂费、运输保险和采购保管费;次要材料预算价格,执行工程所在地区就近城市建设工程造价管理部门颁发的工程材料预算价格。

③植物措施预算价格

苗木、草、种子的预算价格以苗圃或当地市场价格加运杂费和采购及保管费计算。采购及保管费率,按运到工地运价的0.5%~1.0%计算。

④施工用水、用电价格

根据《公路工程概算定额》(JTG/T 3832—2018)规定,施工用电价格为1.43元/(kW·h),施工用水价格为5.00元/m^3。

⑤施工机械台时费

施工机械台时费按照《水土保持工程概算定额》附录中的施工机械台时费定额计算，主要包括折旧费、修理及替换设备费、安装拆卸费、人工费、动力燃料费等五类。

2）取费标准

依据《公路工程建设项目投资估算编制办法》（JTG 3820—2018）及《水土保持工程（估）算编制规定》，并结合××省概算规定执行。

①其他直接费

工程措施按直接费的4%计取，植物措施按直接费的2%计取。

②现场经费

以直接费为计费基础，工程措施取5%，植物措施按直接费的4%计取。

③间接费

工程措施以直接费为计费基础，工程措施取7%，植物措施按直接费的5%计取。

④企业利润

工程措施按直接费和间接费之和的7%，植物措施按直接费和间接费之和的5%计取。

⑤税金

按《水利部办公厅关于调整水利工程计价依据增值税计算标准的通知》办财务函〔2019〕448号文计算，取直接费、间接费与利润三项之和的9%。各项措施取费见表7-1。

表7-1 各项措施取费表

序号	费用名称	计价基础	费率（%）
一	其他直接费		
1	工程措施	占基本直接费	4.0
2	植物措施	占基本直接费	2.0
二	间接费		
1	工程措施	占直接费	7.0
2	植物措施	占直接费	5.0
三	现场经费		
1	工程措施	占直接费	5.0
2	植物措施	占直接费	4.0
四	企业利润		
1	工程措施	直接费+间接费	7.0
2	林草措施	直接费+间接费	5.0
五	税金		
1	工程措施、植物措施	直接费+间接费+企业利润	9.0

注：林草措施的直接费不包括苗木、草及种子费。

（3）投资估算

1）费用构成

依据水利部水总〔2003〕67号文，水土保持工程投资由工程措施费、植物措施费、临时工程费、独立费用、水土保持补偿费、基本预备费构成,见表7-2。

表7-2 水土保持工程投资费用构成表

费用构成	1	工程措施费	直接费、间接费、企业利润、税金
	2	植物措施费	直接费、间接费、企业利润、税金
	3	临时工程费	直接费、间接费、企业利润、税金
	4	独立费用	建设管理费、科研勘测设计费、水土保持监理费、水土保持监测费、水土保持设施验收费
	5	基本预备费	
	6	水土保持补偿费	

2)投资估算编制

①工程措施费

工程措施费按设计工程量乘以工程单价编制。

②植物措施费

植物措施费由材料(苗木、草、种子等)费、种植费和抚育管护费组成。材料费由苗木、草、种子的预算价格乘以设计数量进行编制。种植费按《水土保持工程概(估)算定额》执行。抚育管护费是指栽(种)初期浇水、施肥、除草、剪枝、看护等费用;属北方地区计列两年;种草、种树按种植费的5%,植草、栽树按栽植费的10%计算。

③临时工程费

临时工程主要是临时堆土防护、临时排水等,计算方法同工程措施费。

④独立费用

a. 建设管理费

按方案新增投资第一至第三部分之和的2.0%计算。

b. 科研勘测设计费

科研勘测设计费包括科研试验费和勘测设计费,本方案不计列科研试验费。依据《工程勘察设计收费标准》和《水利、水电、电力建设项目前期工作工程勘察收费暂行规定》内插法进行计算,参照同类项目经验,结合工程实际计列。

c. 水土保持工程建设监理费

按《国家发展改革委关于进一步放开建设项目专业服务价格的通知》(发改价格〔2015〕299号),根据实际情况调整计列。

d. 水土保持监测费

按监测人工费、监测设施土建费、监测设备折旧费、消耗性材料费和监测人工费之和计算。人工费按人工工日计算,每日按700元计算。水土保持监测从施工准备期开始至设计水平年结束。

e. 水土保持设施验收费

水土保持设施验收费由人工费和现场验收费组成,按《国家发展改革委关于进一步放开建设项目专业服务价格的通知》(发改价格〔2015〕299号)的规定,本工程根据实际情况进行适当调整计列。

f. 基本预备费

按水土保持的工程措施、植物措施、临时工程和独立费用之和的6.0%计取。

g. 水土保持补偿费

根据建设项目破坏地貌、植被、改变地形等实际情况，按照《××省水土流失补偿费征收、使用和管理办法》(××水保〔1995〕第136号)的规定，执行0~10度类别中能恢复植被占地0.3元/m^2，不能恢复植被占地0.5元/m^2。××省补偿费收费标准，根据《××省水利厅转发省物价监督管理局省财政厅关于降低水土保持补偿费收费标准的通知》(××水函〔2017〕217号)中规定，对开办一般性生产建设项目的，按照征占用土地面积每平方米1.20元一次性计征。

(4)估算成果

①总估算表。表式见表7-3。

表7-3　水土保持投资估算汇总表　(单位：万元)

序号	工程或费用名称	建安工程费	植物措施费		独立费用	投资合计
			栽(种)植费	苗木草种子费		
	第一部分　工程措施					
1	路基工程					
2	桥梁工程					
3	互通立交					
4	服务设施管理场					
5	施工生产生活					
6	施工便道					
7	取土场					
8	弃土(渣)场					
	第二部分　植物措施					
1	路基工程					
2	桥梁工程					
3	互通立交					
4	服务设施管理场					
5	施工生产生活区					
6	施工便道区					
7	取土场					
8	弃土(渣)场					
	第三部分　施工临时工程					
1	临时防护工程					
1.1	路基工程					
1.2	桥梁工程					
1.3	互通立交区					
1.4	服务设施管理场区					

续表 7-3

序号	工程或费用名称		建安工程费	植物措施费		独立费用	投资合计
				栽(种)植费	苗木草种子费		
1.5	施工生产生活区						
1.6	施工便道						
1.7	取土场区						
2	其他临时工程						
一至三部分合计(水保工程)							
第四部分　独立费用							
1	建设管理费						
2	科研勘测费						
3	水土保持工程建设监理费						
4	水土保持监测费						
5	水土保持设施验收费						
一至四部分合计							
基本预备费							
水土保持补偿费		吉林省					
		黑龙江省					
		小计					
总计							

②分部工程投资估算表,表式见表 7-4。

表 7-4　××省境内分部工程投资估算表

措施类型	序号	防护措施	单位	数量	单价(元)	合价(万元)
工程措施	一	路基工程区				
	1	剥离表土	hm^2			
	2	回覆表土	万 m^3			
	3	土地整治	hm^2			
	小计					
植物措施	一	路基工程区				
	1	撒播种草	hm^2			
	2	苗木费(紫花苜蓿、紫羊茅)	kg			
	3	灌木栽植费	100 株			
	4	苗木费(紫穗槐)	100 株			
	5	穴状整地(40×40)	100 个			
	6	乔木栽植费	100 株			
	7	苗木费(柳树)	100 株			
	8	穴状整地(60×60)	100 个			
	9	植物养护	hm^2			
	小计					

续表 7-4

措施类型	序号	防护措施	单位	数量	单价(元)	合价(万元)
临时措施	一	路基工程区				
	1	彩条布临时苫盖	100 m^2			
	二	其他临时工程				
	小计					
合计						

③水土保持工程措施投资估算表,表式见表 7-5。

表 7-5 工程措施投资估算表

序号	工程或费用名称	单位	数量	单价(元)	合价(元)	备注

④水土保持植物措施投资估算表,表式见表 7-6。

表 7-6 植物措施投资估算表

序号	工程或费用名称	单位	数量	单价(元)	合价(元)	备注

⑤水土保持临时措施投资估算表,表式见表7-7。

表7-7 临时措施投资估算表

序号	工程或费用名称	单位	数量	单价(元)	合价(元)

⑥建设期水土保持分年度投资表,表式见表7-8。

表7-8 分年度投资表

序号	工程或费用名称	年度				合计
一	工程措施					
1						
2						
3						
二	植物措施					
1						
2						
三	施工临时工程					
四	独立费用					
1	建设管理费					
2	科研勘测设计费					
3	水土保持工程建设监理费					
4	水土保持监测费					
5	水土保持设施验收费					
基本预备费						
水土保持补偿费						
水土保持总投资						

⑦独立费用估算表,表式见表7-9。

表7-9 独立费用估算表 (单位:万元)

序号	项目	工程施工费	编制依据	计算公式	合价
一	建设管理费				
二	科研勘测设计费				
1	科研费				
2	工程勘察费				
3	工程设计费				
三	水土保持监理费				
四	水土保持监测费				
五	水土保持设施验收费				
	合计				

注:工程施工费等于工程措施费、植物措施费、临时工程费三项之和。

⑧水土保持补偿费,表式见表7-10。

表7-10 水土保持补偿费计算表

行政区域			补偿面积 (hm^2)	补偿标准 (元/m^2)	补偿费 (万元)
省	市	区(县)			
××省	××市	××区			
××省	××市	××区			
××省	××市	××区			
		××区			
		××县			
		小计			
合计					

⑨水土保持措施单价汇总表,表式见表7-11。

表7-11 水土保持措施单价汇总表 (单位:元)

序号	名称及规格	单位	单价		
			原价	保管费及运杂费	合计

⑩主要材料估算价格表,表式见表 7-12。

表 7-12 主要材料估算价格表 (单位:元)

序号	工程名称	定额编号	单位	单价	其中									
					人工费	材料费	机械费	其他直接费	现场经费	间接费	利润	税金	价差	扩大系数

⑪施工机械台时费汇总表,表式见表 7-13。

表 7-13 施工机械台时费汇总表 (单位:元)

编号	名称及规格	台时费	其中				
			折旧费	修理及替换设备费	安拆费	人工费	动力燃料费

注:定额单位为台时,1 个台班 =8 个台时,台时费中人工费按中级工计算。

7.2 效益分析

效益分析主要指生态效益分析,包括水土保持方案实施后,水土流失影响的控制程度,水土资源保护、恢复和合理利用情况,生态环境保护、恢复和改善情况。应说明水土流失治理面积、林草植被建设面积、可减少水土流失量、渣土挡护量、表土剥离及保护量。分析计算水土流失治理度、土壤流失控制比、渣土防护率、表土保护率、林草植被恢复率、林草覆盖率六项防治指标达到情况。

【例 7-2】 某机场建设项目效益分析

1. 减少水土流失量,水土资源得到保护

(1)林草措施及土地整治减蚀效益:

本水土保持方案共设计林草措施面积为××hm^2,林草措施发挥效益后,减蚀率达90%,通过计算,林草措施总减蚀量××t。

据调查,土地整治措施(不包括林草措施)发挥效益后,减蚀量达80%,通过土地整治措施发挥效益后,土地整治措施总减蚀量××t。

(2)临时堆土防护措施的减蚀量:

本水土保持方案设计的水土保持措施都具有减轻土壤侵蚀的作用,在各种措施中减蚀效果最明显的是临时堆土防护措施。对各防治区的临时堆土采取拦挡和覆盖防护措施,其侵蚀量相当于林草措施发挥效益后的侵蚀量[土壤侵蚀模数××t/(km^2·a)],至设计水平年临时防护措施总减蚀量为××t。

综上所述,通过采用工程及植物相结合的综合防治措施,在水土流失防治责任范围内,根据本方案的设计进行有效治理后,项目建设区防治责任范围内侵蚀总量××t,平均土壤侵蚀模数将降到××t/(km^2·a)。不仅使新增水土流失得到有效控制,而且比原地貌侵蚀模数××t/(km^2·a),减少了0.11%。因此,方案实施后到各项措施正常发挥效益时,项目建设区防治责任范围内土壤流失控制比目标值1.2,达到1.3,减少水土流失量,使水土资源得到保护。各防治分区减蚀量计算表式见表7-14。

表7-14　各防治分区减蚀量计算表

分项措施	××工程区	××工程区	××工程区	××区	综合
林草措施发挥效益的减蚀量(t)					
地面整治的减蚀量(t)					
临时防护措施的减蚀量(t)					
总减蚀量(t)					
水土流失预测总量(t)					
经治理后的侵蚀量(t)					
经治理后的侵蚀模数[t/(km^2·a)]					

2. 形成绿色防护体系,改善了生态环境

在项目建设区面积××hm^2中,扣除主体工程中房屋建筑、道路、停车场硬化等,可恢复植被面积为××hm^2。实施植物措施后,绿化面积达到××hm^2,占可绿化面积的100%;而且林草覆盖面积占项目区(扣除施工结束后返还机场建设利用的施工生产生活区临时占地)面积的××%。

项目区植物措施的布局是在服从工程施工、保障安全、保持水土、改善环境的基础上,将点、线、面结合布置,采用乔、灌、草相结合的立体配置方案,适合于机场运行管理,既能起到绿化美化的效果,又可增加物种的多样性,保证植物群落的稳定性,组成完整的绿色防护体系，改善项目区生态环境。各防治分区水土保持措施面积统计表表式见表7-15。

表7-15　各防治分区水土保持措施面积调查统计表

项目区	××工程区	××区	××区	××区	综合
扰动面积（hm^2）					
流失面积（hm^2）					
水保措施（hm^2）					
可绿化（hm^2）					
绿化面积（hm^2）					
林草植被恢复（%）					
林草覆盖率（%）					

通过本方案的实施，使主体工程建设被破坏的水土保持设施得到最大限度的恢复，宜林（草）地植被恢复系数达到100%，临时占地得到整治，减轻了因项目的实施对周边环境造成的影响，恢复并改善了项目区周边生态环境，对保障机场的正常运行、协调机场管理部门与项目区周边居民的关系具有积极作用。

3. 措施布局合理，防治目标达标

根据《生产建设项目水土流失防治标准》（GB/T 50434—2018）的规定，在野外调查的基础上，结合项目区地形地貌、气候特征，以及水土流失特点，确定了本方案总体防治目标，采用北方土石山区一级标准。

本水土保持方案实施后，可治理水土流失面积××hm^2、整治扰动土地面积××hm^2、林草植被建设面积×× hm^2，可减少水土流失量××t。6项方案指标均达到目标值，见表7-16。

表7-16　6项防治目标计算值与达标情况

指标	目标值	评估依据	单位	数量	计算公式	目标达到值	评估结果
水土流失治理度（%）	96	①水土保持措施面积	hm^2	20.36	①/②×100%	100.0	达标
		②水土流失总面积	hm^2	20.36			
土壤流失控制比	1.2	③容许土壤侵蚀模数	$t/(km^2 \cdot a)$	200	③/④	1.3	达标
		④治理后预测模数	$t/(km^2 \cdot a)$	156			
渣土防护率（%）	98	⑤采取挡护措施的临时堆土总量	t	182 722	⑤/⑥×100%	98.4	达标
		⑥临时堆土总量	t	185 580			
表土保护率（%）	96	⑦采取措施保护的表土数量	m^3	169 034	⑦/⑧×100%	97.7	达标
		⑧可剥离的表土总量	m^3	172 880			

续表 7-16

指标	目标值	评估依据	单位	数量	计算公式	目标达到值	评估结果
林草植被恢复率（%）	98	⑨林草植被覆盖面积	hm^2	14.79	⑨/⑩×100%	100.0	达标
		⑩项目区可绿化面积	hm^2	14.79			
林草覆盖率（%）	22	⑨林草植被覆盖面积	hm^2	14.79	⑨/⑪×100%	23.8	达标
		⑪项目区面积*	hm^2	62.00			

注：施工生产生活区临时占地 5.57 hm^2，施工结束需返还机场建设利用，无法恢复植被，故计算林草覆盖率项目区面积时去掉这部分面积。

8 水土保持管理

8.1 组织管理

编制内容:明确建设单位水土保持管理机构与人员、管理制度等。

【例 8-1】 某生产建设项目组织管理

为保证本项目水土保持方案顺利实施,使水土流失得到有效控制,工程及周边生态环境得到良性发展,水土保持方案报水行政主管部门批准后,建设单位应组织成立水土保持管理机构,建立健全水土保持管理的有关规章制度,建立水土保持工程档案。设专人负责水土保持工作,协调水土保持方案与主体工程的关系,负责水土保持工程的组织实施和检查指导工作,全力保证该项目的水土保持工作按年度、按计划进行。保证水土保持设施与主体工程同时设计、同时施工、同时投入使用。

1. 机构设置与管理职责

建设单位应组织成立水土保持管理机构,设一名专职领导,负责水土保持管理工作,组织和实施本水土保持方案提出的各项防治措施、负责本方案水土保持工程的招投标工作,负责建立健全方案实施、检查、验收的具体办法和制度,负责推广应用水土保持先进技术和经验,组织开展本项目的水土保持专业培训,提高人员素质水平,负责合理安排使用水土保持资金,切实保证年度的水土保持工作按本方案的要求落到实处。

配备水土保持专职人员 1~2 名,管理职责是:项目正式开始时以及每年的年初应向审批机关及当地的水行政主管部门报告建设信息及水土保持工作情况,负责建立水土保持工程档案,检查本项目水土保持措施落实情况,整理水土保持资料,特别是质量评定的原始资料和临时防护措施的影响资料,协调水土保持方案与主体工程的关系,以及实施水土保持措施的其他日常事务工作。

2. 管理制度

(略)

8.2 后续设计

编制内容:明确水土保持初步设计、施工图设计要求。

【例 8-2】 某生产建设项目后续设计

随着主体工程设计深度的深入,工程布局和工程量更加细化和精确,建设单位要委托设计部门对照已批复的水土保持方案报告书及其批复意见,按照《水土保持工程设计规范》(GB 51018—2014)的有关规定进行水土保持工程的施工图设计,在主体工程的施工图设计中应将批复后的防治措施和投资纳入,编制单册或专章,并报当地水行政主管部门备案。主体工程施工图设计审查时应邀请方案原审查、审批部门参加。

水土保持工程因主体工程设计变更的或因实际需要变更的,按有关规定及时到有关部门报批。

8.3　水土保持监测

编制内容:明确落实水土保持监测的要求。

根据《生产建设项目水土保持监测与评价标准》(GB/T 51240—2018)的规定,水土保持监测的要求如下:

(1)监测成果应包括水土保持监测实施方案、监测报告、图件、数据表(册)、影像资料等。

(2)在施工准备期之前应进行现场查勘和调查,并应根据相关技术标准和水土保持方案编制《生产建设项目水土保持监测实施方案》。

《生产建设项目水土保持监测实施方案》应包括综合说明、项目及项目区概况、监测布局、内容和方法、预期成果和工作组织等,各部分内容应符合下列规定:

1)项目及项目区概况应说明项目概况、项目区概况、项目水土流失防治布局。

2)水土保持监测布局应包括监测目标与任务、监测范围及其分区、监测点布局、监测时段和进度安排。

3)监测内容和方法应包括施工准备期前(是指主体工程施工准备期前一年)、施工准备期、施工期和试运行期的监测内容,监测指标与监测方法,监测点设计。

4)预期成果应包括水土保持监测季度报告表、水土保持监测总结报告、数据表(册)、附图和附件。

5)监测工作组织与质量保证体系应包括监测技术人员组成、主要工作制度和监测质量保证体系。

(3)水土保持监测报告应包括季度报告表、专项报告和总结报告。监测期间,应编制《生产建设项目水土保持监测季度报告表》,报告表格式见附录1附表1-11。发生严重水土流失灾害事件时,应于事件发生后一周内完成专项报告。监测工作完成后,应编制《生产建设项目水土保持监测总结报告》。

《生产建设项目水土保持监测总结报告》应包括综合说明、项目及水土流失防治工作概况、监测布局与监测方法、水土流失动态监测结果与分析、水土流失防治效果评价和结论等内容,各部分内容应符合下列规定:

1)项目及水土流失防治工作概况应说明项目及项目区概况、项目水土流失防治工作概况。

2)监测布局与监测方法应包括监测范围及分区、监测点布局、监测时段、监测方法与频次。

3)水土流失动态监测结果与分析应包括防治责任范围监测结果、弃土(石、渣)监测结果、扰动地表面积监测结果、水土流失防治措施监测结果和土壤流失量分析。防治责任范围监测结果应包括水土保持方案确定的和各时段的水土流失防治责任范围监测结果,弃土(石、渣)监测结果应包括设计弃土(石、渣)情况、弃土(石渣)场位置及占地面积监测结果和弃土(石、渣)量监测结果,水土流失防治措施监测结果应包括工程措施、植物措施和临时防治措施及各类措施的实施进度,土壤流失量分析应包括各时段土壤流失量分析和重点区域土壤流失量分析。

4)水土流失防治效果分析评价应包括表土保护率、水土流失治理度、渣土防护率、林草覆盖率、土壤流失控制比、林草植被恢复率等指标的分析评价。

5)结论部分应包括水土流失动态变化、水土保持措施评价存在的问题及建议,并给出综合结论。

(4)对点型项目,图件应包括项目区地理位置图、扰动地表分布图、监测分区与监测点分布图、土壤侵蚀强度图、水土保持措施分布图等。对线型项目,图件应包括项目区地理位置图、监测分区与监测点分布图,以及大型弃土(石、渣)场、大型取土(石、料)场和大型开挖(填筑)区的扰动地表分布图、土壤侵蚀强度图、水土保持措施分布图等。

(5)数据表(册)应包括原始记录表和汇总分析表。

(6)影像资料应包括监测过程中拍摄的反映水土流失动态变化及其治理措施实施情况的照片、录像等。

(7)监测成果应采用纸质和电子版形式保存,做好数据备份。

生产建设项目水土保持监测表式见附录1附表1-1~附表1-11。

8.4　水土保持监理

编制内容:明确落实水土保持监理的要求。

8.4.1　监理组织及监理人员

(1)监理单位应按照国务院水行政主管部门批准的资质等级和业务范围承担水土保持工程施工监理业务,并接受水行政主管部门的监督和管理。

(2)监理单位承担水土保持工程施工监理任务,应依照相关格式样本,与建设单位签订监理合同。

(3)水土保持工程监理人员应实行注册管理制度,总监理工程师、监理工程师、监理员均为岗位职务。各级监理人员应持证上岗。

8.4.2　监理工作程序

(1)按照监理合同,明确监理范围、内容和责权。

(2)依据监理合同,组建现场监理机构,选派总监理工程师、监理工程师、监理员和其他工作人员。

(3)熟悉工程设计文件、施工合同文件和监理合同文件。

(4)编制项目监理规划。

1)编制依据:

①上级主管单位下达的年度计划批复文件。

②与工程项目相关的法律、法规和部门规章。

③与工程项目有关的标准、规范、设计文件和技术资料。

④监理大纲、监理合同文件及与工程项目相关的合同文件。

2)主要内容:

①工程项目概况:

a.项目的基本情况:项目的名称、性质、规模、项目区位置及总投资和年度计划投资。

b.自然条件及社经状况:项目区的地貌、气候、水文土壤、植被和社会经济等与项目建设有密切关系的因子进行必要的描述。

②监理工作范围、内容。

③监理工作目标:项目的质量、进度和投资目标。

④监理机构组织:项目的组织形式、人员配备计划及人员岗位职责。

⑤监理工作程序、方法、措施、制度及监理设施、设备等。

⑥其他根据合同项目需要包括的内容。

(5)进行监理工作交底。

(6)编制施工监理实施细则。

实施细则编写要求:

1)监理实施细则应在单项工程施工前,由项目和专业监理工程师编制完成,相关监理工程师参与,并经总监理工程师批准实施。

2)监理实施细则应在监理规划的基础上,按照合同约定及工程具体要求,紧密结合工程的施工工艺、方法和专业特点,在监理的方法、内容、检测上具有较强的针对性,体现专业特点。

3)监理实施细则应充分体现监理规划所提出的控制目标,明确工程质量、进度、投资控制的具体措施。在方法和途径上应具体可行,便于操作。

4)监理实施细则可根据工程具体情况,分阶段或按单项工程进行编写。也可根据工程的实施情况,不断进行补充、修改、完善。其内容、格式可随工程不同而不同。

5)监理实施细则的条文中,应具体明确引用的技术标准及设计文件的名称、文号;文中采用的报表、报告,应写明采用的格式。

8.4.3 施工实施阶段的监理工作

开工条件的控制、工程质量控制、工程进度控制、工程投资控制的内容与要求,编制详见《水土保持工程施工监理规范》(ST 523—2011)6“施工实施阶段的监理工作”。

8.4.4 施工监理方法

(1)应主要包括现场记录、发布文件、巡视检验、旁站监理、跟踪检测、平行检测,以及协调建设各方关系调解工程施工中出现的问题和争议等。

(2)监理人员应对施工单位报送的拟进场的工程材料、籽种苗木报审表及质量证明资料进行审核,并对进场的实物按照有关规范采用平行检测或见证取样方式进行抽检。

(3)对拦渣坝(墙、堤)、护坡工程、排水工程、泥石流防治及崩岗治理工程等的隐蔽工程、关键部位和关键工序,应实行旁站监理,并在监理合同中明确。

对造林、种草、土地整治、小型水利水保工程等应进行巡视检验。

8.4.5 监理报告编写要求

(1)监理机构提交报告应主要包括监理月报(季报、年度报告)、监理专题报告、监理工作报告、监理工作总结报告。

(2)总监理工程师应负责组织监理报告的编写、审核并签字、盖章,按照项目法人的要求和项目建设的有关要求,报送相关单位或部门。

(3)监理报告应内容全面真实、语言简明、重点明确、数据准确。应准确地反映工程(事件)、监理工作的具体情况。

(4)监理报告后应附必要施工、监理过程资料,如图表、音像资料、检测及有关质量指令文件等。

8.4.6 验收阶段的监理工作要求

(1)监理机构应在验收前督促施工单位提交验收申请报告及相关资料,并进行审核。监理机构应指示施工单位对提供的资料中存在的问题进行补充、修正。

(2)监理机构应在监理合同期满前向建设单位提交监理工作总结报告,在工程竣工验收后整理并移交有关资料。

(3)监理机构参加或受建设单位委托组织分部工程验收。分部工程验收通过后,监理机构应签署或协助建设单位签署《分部工程验收签证》,并督促施工单位按照《分部工程验收签证》中提出的遗留问题及时进行完善和处理。

(4)单位工程验收前,监理机构应督促或提请建设单位督促检查单位工程验收应具备的条件,检查分部工程验收中提出的遗留问题的处理情况,对单位工程进行质量评定,提出尾工清单。

(5)监理机构应参加阶段验收、单位工程验收、竣工验收和水行政主管部门组织的生产建设项目水土保持专项验收。

(6)应督促施工单位提交遗留问题和尾工的处理方案及实施计划,并进行审批。

(7)竣工验收通过后应及时签发工程移交证书。

生产建设项目水土保持监理工作常用表式见附录2附表2-1~附表2-20。

8.5　水土保持施工

编制内容:明确落实水土保持施工的要求。

本项目的施工管理主要是合同管理。在建设单位与施工单位签订的合同中,要有水土保持方案内容的要求,并将水土保持的责、权、利列入施工合同中。

(1)各施工单位应按照建设单位要求组建水土保持组织领导体系,及时建立健全各级工程项目的水土保持组织领导机构,责成专人负责施工中的水土保持方案实施和管理工作,并配合地方水土保持行政主管部门对水土保持措施实施情况进行监督和管理,组织学习、宣传《中华人民共和国水土保持法》等工作,加强工程建设者的水土保持意识。

(2)合同中要明确施工单位防治水土流失的范围、措施、工期。

(3)施工单位在施工过程中要控制扰动的范围,落实设计的水土保持措施,造成新增水土流失的由施工单位治理。

①应划定施工活动范围,严格控制和管理车辆机械的运行范围,不得随意行驶、任意碾压。施工单位不得随意占地,防止扩大对地表的扰动范围。

②设立保护地表及植被的警示牌。教育施工人员保护植被,保护地表,施工过程确需清除地表植被时,应尽量保留树木,尽量移栽使用。

③施工单位不得随意变更取料场的位置,取料场的变更要有建设单位、监理单位、水行政主管部门等参加确定。

④对防洪排水设施进行经常性检查维护,保证其防洪效果和通畅。

⑤注意施工及生活用火安全,防止火灾烧毁地表植被。

⑥建成的水土保持工程应有明确的管理维护要求。

建议土建工程完工后,施工队伍撤离现场前,由当地水行政主管部门进行初步验收,初验合格后施工单位方可结算、撤离现场。

8.6　水土保持设施验收

编制内容:明确水土保持设施验收的程序及相关要求,提出工程验收后水土保持管理要求。

【例 8-3】　某生产建设项目水土保持设施验收

根据《水利部关于加强事中事后监管规范生产建设项目水土保持设施自主验收的通知》(水保〔2017〕365 号)和《水利部办公厅关于印发生产建设项目水土保持设施自主验收规程(试行)的通知》(办水保〔2018〕133 号)的规定,项目完工后,建设单位应及时开展水土保持设施自主验收工作,验收时应依据水土保持方案及其审批决定等,编制水土保持设施验收报告。水土保持验收报告编制完成后,建设单位应按照水土保持法律法规、标准规范、水土保持方案及其审批决定、水土保持后续设计等,组织水土保持设施验收工作,形成水土保持设施验收鉴定书,明确水土保持设施验收合格的结论。水土保持设施验收合格后,项目方可通过竣工验收和投入使用。水土保持设施验收合格后,建设单位应通过其官方网站或其他便于公众知悉的方式向社会公开水土保持设施验收鉴定书、水土保持设施验收报告和水土保持监测总结报告。建设单位在向社会公开水土保持设施验收材料后、项目正式投入使用前，向水土保持方案审批机关报备水土保持设施验收材料。

水土保持工程验收后，应由项目法人负责对项目建设区的水土保持设施进行后续管理维护，运行管护维修费用从生产运行费中列支；直接影响区内的水土保持设施应由项目法人移交土地权属单位或个人继续管理维护。

附 录

附录 1 生产建设项目水土保持监测表式

附表 1-1 地表组成物质监测记录表

<table>
<tr><td>项目名称</td><td colspan="3"></td></tr>
<tr><td>监测分区名称</td><td colspan="3"></td></tr>
<tr><td rowspan="2">监测地点</td><td>经纬度</td><td>E:</td><td>N:</td></tr>
<tr><td>小地名</td><td colspan="2"></td></tr>
<tr><td rowspan="4">地表组成物质</td><td>类型</td><td></td><td rowspan="5">说明(简要)</td></tr>
<tr><td>土质(%)</td><td></td></tr>
<tr><td>石质(%)</td><td></td></tr>
<tr><td>砂砾质(%)</td><td></td></tr>
<tr><td colspan="2">土壤类型</td><td></td></tr>
<tr><td>填表说明</td><td colspan="3">1.“小地名”填写省、县、乡镇和自然村名;
2.“土质(%)”“石质(%)”“砂砾质(%)”填写面积百分比;
3.“说明”填写关于地表组成物质的描述性说明,或附近景照片。</td></tr>
<tr><td>填表人</td><td></td><td>审核人</td><td></td></tr>
</table>

填表时间: 年 月 日

附表 1-2　植被状况(扰动前)监测记录表

<table>
<tr><td>项目名称</td><td colspan="3"></td></tr>
<tr><td>监测分区名称</td><td colspan="3"></td></tr>
<tr><td rowspan="2">监测地点</td><td>经纬度</td><td>E:</td><td>N:</td></tr>
<tr><td>小地名</td><td colspan="2"></td></tr>
<tr><td>植被类型</td><td colspan="3"></td></tr>
<tr><td rowspan="5">乔木层</td><td>优势树种</td><td></td><td rowspan="5">照片</td></tr>
<tr><td>其他树种</td><td></td></tr>
<tr><td>平均高度(m)</td><td></td></tr>
<tr><td>每 100 m^2株(株)</td><td></td></tr>
<tr><td>郁闭度</td><td></td></tr>
<tr><td rowspan="4">灌木层</td><td>优势树种</td><td></td><td rowspan="4"></td></tr>
<tr><td>其他树种</td><td></td></tr>
<tr><td>平均高度(m)</td><td></td></tr>
<tr><td>盖度(%)</td><td></td></tr>
<tr><td rowspan="4">草本</td><td>优势草种</td><td></td><td rowspan="4"></td></tr>
<tr><td>其他草种</td><td></td></tr>
<tr><td>平均高度(cm)</td><td></td></tr>
<tr><td>盖度(%)</td><td></td></tr>
<tr><td>填表说明</td><td colspan="3">1. 调查时间应为施工准备期前一年内;
2. “植被类型”填写乔木林、灌木林、草地、乔灌混交、灌草混交、乔草混交、乔灌草混交的其中之一;
3. “照片”应能反映植被的整体状况</td></tr>
<tr><td>填表人</td><td></td><td>审核人</td><td></td></tr>
</table>

填表时间:　　　年　月　日

附表 1-3　地表扰动情况监测记录

<table>
<tr><td>项目名称</td><td colspan="5"></td></tr>
<tr><td>监测分区名称</td><td colspan="5"></td></tr>
<tr><td>扰动特征</td><td>埋压</td><td>开挖面</td><td>施工平台</td><td>建筑物</td><td>…</td></tr>
<tr><td>扰动面积(hm^2)</td><td></td><td></td><td></td><td></td><td></td></tr>
<tr><td>填表说明</td><td colspan="5">本表中“扰动特征”列出了生产建设项目的主要扰动类型。在实际的监测工作中,应根据项目的具体情况选择和补充,并保持扰动类型的前后一致</td></tr>
<tr><td>填表人</td><td colspan="2"></td><td>审核人</td><td colspan="2"></td></tr>
</table>

填表时间:　　　年　月　日

附表1-4　水力侵蚀测钎监测记录表

<table>
<tr><td colspan="2">项目名称</td><td colspan="6"></td></tr>
<tr><td colspan="2">监测分区名称</td><td colspan="6"></td></tr>
<tr><td colspan="2" rowspan="2">监测地点</td><td colspan="2">经纬度</td><td colspan="2">E:</td><td colspan="2">N:</td></tr>
<tr><td colspan="2">小地名</td><td colspan="4"></td></tr>
<tr><td colspan="2">测钎布设图</td><td colspan="6"></td></tr>
<tr><td colspan="2">监测点面积(m^2)</td><td></td><td>坡度(°)</td><td></td><td colspan="2">土壤容重(g/cm^3)</td><td></td></tr>
<tr><td colspan="2">观测次数</td><td>1</td><td>2</td><td>3</td><td>…</td><td>n</td><td>小计</td></tr>
<tr><td rowspan="5">测钎顶帽到地面高度(mm)</td><td>测钎1</td><td></td><td></td><td></td><td></td><td></td><td>L_1:</td></tr>
<tr><td>测钎2</td><td></td><td></td><td></td><td></td><td></td><td>L_2:</td></tr>
<tr><td>测钎3</td><td></td><td></td><td></td><td></td><td></td><td>L_3:</td></tr>
<tr><td>⋮</td><td></td><td></td><td></td><td></td><td></td><td>⋮</td></tr>
<tr><td>测钎n</td><td></td><td></td><td></td><td></td><td></td><td>L_n:</td></tr>
<tr><td colspan="2">土壤流失量(g)</td><td colspan="6"></td></tr>
<tr><td colspan="2">填表说明</td><td colspan="6">1.本表假设测钎的刻度从顶端“0”开始向下延伸，刻度依次增加；
2.“测钎布设图”应简洁地画出测钎的相对位置和地面坡度，可以采用数据说明</td></tr>
<tr><td colspan="2">填表人</td><td colspan="2"></td><td colspan="2">审核人</td><td colspan="2"></td></tr>
</table>

填表时间：　　年　月　日

附表 1-5　水力侵蚀侵蚀沟监测记录表

项目名称						
监测分区名称						
监测地点		经纬度	E：		N：	
		小地名				
施测断面		侵蚀沟 1	侵蚀沟 2	侵蚀沟 3	…	侵蚀沟 m
断面 1	宽(cm)					
	深(cm)					
	长(cm)					
断面 2	宽(cm)					
	深(cm)					
	长(cm)					
断面 3	宽(cm)					
	深(cm)					
	长(cm)					
⋮	宽(cm)					
	深(cm)					
	长(cm)					
断面 n	宽(cm)					
	深(cm)					
	长(cm)					
水土流失量(g)						
土壤容重(g/cm^3)			土壤流失总量(g)			
侵蚀沟特征说明（附照片）						
填表说明		“土壤流失量”是指第 i 条沟的流失量，“土壤流失总量”是指监测区域的总流失量				
填表人				审核人		

填表时间：　　年　月　日

附表 1-6　水力侵蚀控制站监测记录表

<table>
<tr><td>项目名称</td><td colspan="4"></td></tr>
<tr><td>监测分区名称</td><td colspan="4"></td></tr>
<tr><td rowspan="2">监测地点</td><td>经纬度</td><td>E:</td><td colspan="2">N:</td></tr>
<tr><td>小地名</td><td colspan="3"></td></tr>
<tr><td colspan="2">流量堰类型</td><td colspan="3">主要参数</td></tr>
<tr><td colspan="2">(　　)巴塞尔</td><td colspan="3"></td></tr>
<tr><td colspan="2">(　　)三角形薄壁堰</td><td colspan="3"></td></tr>
<tr><td colspan="2">(　　)矩形薄壁堰</td><td colspan="3"></td></tr>
<tr><td colspan="2">(　　)三角形剖面堰</td><td colspan="3"></td></tr>
<tr><td colspan="2">(　　)其他</td><td colspan="3"></td></tr>
<tr><td colspan="2"></td><td colspan="3"></td></tr>
<tr><td colspan="2"></td><td colspan="3"></td></tr>
<tr><td>径流量(m^3)</td><td></td><td colspan="2">径流模数(m^3/km^2)</td><td></td></tr>
<tr><td>控制面积(km^2)</td><td></td><td colspan="2">输沙模数(t/km^2)</td><td></td></tr>
<tr><td></td><td></td><td colspan="2"></td><td></td></tr>
<tr><td></td><td></td><td colspan="2"></td><td></td></tr>
<tr><td>径流量(m^3)</td><td></td><td colspan="2">径流模数(m^3/km^2)</td><td></td></tr>
<tr><td>控制面积(km^2)</td><td></td><td colspan="2">输沙模数(t/km^2)</td><td></td></tr>
<tr><td>填表说明</td><td colspan="4">“流量堰类型”可以选择给出的类型(画√)，或者填写实际使用的其他类型及其主要参数</td></tr>
<tr><td>填表人</td><td></td><td colspan="2">审核人</td><td></td></tr>
</table>

填表时间：　　年　月　日

附表 1-7　风力侵蚀测钎监测记录表

<table>
<tr><td colspan="2">项目名称</td><td colspan="6"></td></tr>
<tr><td colspan="2">监测分区名称</td><td colspan="6"></td></tr>
<tr><td colspan="2" rowspan="2">监测地点</td><td colspan="2">经纬度</td><td colspan="2">E：</td><td colspan="2">N：</td></tr>
<tr><td colspan="2">小地名</td><td colspan="4"></td></tr>
<tr><td colspan="2">测钎布设图</td><td colspan="6"></td></tr>
<tr><td colspan="2">监测点面积(m^2)</td><td colspan="2"></td><td colspan="2">土壤容重(g/cm^3)</td><td colspan="2"></td></tr>
<tr><td colspan="2">观测次数</td><td>1</td><td>2</td><td>3</td><td>…</td><td>n</td><td>小计</td></tr>
<tr><td rowspan="5">测钎顶帽到地面高度(mm)</td><td>测钎 1</td><td></td><td></td><td></td><td></td><td></td><td>L_1：</td></tr>
<tr><td>测钎 2</td><td></td><td></td><td></td><td></td><td></td><td>L_2：</td></tr>
<tr><td>测钎 3</td><td></td><td></td><td></td><td></td><td></td><td>L_3：</td></tr>
<tr><td>⋮</td><td></td><td></td><td></td><td></td><td></td><td>⋮</td></tr>
<tr><td>测钎 n</td><td></td><td></td><td></td><td></td><td></td><td>L_n：</td></tr>
<tr><td colspan="2">风力侵蚀量(g)</td><td colspan="6"></td></tr>
<tr><td colspan="2">填表说明</td><td colspan="6">1. 本表假设测钎的刻度从顶端“0”开始向下延伸，刻度依次增加；
2. “测钎布设图”栏应简洁地画出测钎的相对位置和地面坡度，可以采用数据说明；
3. 风力侵蚀强度用风力侵蚀厚度表达，计算公式为：
$$L_E = \frac{1}{n}(|L_1| + |L_2| + |L_3| + \cdots + |L_n|);$$
4. “风力侵蚀量”是指风力侵蚀强度为 L_E 时的侵蚀量</td></tr>
<tr><td colspan="2">填表人</td><td colspan="2"></td><td colspan="2">审核人</td><td colspan="2"></td></tr>
</table>

填表时间：　　　年　月　日

附表 1-8　植物措施监测记录表

<table>
<tr><td colspan="2">项目名称</td><td colspan="6"></td></tr>
<tr><td colspan="2">监测分区名称</td><td colspan="6"></td></tr>
<tr><td colspan="2">工程实施时间</td><td colspan="3">起：　　年　月　日</td><td colspan="3">讫：　　年　月　日</td></tr>
<tr><td rowspan="6">植物措施状况</td><td>措施片区</td><td>主要植物名称</td><td>成活率/保存率(%)</td><td>面积(hm^2)</td><td>郁闭度</td><td>盖度(%)</td><td>生长状况</td></tr>
<tr><td>1</td><td></td><td></td><td></td><td></td><td></td><td></td></tr>
<tr><td>2</td><td></td><td></td><td></td><td></td><td></td><td></td></tr>
<tr><td>3</td><td></td><td></td><td></td><td></td><td></td><td></td></tr>
<tr><td>⋮</td><td></td><td></td><td></td><td></td><td></td><td></td></tr>
<tr><td>n</td><td></td><td></td><td></td><td></td><td></td><td></td></tr>
<tr><td colspan="2">林草覆盖率(%)</td><td colspan="6"></td></tr>
<tr><td colspan="2" rowspan="2">水土流失状况</td><td colspan="4">是否发生明显水土流失</td><td colspan="2">□是　　□否</td></tr>
<tr><td colspan="6">流失强度等级：</td></tr>
<tr><td colspan="2">填表说明</td><td colspan="6">1. 在栽植 6 个月后调查成活率,每年调查 1 次保存率及生长状况；
2. “生长状况”可填写“好”、“一般”或“较差”等；
3. “水土流失状况”判断是否发生明显的水土流失,若发生,填写流失强度等级</td></tr>
<tr><td colspan="2">填表人</td><td colspan="2"></td><td colspan="2">审核人</td><td colspan="2"></td></tr>
</table>

填表时间：　　年　月　日

附表 1-9　工程措施监测记录表

<table>
<tr><td colspan="2">项目名称</td><td colspan="4"></td></tr>
<tr><td colspan="2">监测分区名称</td><td colspan="4"></td></tr>
<tr><td colspan="2">工程实施时间</td><td colspan="2">起：　　年　月　日</td><td colspan="2">讫：　　年　月　日</td></tr>
<tr><td rowspan="6">工程措施状况</td><td>措施编号</td><td>措施类型</td><td>面积/长(m^2/m)</td><td>工程量(m^3)</td><td>备注</td></tr>
<tr><td>1</td><td></td><td></td><td></td><td></td></tr>
<tr><td>2</td><td></td><td></td><td></td><td></td></tr>
<tr><td>3</td><td></td><td></td><td></td><td></td></tr>
<tr><td>⋮</td><td></td><td></td><td></td><td></td></tr>
<tr><td>n</td><td></td><td></td><td></td><td></td></tr>
<tr><td colspan="2">运行状况</td><td></td><td></td><td></td><td></td></tr>
<tr><td colspan="2" rowspan="2">水土流失状况</td><td colspan="2">是否发生明显水土流失</td><td colspan="2">□是　　□否</td></tr>
<tr><td colspan="4">流失强度等级：</td></tr>
<tr><td colspan="2">填表说明</td><td colspan="4">1. “运行状况”可填写“完好”或“损毁”；
2. “水土流失状况”判断是否发生明显的水土流失,若发生,填写流失强度等级</td></tr>
<tr><td colspan="2">填表人</td><td></td><td colspan="2">审核人</td><td></td></tr>
</table>

填表时间：　　年　月　日

附表1-10　水土保持措施实施情况统计表

<table>
<tr><td>项目名称</td><td colspan="4"></td></tr>
<tr><td>施工单位</td><td colspan="2"></td><td>监理单位</td><td></td></tr>
<tr><td>主体工程进度</td><td colspan="4">（包括工程建设阶段和工程主要组成部分的完成量）</td></tr>
<tr><td>监测分区</td><td>措施类型</td><td>设计总量</td><td>当月完成量</td><td>累计完成量</td></tr>
<tr><td rowspan="3">分区名称</td><td>工程措施（单位）</td><td></td><td></td><td></td></tr>
<tr><td>植物措施（单位）</td><td></td><td></td><td></td></tr>
<tr><td>临时措施（单位）</td><td></td><td></td><td></td></tr>
<tr><td rowspan="3">分区名称</td><td>工程措施（单位）</td><td></td><td></td><td></td></tr>
<tr><td>植物措施（单位）</td><td></td><td></td><td></td></tr>
<tr><td>临时措施（单位）</td><td></td><td></td><td></td></tr>
<tr><td rowspan="3">分区名称</td><td>工程措施（单位）</td><td></td><td></td><td></td></tr>
<tr><td>植物措施（单位）</td><td></td><td></td><td></td></tr>
<tr><td>临时措施（单位）</td><td></td><td></td><td></td></tr>
<tr><td>⋮</td><td></td><td></td><td></td><td></td></tr>
<tr><td>填表说明</td><td colspan="4">“措施类型”单位可根据实际措施类型填写长度、面积、方量等</td></tr>
<tr><td>填表人</td><td colspan="2"></td><td>审核人</td><td></td></tr>
</table>

填表时间：　　年　月　日

附表 1-11　生产建设项目水土保持监测季度报告表

监测时段：　　年　月　日至　　年　月　日

<table>
<tr><td colspan="2">项目名称</td><td colspan="4"></td></tr>
<tr><td colspan="2">建设单位
联系人及电话</td><td></td><td colspan="2" rowspan="2">监测项目负责人(签字)

年　月　日</td><td rowspan="2">生产建设单位(盖章)

年　月　日</td></tr>
<tr><td colspan="2">填表人及电话</td><td></td></tr>
<tr><td colspan="3">主体工程进度</td><td colspan="3">(包括工程建设阶段和工程主要组成部分的完成量)</td></tr>
<tr><td colspan="3">指标</td><td>设计总量</td><td>本季度</td><td>累计</td></tr>
<tr><td rowspan="4">扰动地表面积
(hm^2)</td><td colspan="2">合计</td><td></td><td></td><td></td></tr>
<tr><td colspan="2">主体工程区</td><td></td><td></td><td></td></tr>
<tr><td colspan="2">弃渣场区</td><td></td><td></td><td></td></tr>
<tr><td colspan="2">⋮</td><td></td><td></td><td></td></tr>
<tr><td rowspan="5">弃土(石、渣)量
(万 m^3)</td><td colspan="2">合计量/弃渣场总数</td><td></td><td></td><td></td></tr>
<tr><td colspan="2">弃渣场 1</td><td></td><td></td><td></td></tr>
<tr><td colspan="2">弃渣场 2</td><td></td><td></td><td></td></tr>
<tr><td colspan="2">⋮</td><td></td><td></td><td></td></tr>
<tr><td colspan="2">渣土防护率(%)</td><td></td><td></td><td></td></tr>
<tr><td colspan="3">损坏水土保持设施数量(hm^2/座/处)</td><td></td><td></td><td></td></tr>
<tr><td rowspan="3">水土保持工程进度</td><td colspan="2">工程措施
(处,万 m^3)</td><td></td><td></td><td></td></tr>
<tr><td colspan="2">植物措施
(处,hm^2)</td><td></td><td></td><td></td></tr>
<tr><td colspan="2">临时措施
(处,hm^2)</td><td></td><td></td><td></td></tr>
<tr><td rowspan="4">水土流失影响因子</td><td colspan="2">降雨量(mm)</td><td>—</td><td></td><td></td></tr>
<tr><td colspan="2">最大 24 h 降雨
(mm)</td><td>—</td><td></td><td>—</td></tr>
<tr><td colspan="2">最大风速(m/s)</td><td>—</td><td></td><td>—</td></tr>
<tr><td colspan="2">⋮</td><td>—</td><td></td><td></td></tr>
<tr><td colspan="3">土壤流失量(kg)</td><td>—</td><td>(按监测土壤流失量的监测点分别填写)</td><td></td></tr>
<tr><td colspan="3">水土流失灾害事件</td><td colspan="3">(有“水土流失灾害”发生,则填写具体内容;无“水土流失灾害”发生,则填写“无”)</td></tr>
<tr><td colspan="3">存在问题与建议</td><td colspan="3"></td></tr>
</table>

附录2　生产建设项目水土保持监理表式

附表2-1　工程开工报审表

工程名称：　　　　　　　　　　　　　　　　编号：

<table>
<tr><td colspan="2">工程地点</td><td colspan="3">省（自治区、直辖市）　县（旗、市、区）　乡（镇）　村</td></tr>
<tr><td colspan="5">致：　　　　　　　　（监理机构）

本工程已具备开工条件，施工准备工作已就绪，请贵方审批。</td></tr>
<tr><td colspan="2">申请开工日期</td><td></td><td>计划工期</td><td>年　月　日至
年　月　日</td></tr>
<tr><td rowspan="8">施工单位施工准备工作自检记录</td><td>序号</td><td colspan="2">检查内容</td><td>检查结果</td></tr>
<tr><td>1</td><td colspan="2">施工图纸、技术标准、施工技术交底情况</td><td></td></tr>
<tr><td>2</td><td colspan="2">主要施工设备到位情况</td><td></td></tr>
<tr><td>3</td><td colspan="2">施工安全和质量保证措施落实情况</td><td></td></tr>
<tr><td>4</td><td colspan="2">材料、构配件质量及检验情况</td><td></td></tr>
<tr><td>5</td><td colspan="2">现场施工人员安排情况</td><td></td></tr>
<tr><td>6</td><td colspan="2">场地平整、交通、临时设施准备情况</td><td></td></tr>
<tr><td>7</td><td colspan="2">测量及试验情况</td><td></td></tr>
<tr><td colspan="2"></td><td colspan="2"></td><td></td></tr>
<tr><td colspan="5">附件：□施工组织设计。
□证明材料。

施工单位（章）________
项 目 负 责 人________
日　　　期________</td></tr>
<tr><td colspan="5">审查意见：

项目监理机构（章）________
总监理工程师________
日　　　期________</td></tr>
</table>

说明：本表一式____份，由施工单位填写，随同审批意见，施工单位、监理机构、建设单位、设代机构各1份。

附表 2-2 工程复工报审表

工程名称：　　　　　　　　　　　　　　　　　　　　　　　　　　编号：

工程地点	省(自治区、直辖市)　县(旗、市、区)　乡(镇)　村
致：　　　　　　(监理机构) ______工程，接到暂停施工通知(第____号)，已于____年____月____日暂停施工，鉴于致使该工程的停工因素已经消除，复工准备工作现已就绪，特报请贵方批准于____年____月____日复工。 附件：具备复工条件的情况说明。 施工单位(章)______ 项 目 负 责 人______ 日　　期______	
审查意见： 项目监理机构(章)______ 总监理工程师______ 日　　期______	

说明：本表一式____份，由施工单位填写，监理机构审签后，随同审批意见，施工单位、监理机构、建设单位各 1 份。

附表 2-3 施工组织设计(方案)报审表

工程名称：　　　　　　　　　　　　　　　　　　　　　　　　　　编号：

工程地点	省(自治区、直辖市)　县(旗、市、区)　乡(镇)　村
致：　　　　　　(监理机构) 我方已根据工程设计和施工合同的有关规定完成了______工程施工组织设计(方案)的编制，请予以审查。 附：施工组织设计(方案) 施工单位(章)______ 项 目 负 责 人______ 日　　期______	
专业监理工程师审查意见： 专业监理工程师______ 日　　期______	
总监理工程师核审意见： 项目监理机构(章)______ 总监理工程师______ 日　　期______	

说明：本表一式____份，由施工单位填写，随同审批意见，施工单位、监理机构、建设单位、设代机构各 1 份。

附表 2-4　材料/苗木、籽种/设备报审表

工程名称：　　　　　　　　　　　　　　　　　　　　　　　　　编号：

<table>
<tr><td>工程地点</td><td>省(自治区、直辖市)　县(旗、市、区)　乡(镇)　村</td></tr>
<tr><td colspan="2">致：　　　　　　　　　　　　(监理机构)
我方于________年____月____日进场的材料/苗木、籽种/设备数量如下(见附件),现将质量证明文件及自检结果报上,请予以审验。
附件:1. 数量清单。
2. 质量证明文件。
3. 自检结果。

施工单位(章)________________
项 目 负 责 人________________
日　　　　期________________</td></tr>
<tr><td colspan="2">审验意见：

项目监理机构(章)____________
总/专业监理工程师　____________
日　　　　期　____________</td></tr>
</table>

说明:本表一式____份,由施工单位填写,监理机构审签后,施工单位 2 份,监理机构、建设单位各 1 份。

附表 2-5　监理通知回复单

工程名称：　　　　　　　　　　　　　　　　　　　　　　　　　编号：

<table>
<tr><td>工程地点</td><td>省(自治区、直辖市)　县(旗、市、区)　乡(镇)　村</td></tr>
<tr><td colspan="2">致：　　　　　　　　　　　　(监理机构)
我方接到______________________监理通知(编号____)后,已按要求完成了________________
____工作,现报上,请予以复查。
详细内容：

施工单位(章)________________
项 目 负 责 人________________
日　　　　期________________</td></tr>
<tr><td colspan="2">审验意见：

项目监理机构(章)____________
总/专业监理工程师____________
日　　　　期____________</td></tr>
</table>

说明:本表一式____份,由施工单位填写,监理机构审签后,施工单位、监理机构各 1 份。

附表 2-6 工程报验申请表

工程名称：　　　　　　　　　　　　　　　　　　　　　　　　　编号：

<table>
<tr><td>工程地点</td><td colspan="2">省(自治区、直辖市) 县(旗、市、区) 乡(镇) 村</td></tr>
<tr><td colspan="3">致：　　　　　　(监理机构)
我方已按施工合同要求完成下列工程或部位的施工工作，经自检合格，报请贵方验收。</td></tr>
<tr><td rowspan="2">□单元工程验收
□隐蔽工程验收
□分部工程验收</td><td>工程或部分名称</td><td>申请验收时间</td></tr>
<tr><td></td><td></td></tr>
<tr><td colspan="3">附件：自检资料。
施工单位(章)________
项 目 负 责 人________
日　　　期________</td></tr>
<tr><td colspan="3">监理机构验收意见另行签发。
项目监理机构(章)________
总/专业监理工程师________
日　　　期________</td></tr>
</table>

说明：本表一式____份，由施工单位填写，随同审批意见，施工单位、监理机构、建设单位、设代机构各1份。

附表 2-7 工程款支付申请表

工程名称：　　　　　　　　　　　　　　　　　　　　　　　　　编号：

<table>
<tr><td>工程地点</td><td>省(自治区、直辖市) 县(旗、市、区) 乡(镇) 村</td></tr>
<tr><td colspan="2">致：　　　　　　(监理机构)
我方已完成了________工作，按施工合同的规定，建设单位应在____年____月____日前支付该项工程款共(大写)____(小写：____)，现报上____工程付款申请表，请予以审查并开具工程款支付证书。
附件：1. 工程量清单。
2. 计算方法。
施工单位(章)________
项 目 负 责 人________
日　　　期________</td></tr>
</table>

说明：本表一式____份，由施工单位填写，监理机构审签后，作为付款证书的附件报送建设单位批准。

附表 2-8　费用索赔申请表

工程名称：　　　　　　　　　　　　　　　　　　　　　编号：

<table>
<tr><td>工程地点</td><td>省（自治区、直辖市）　县（旗、市、区）　乡（镇）　村</td></tr>
<tr><td colspan="2">致：　　　　　　　　　　　　（监理机构）
根据施工合同条款________条规定，由于以下附件所列的原因，我方要求索赔金额（大写）________（小写：________），请予以批准。
附件：索赔申请报告。主要内容包括：
1. 事因简述；
2. 引用合同条款及其他依据；
3. 索赔计算；
4. 索赔事实发生的当时记录；
5. 索赔支持文件。

施工单位（章）________
项 目 负 责 人________
日　　　期________</td></tr>
<tr><td colspan="2">监理机构将另行签发审批意见。

项目监理机构（章）________
总/专业监理工程师________
日　　　期________</td></tr>
</table>

说明：本表一式____份，由施工单位填写，监理机构审签后，随同审批意见，施工单位、监理机构、建设单位各 1 份。

附表 2-9　变更申请报告

工程名称：　　　　　　　　　　　　　　　　　　　　　　　　编号：

<table>
<tr><td>工程地点</td><td>省(自治区、直辖市)　县(旗、市、区)　乡(镇)　村</td></tr>
<tr><td colspan="2">致：　　　　　　　　　　(监理机构)
由于______________________原因,兹提出__________工程变更(内容见附件),请予以审批。
附件:1. 变更说明。
2. 变更设计文件。

提出单位(章)__________
代表人__________
日　期__________</td></tr>
<tr><td colspan="2">一致意见：

建设单位(章)________　设计单位(章)________　项目监理机构(章)________
代　表(签名)________　代　表(签名)________　代　表(签名)________
日　期________　日　期________　日　期________</td></tr>
</table>

说明:本表一式____份,由施工单位填写,随同审批意见,监理机构、设计单位、建设单位三方审签后,施工单位、监理机构、建设单位、设代机构各 1 份。

附表 2-10　工程竣工验收申请报告

工程名称：　　　　　　　　　　　　　　　　　　　　　　　　编号：

<table>
<tr><td>工程地点</td><td>省(自治区、直辖市)　县(旗、市、区)　乡(镇)　村</td></tr>
<tr><td colspan="2">致：　　　　　　　　　　　　　(监理机构)
我方已经按合同要求完成了____________工程的全部建设内容，经自检合格，请予以审查验收。
附件：

施工单位(章)__________
项 目 负 责 人__________
日　　　期__________</td></tr>
<tr><td colspan="2">审查意见：
经初步验收，该工程：
□符合/□不符合我国现行法律、法规要求。
□符合/□不符合我国现行工程建设标准。
□符合/□不符合设计文件要求。
□符合/□不符合施工合同要求。
综上所述，该工程初步验收□合格/□不合格，□可以/□不可以组织正式验收。

项目监理机构(章)__________
总监理工程师__________
日　　　期__________</td></tr>
</table>

说明：本表一式____份，由施工单位填写，监理机构审签后，随同审批意见，施工单位、监理机构、建设单位、设代机构各 1 份。

附表 2-11 工程开工令

工程名称： 编号：

<table>
<tr><td>工程地点</td><td>省(自治区、直辖市) 县(旗、市、区) 乡(镇) 村</td></tr>
<tr><td colspan="2">致： (施工单位)
你方_____年____月____日报送的____________________工程项目开工申请现已通过审核，同意于_____年____月____日开工，实际开工日期，从即日起算起。
项目监理机构(章)____________
总监理工程师____________
日　　期____________</td></tr>
<tr><td colspan="2">今已收到开工令。
施工单位(章)____________
项目经理签名____________
日　　期____________</td></tr>
</table>

说明：本表一式____份，由监理机构填写，施工单位签收后，施工单位、监理机构、建设单位、设代机构各1份。

附表 2-12 监理通知

工程名称： 编号：

<table>
<tr><td>工程地点</td><td>省(自治区、直辖市) 县(旗、市、区) 乡(镇) 村</td></tr>
<tr><td colspan="2">致： (施工单位)
事由：
内容
项目监理机构(章)____________
总/专监理工程师____________
日　　期____________</td></tr>
<tr><td colspan="2">施工单位(章)____________
项目负责人____________
日　　期____________</td></tr>
</table>

说明：1. 本通知一式____份，由监理机构填写，施工单位签收后，施工单位、监理机构、建设单位各1份。
2. 一般通知由监理工程师签发，重要通知由总监理工程师签发。
3. 本通知可用于对施工单位的指示。

附表 2-13　工程暂停施工通知

工程名称：　　　　　　　　　　　　　　　　　　　　　编号：

<table>
<tr><td>工程地点</td><td>省(自治区、直辖市)　县(旗、市、区)　乡(镇)　村</td></tr>
<tr><td colspan="2">致：　　　　　　　　　(施工单位)
由于＿＿＿＿＿＿＿＿原因现通知你方必须于＿＿年＿＿月＿＿日＿＿时起，对＿＿＿＿＿＿工程/部位/工序暂停施工，并按下述要求做好各项工作。
要求：

项目监理机构(章)＿＿＿＿＿＿
总监理工程师＿＿＿＿＿＿
日　　期＿＿＿＿＿＿</td></tr>
<tr><td colspan="2">
施工单位(章)＿＿＿＿＿＿
项 目 负 责 人＿＿＿＿＿＿
日　　期＿＿＿＿＿＿</td></tr>
</table>

说明：本表一式＿＿份，由监理机构填写，施工单位签字后，施工单位、监理机构、建设单位、设代机构各1份。

附表 2-14　工程款支付证书

工程名称：　　　　　　　　　　　　　　　　　　　　　编号：

<table>
<tr><td>工程地点</td><td>省(自治区、直辖市)　县(旗、市、区)　乡(镇)　村</td></tr>
<tr><td colspan="2">致：　　　　　　　　　(施工单位)
根据施工合同的约定，经审核施工单位的付款申请(第＿＿号)和报表，应扣除有关款项，同意本期支付工程款共(大写)＿＿＿＿(小写：＿＿＿＿)，请按合同规定及时付款。
其中：1. 施工单位申请款为＿＿＿＿。
2. 审核施工单位应得款为＿＿＿＿。
3. 本期应扣款为＿＿＿＿。
4. 本期应付款为＿＿＿＿。
附件：1. 施工单位的工程付款申请表及附件。
2. 项目监理机构审查记录。

项目监理机构(章)＿＿＿＿＿＿
总监理工程师＿＿＿＿＿＿
日　　期＿＿＿＿＿＿</td></tr>
</table>

说明：1. 本表一式＿＿份，由监理机构填写，施工单位2份，监理机构、建设单位各1份。

附表 2-15 费用索赔审批表

工程名称： 编号：

<table>
<tr><td>工程地点</td><td>省(自治区、直辖市) 县(旗、市、区) 乡(镇) 村</td></tr>
<tr><td colspan="2">致： (施工单位)
根据施工合同条款______条的规定，你方提出的______费用索赔申请(第___号)，索赔(大写)______，经我方审核评估：
□不同意此项索赔
□同意此项索赔、金额(大写)______(小写：______)。
同意/不同意索赔的理由：

索赔金额的计算：

项目监理机构(章)______
总监理工程师______
日 期______</td></tr>
</table>

说明：本表一式___份，由监理机构填写。施工单位、监理机构、建设单位各1份。

附表 2-16 工程验收单

工程名称： 编号：

<table>
<tr><td>工程地点</td><td colspan="4">省(自治区、直辖市) 县(旗、市、区) 乡(镇) 村</td></tr>
<tr><td colspan="5">致： (承建单位)
第___号工程验收申请表所报之(建设项目内容)______。
验收意见：</td></tr>
<tr><td colspan="5">验收组人员名单</td></tr>
<tr><td>姓名</td><td>工作单位</td><td>职务</td><td>职称</td><td>签字</td></tr>
<tr><td></td><td></td><td></td><td></td><td></td></tr>
<tr><td></td><td></td><td></td><td></td><td></td></tr>
<tr><td></td><td></td><td></td><td></td><td></td></tr>
<tr><td colspan="5">项目监理机构(章)______
总监理工程师______
日 期______</td></tr>
</table>

说明：本表一式___份，由监理机构填写，施工单位、监理机构、建设单位各1份。

附表 2-17　监理工作联系单

工程名称：　　　　　　　　　　　　　　　　　　　　　编号：

工程地点	省(自治区、直辖市)　县(旗、市、区)　乡(镇)　村
致： 　事由： 单位(章)________ 负 责 人________ 日　　期________	

说明：本表作为监理机构、建设单位、施工单位相互联系时使用。

附表 2-18　监理日记

工程名称：　　　　　　　　　　　　　　　　　　　　　编号：

工程地点	省(自治区、直辖市)　县(旗、市、区)　乡(镇)　村
   项目监理机构(章)________ 专业监理工程师________ 日　　期________	

说明：本表一式____份，由监理机构填写，按季或年装订成册。

附表 2-19　监理资料移交清单

工程名称：　　　　　　　　　　　　　　　　　　　　　　编号：

工程地点	省(自治区、直辖市)　县(旗、市、区)　乡(镇)　村

致：　　　　　　　　(建设单位)

本工程已完工验收，现将监理资料及贵方提供的有关资料、文件一并移交，资料清单见下表：

序号	文件名称	文件号	份数	备注
1				
2				
3				
4				
5				
6				
7				
8				
9				
10				

项目监理机构(章)________________
专业监理工程师________________
日　　　期________________

施工单位(章)________________
项 目 负 责 人________________
日　　　期________________

说明：本表一式____份，由监理机构填写，施工单位 2 份，监理机构、建设单位各 1 份。

附表 2-20 会议纪要

工程名称： 编号：

<table>
<tr><td>会议名称</td><td colspan="3"></td></tr>
<tr><td>会议时间</td><td></td><td>会议地点</td><td></td></tr>
<tr><td>会议主要议题</td><td></td><td></td><td></td></tr>
<tr><td>组织单位</td><td></td><td>主持人</td><td></td></tr>
<tr><td rowspan="5">参加单位</td><td></td><td rowspan="5">主要参加人
（签名）</td><td></td></tr>
<tr><td></td><td></td></tr>
<tr><td></td><td></td></tr>
<tr><td></td><td></td></tr>
<tr><td></td><td></td></tr>
<tr><td>会议主要
内容及
结论</td><td colspan="3">监理机构（章）________
总/专监理工程师________
日 期________</td></tr>
</table>

说明：本表由监理机构填写，签字后送达与会单位，全文记录可加附页。

附录 3　全国各地常用植物介绍

1. 东北地区

(1)常用乔木

樟子松(松科松属) **形态**:乔木,高达 25 m,胸径达 80 cm;幼树树冠尖塔形,老则呈圆顶或平顶。叶 2 针一束,刚硬;雌雄同株,雄球花卵圆形,黄色;雌球花球形或卵圆形,紫褐色。球果长卵形。种子小,种膜质。 **习性**:喜光、深根适应土壤水分较少的山脊阳坡,及较干旱砂地。东北造林树种。 **分布**:中国黑龙江大兴安岭海拔 400 ~ 900 m 山地及海拉尔以西、以南一带砂丘地区及内蒙古地区	 
云杉(松科云杉属) **形态**:高达 45 m,胸径达 1 m;树皮淡灰褐色,裂成不规则鳞片脱落。球果圆柱状矩圆形或圆柱形,种子倒卵圆形,种翅淡褐色,倒卵状矩圆形;花期 4 ~ 5 月,球果 9 ~ 10 月成熟。 **习性**:耐阴、耐寒,喜欢凉爽湿润的气候和肥沃深厚、排水良好的微酸性沙质土壤。 **分布**:华北山地、东北小兴安岭等地	 
圆柏(柏科圆柏属) **形态**:常绿乔木,高达 20 m,胸径达 3.5 m;树皮深灰色,纵裂;幼树的枝条通常斜上伸展,形成尖塔形树冠,老则下部大枝平展,形成广圆形的树冠;树皮灰褐色,纵裂。雌雄异株,球果近圆形,内有 1 ~ 4 粒种子。 **习性**:耐寒、耐热,对土壤要求不严。 **分布**:东北南部及华北等地	 

银中杨(杨柳科杨属) **形态:**速生胸径年平均生长量为1.0～1.84 cm,树高年平均生长量为1～1.5 cm。 **习性:**抗旱、耐盐碱,耐寒。 **分布:**东北、西北、华北等地有栽培	 
旱柳(杨柳科柳属) **形态:**高达18 m,胸径达80 cm。大枝斜上,树冠广圆形,树皮暗灰黑色,纵裂,枝直立或斜展,褐黄绿色,后变褐色,无毛,幼枝有毛,芽褐色,微有毛。 **习性:**喜光,耐寒,根系发达,抗风能力强,生长快,易繁殖。 **分布:**生长于东北、华北平原、西北黄土高原,西至甘肃、青海,南至淮河流域以及浙江、江苏	
五角枫(槭树科槭属) **形态:**高可达20 m。胸径可达1 m。树皮灰色或灰褐色;单叶,宽长圆形,叶柄较细,花较小,常组成顶生的伞房花序;萼片淡黄绿色,花瓣黄白色,子房平滑无毛,翅果近椭圆形。花果期5～9月。 **习性:**稍耐阴,深根性,喜湿润肥沃土壤,在酸性、中性、石灰岩上均可生长。 **分布:**产于东北、华北和长江流域各省	
糖槭(槭树科槭属) **形态:**株高12～24 m,冠幅可达9～15 m。直立生长,树形为卵圆形。单叶对生,长可达10 cm。花期在4月,在叶展开前开放,小花黄绿色。翅果,绿色,于10月成熟,变成褐色。 **习性:**糖槭喜凉爽、湿润环境及肥沃、排水良好的微酸性土壤。 **分布:**东北、华东	 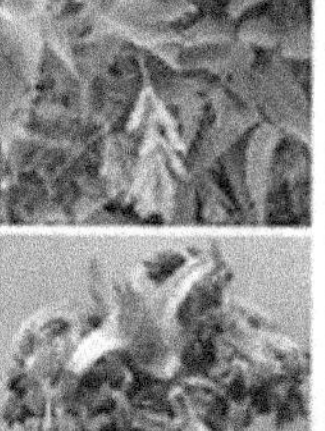 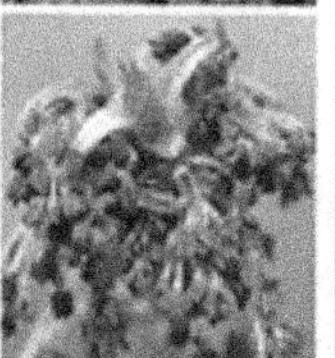

蒙古栎(壳斗科栎属) **形态**:落叶乔木,高达 30 m,树皮灰褐色,深纵裂。树冠卵圆形。单叶互生、叶片倒卵形,叶波状齿缘,花单性,雌雄同株,坚果椭圆形,种子具肉质子叶。 **习性**:耐瘠薄、喜温暖湿润气候,也能耐一定寒冷、干旱。 **分布**:产于东北三省、内蒙古、河北、山东等省区。分布在中国东北、华北、西北各地	
白桦(桦木科桦木属) **形态**:落叶乔木,树干可达 25 m 高,50 cm 粗。白色光滑,可分层剥下。叶为单叶互生,叶边缘有锯齿,花为单性花,雌雄同株,雄花序柔软下垂。果实扁平且小,翅果,易随风传播。 **习性**:喜光,不耐阴。耐严寒,深根性、耐瘠薄,喜酸性土。 **分布**:产于中国东北、华北,河南、陕西、宁夏、甘肃、青海、四川、云南、西藏东南也有分布	
火炬(漆树科盐肤木属) **形态**:落叶小乔木。奇数羽状复叶互生,长圆形至披针形。直立圆锥花序顶生,果穗鲜红色。核果深红色,紧密聚生成火炬状。花期 6 ~ 7 月,果期 8 ~ 9 月。 **习性**:喜光,耐寒,对土壤适应性强,耐干旱瘠薄,耐水湿,耐盐碱。 **分布**:分布在中国的东北南部,华北、西北北部	

中华金叶榆(榆科榆属)

形态:榆科榆属,系白榆变种。叶片金黄色,色泽艳丽,质感好;叶卵圆形,比普通白榆叶片稍短。

习性:耐寒冷、耐干旱,耐盐碱,抗逆性强。

分布:广大的东北、西北地区

白榆(榆科榆属)

形态:落叶乔木,高达 25 m,胸径 1 m。树冠圆球形。小枝无毛或有毛,有散生皮孔。叶椭圆状卵形或椭圆状披针形,先端尖或渐尖,老叶质地较厚。花簇生。翅果近圆形,熟时黄白色,无毛。花 3 ~ 4 月,果熟 4 ~ 6 月。

习性:喜光,耐旱,耐寒,耐瘠薄,不择土壤,根系发达。

分布:分布于东北、华北、西北及西南各省区

垂枝榆(榆科榆属)

形态:高达 25 m,胸径 1 m,在干瘠之地长成灌木状;枝条柔软、细长下垂,生长快,自然造型好,树冠伞形和圆锥柱形。

习性:喜光,耐盐碱、耐土壤瘠薄,喜肥沃、湿润而排水良好的土壤,耐旱,耐寒,不耐水湿。

分布:东北、西北、华北

沙果(蔷薇科苹果属)

形态:落叶小乔木,叶卵形或椭圆形,顶端骤尖,边缘有极细锯齿。春夏之交开花,花蕾时红色,开后色褪带红晕。果实扁圆形。

习性:根系强健,萌蘖性强,生长旺盛,抗逆性强。喜光,耐寒,耐干旱,亦耐水湿及盐碱。

分布:产于内蒙古、辽宁、河北、河南、山东、山西、陕西、甘肃、湖北、四川、贵州、云南、新疆

水曲柳(木樨科梣属) **形态:** 落叶大乔木,高达 30 m 以上,胸径达 2 m;树皮厚,灰褐色,纵裂。小枝粗壮,黄褐色至灰褐色,四棱形,节膨大,光滑无毛。羽状复叶,长圆形至卵状长圆形,翅果大而扁,长圆形至倒卵状披针形,花期 4 月,果期 8~9 月。 **习性:** 喜光,耐寒,喜肥沃湿润土壤,生长快,抗风力强。 **分布:** 产于东北、华北等地	
辽东栎(壳斗科栎属) **形态:** 多年生落叶乔木。高 10~20 m,叶革质,倒卵形至椭圆状倒卵形。花单生,雌雄同株,柔荑花序下垂,花苞成熟时木质化、碗状。坚果卵形。阳性树种。 **习性:** 喜温,耐寒、耐旱、耐瘠薄。生于山地阳坡、半阳坡、山脊上。 **分布:** 分布于中国东北、华北、西北等地	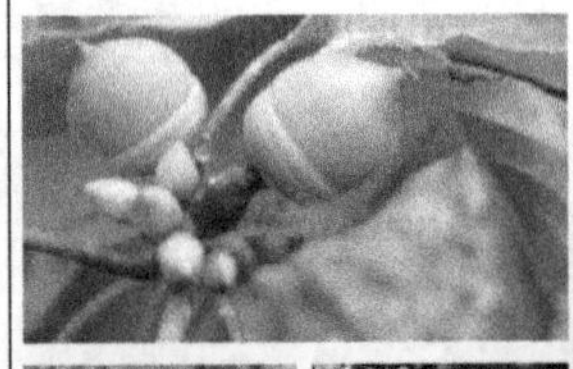  
山荆子(蔷薇科苹果属) **形态:** 落叶乔木,树高可达 4~5 m。嫩梢绿色,微带红褐。叶片椭圆形,先端渐尖,基部楔形,叶缘锯齿细锐。伞形总状花序,白色,6 月开花,果近球形红色或黄色,果实 9 月中下旬成熟。 **习性:** 喜光,耐寒性极强,耐瘠薄,不耐盐,深根性。 **分布:** 东北、西北、华北	  

(2)常用灌木或小乔木

东北连翘(木樨科连翘属) **形态:**落叶灌木,高约1.5 m;树皮灰褐色。小枝开展,当年生枝绿色,叶片纸质,宽卵形、椭圆形或近圆形,花黄色,1~3朵腋生,先于叶开放;种子小,有翅。花期4~5月,果熟期8月。 **习性:**喜光,耐半阴,耐寒,耐干旱瘠薄土壤。 **分布:**东北三省	
红瑞木(山茱萸科梾木属) **形态:**伞形目山茱萸科落叶灌木。老干暗红色,枝桠血红色。叶对生,椭圆形。聚伞花序顶生,花乳白色。花期5~6月。果实乳白或蓝白色,成熟期8~10月。 **习性:**喜潮湿温暖。 **分布:**产于黑龙江、吉林、辽宁、内蒙古、河北、陕西、甘肃、青海、山东、江苏、江西等省区	
花楸(蔷薇科花楸属) **形态:**落叶乔木或大灌木,高可达5 m。干皮紫灰褐色,光滑,小枝粗壮,灰褐色,具灰白色细小皮孔,奇数羽状复叶互生,托叶纸质,宽卵形,宿存。顶生复伞房花序,花两性,白色,梨果近球形,熟时红色,花期6月,果熟期9~10月。 **习性:**性喜湿润土壤,多沿着溪涧山谷的阴坡生长。 **分布:**东北、华北及甘肃等	
丁香(木樨科丁香属) **形态:**落叶灌木或小乔木。小枝近圆柱形或带四棱形,具皮孔。叶对生,单叶,稀复叶,全缘,稀分裂,具叶柄。花两性,聚伞花序排列成圆锥花序。果为蒴果,微扁,2室。种子扁平,有翅。 **习性:**具有一定耐寒性和较强的耐旱力。耐瘠薄,忌低洼积水。 **分布:**中国西南、西北、华北和东北地区	

锦带(忍冬科锦带花属)

形态:落叶灌木,高1~3 m,幼枝稍四方形,具2列柔毛。叶椭圆形或卵状椭圆形,花冠漏斗状钟形,玫瑰红色,裂片5。蒴果柱形;种子无翅。花期4~6月。

习性:喜光,耐阴,耐寒,耐瘠薄土壤,怕水涝。

分布:中国黑龙江、吉林、辽宁、内蒙古、山西、陕西、河南、山东北部、江苏北部等地

黄刺梅(蔷薇科、蔷薇属)

形态:落叶灌木,高1~3 m。因其具皮刺,花瓣多重瓣,花色金黄,花期长。奇数羽状复叶,互生或簇生于短枝上;花单生于短枝顶端,花瓣重瓣,广倒卵形,先端微凹;花期5~6月,果期7~8月。

习性:喜温暖湿润,稍耐阴,耐寒冷和干旱,怕水涝。

分布:中国东北、华北、西北

榆叶梅(蔷薇科桃属)

形态:落叶灌木,高2~3 m;枝条开展;叶片宽椭圆形至倒卵形,花先于叶开放,花瓣近圆形或宽倒卵形,先端圆钝,粉红色。果实近球形,红色;果肉薄,成熟时开裂;核近球形,具厚硬。花期4~5月,果期5~7月。

习性:喜光,稍耐阴,耐寒耐旱。对土壤要求不严,抗病力强。

分布:东北、华北、华东等

绣线菊(蔷薇科绣线菊属) **形态:**直立灌木,高达1~2 m。嫩枝被柔毛,老时脱落;叶长圆状披针形或披针形,花序为长圆形或金字塔形圆锥花序,花瓣粉红色,花期6~8月,果期8~9月。 **习性:**喜光也稍耐阴,抗寒,抗旱,萌蘖力和萌芽力均强,耐修剪。 **分布:**中国辽宁、内蒙古、河北、山东、山西等地	
金银忍冬(忍冬科忍冬属) **形态:**落叶灌木,高达6 m,茎干直径达10 cm。花两性,花冠合瓣,管状或轮生;花序变化大,果实暗红色,圆形,种子具蜂窝状微小浅凹点。花期5~6月,果熟期8~10月。 **习性:**性喜强光,稍耐旱,亦较耐寒。 **分布:**东北、华北、华东等地	
天目琼花(忍冬科荚蒾属) **形态:**落叶灌木,高2~3 m。叶浓绿色,单叶对生;卵形至阔卵圆形,伞形聚伞花序顶生,紧密多花,核果球形,鲜红色,有臭味经久不落。种子圆形,扁平。花期5~6月,果期8~9月。 **习性:**耐寒,耐半阴,耐旱。 **分布:**产于黑龙江、吉林、辽宁、河北北部、山西、陕西南部、甘肃南部	
小叶黄杨(黄杨科黄杨属) **形态:**常绿灌木或小乔木。树干灰白光洁,枝条密生。叶对生,革质,全缘,椭圆或倒卵形,先端圆或微凹,表面亮绿色,背面黄绿色。花簇生叶腋或枝端,4~5月开放,花黄绿色。 **习性:**耐寒,耐盐碱、忌酸性土壤。 **分布:**华北、华中、华东	

紫叶小檗(小檗科小檗属) **形态:**落叶灌木,枝丛生,幼枝紫红色或暗红色,老枝灰棕色或紫褐色。叶小全缘,菱形或倒卵,紫红到鲜红,叶背色稍淡。4月开花,花黄色。果实椭圆形,花期4~6月,果期7~10月。 **习性:**适应性强,耐寒也耐旱,不耐水涝。 **分布:**中国东北南部、华北及秦岭	 
小叶锦鸡儿(豆科锦鸡儿属) **形态:**落叶灌木,高数尺,丛生,枝条细长垂软;托叶常为三叉,有柔刺;花生叶腋,瓣端稍尖,旁分两瓣,花期4~5月,果期7月。生于山坡和灌丛。 **习性:**喜光,根系发达,抗旱耐瘠,忌湿涝。 **分布:**分布于中国东北、华北、西北等地区	 
珍珠梅(蔷薇科珍珠梅属) **形态:**灌木,高达2 m,枝条开展;小枝圆柱形,羽状复叶,小叶片对生,披针形至卵状披针形;顶生大型密集圆锥花序,花瓣长圆形或倒卵形,蓇葖果长圆形,有顶生弯曲花柱;萼片宿存。花期7~8月,果期9月。 **习性:**耐寒,耐半阴,耐修剪。 **分布:**东北地区及河北、江苏、山西、山东、河南、陕西、甘肃、内蒙古	
文冠果(无患子科文冠果属) **形态:**落叶灌木或小乔木,小枝粗壮,花序先叶抽出或与叶同时抽出,两性花的花序顶生,花瓣白色,基部紫红色或黄色。种子黑色。花期春季,果期秋初。 **习性:**喜阳,耐半阴,对土壤适应性很强,耐瘠薄、耐盐碱,抗寒能力强。 **分布:**分布于东北和华北及西南地区	 

(3)常见草本

金娃娃萱草(百合科萱草属) **形态:**叶基生,条形,排成两列,花莛粗壮。螺旋状聚伞花序,花 7 ~ 10 朵。花冠漏斗形,金黄色。花期 5 ~ 11 月,单花开放 5 ~ 7 天。 **习性:**喜光,耐干旱、湿润与半阴,对土壤适应性强,性耐寒,地下根茎能耐 - 20 ℃ 的低温。 **分布:**适合在中国华北、华中、华东、东北等地园林绿地种植	 
福禄考(花荵科天蓝绣球属) **形态:**一年生草本,茎直立,叶互生,基部叶对生,全缘,叶无柄,聚伞花序顶生,有短柔毛;苞片和小苞片条形;花萼筒状;花冠高脚碟状,圆形,玫红色,花期 5 ~ 6 月。 **习性:**喜温暖,稍耐寒,忌酷暑。 **分布:**主要栽培地是东北	 
红宝石萱草(百合科萱草属) **形态:**多年生宿根草本,株高 35 ~ 40 cm,蓬径 50 ~ 60 cm,单瓣,花深红色,花径约为 6 cm。 **习性:**适应性强,喜湿润也耐旱,喜阳光又耐半阴。对土壤选择性不强,但以富含腐殖质、排水良好的湿润土壤为宜。 **分布:**华北、东北	 
三七景天(景天科景天属) **形态:**多年生肉质草本。根状茎粗壮,近木化。叶互生。聚伞花序顶生,分枝平展;花密生;萼片 5,披针形,花期 6 ~ 8 月,果期 8 ~ 9 月。 **习性:**景天适应性强,不择土壤、气候,全国各地都可种植,且易活、易管理。 **分布:**我国北部和长江流域各省	 

八宝景天(景天科景天属) **形态:**多年生草本植物,块根胡萝卜状。全株青白色,叶对生或3~4枚轮生,长圆形至卵状长圆形。伞房状聚伞花序着生茎顶,花密生,白或粉色,花期8~9月。 **习性:**性喜强光和干燥,耐贫瘠和干旱,耐低温,忌雨涝积水。 **分布:**产于云南、贵州、四川、湖北、安徽、浙江、江苏、陕西、河南、山东、山西、河北、辽宁、吉林、黑龙江	
地被菊(菊科菊属) **形态:**多年生草本,株型矮壮、花朵紧密、自然成型,花期9~10月。颜色有红色、紫色,花期夏秋季。 **习性:**喜凉、土壤要求疏松、肥沃。喜充足阳光,也稍耐阴,较耐旱,忌积涝。 **分布:**华北及东北	
马莲(鸢尾科鸢尾属) **形态:**多年生密丛草本。根茎叶粗壮,呈伞状分布。叶基生,宽线形,灰绿色,2~4朵花,花为浅蓝色、蓝色或蓝紫色,花被上有较深色的条纹;蒴果长椭圆状柱形,有6条明显的肋,顶端有短喙;花期5~6月,果期6~9月。 **习性:**耐盐碱,耐高温、干旱、水涝,耐践踏,适应性极强。 **分布:**自然分布极广	 
白三叶(豆科轴草属) **形态:**多年生草本,叶层一般高15~25 cm。主根较短,但侧根和不定根发育旺盛。株丛基部分枝较多,茎匍匐,多节,无毛。叶互生,三出复叶,小叶倒卵形至倒心形。 **习性:**喜温暖湿润的气候,不耐旱。 **分布:**东北、华北、华中、西南、华南各省区均有栽培种	 

车前草(车前科车前属) **形态:**一年生或二年生草本。直根长,具多数侧根,多少肉质。根茎短。叶基生呈莲座状,平卧、斜展或直立;叶片纸质,椭圆形、椭圆状披针形或卵状披针形,长 3~12 cm,宽 1~3.5 cm。 **习性:**喜湿暖湿润气候,较耐寒,山区、丘陵、平坝均能生长。 **分布:**东北、华北、西北、河南、湖北、湖南、西藏等省区	
披碱草(禾木科披碱草属) **形态:**秆疏丛,直立,高 70~140 cm;叶鞘光滑无毛,叶片扁平,稀可内卷,有时呈粉绿色;穗状花序直立,较紧密;除先端和基部各节仅具一小穗外,每穗节生 2 小穗,含 3~5 小花,全部发育,颖披针形;颖果长椭圆形,褐色。 **习性:**耐旱、耐寒、耐碱、耐风沙,为优质高产的饲草。 **分布:**东北、西北、西南	 
冰草(禾木科冰草属) **形态:**秆成疏丛,高 20~60(75) cm;叶质较硬而粗糙;穗状花序较粗壮,小穗紧密平行排列成两行,整齐呈蓖齿状,含 5~7小花。 **习性:**适应半潮湿到干旱气候。生于干燥草地、山坡、丘陵、沙地。 **分布:**分布在东北、华北、西北各省区干旱草原地带	 

2. 西北地区

(1)常用乔木

<table>
<tr><td>

鳞皮云杉(松科云杉属)

形态:高可达45 m,树皮灰色,裂成脱落前四边挠离不规则的块状薄片,一年生枝稀微有白粉金黄色或淡褐黄色,主枝之叶辐射伸展,球果圆柱状或圆柱状椭圆形,种子斜卵圆形,花期5月,球果10月成熟。

习性:气温较低、气候稍干、温凉、排水良好的酸性土地带。

分布:为中国特有树种,大渡河流域上游和雅碧江流域及青海东南部(班玛)

</td><td>

</td></tr>
<tr><td>

紫果云杉(松科云杉属)

形态:树高可达30 m。小枝橙黄色,密生短柔毛上有木钉状叶枕。冬芽圆锥形,有油脂。叶锥形,螺旋状排列,辐射状斜展,球果单生侧枝顶,种鳞斜方状卵形,树皮片状剥落。每年5月开花,10月果熟。

习性:耐阴很强,浅根性,多分布于气候干冷、土壤为酸性而湿润环境。

分布:中国特有树种,产于四川北部、甘肃榆中及洮河流域、青海西倾山北坡

</td><td>

</td></tr>
<tr><td>

杜松(柏科刺柏属)

形态:常绿灌木或小乔木,高达10 m,树冠圆柱形,老时圆头形。

习性:杜松是喜光树种,耐阴。喜冷凉气候,耐寒。

分布:杜松产于内蒙古、河北北部、山西、陕西、甘肃及宁夏等省区

</td><td>

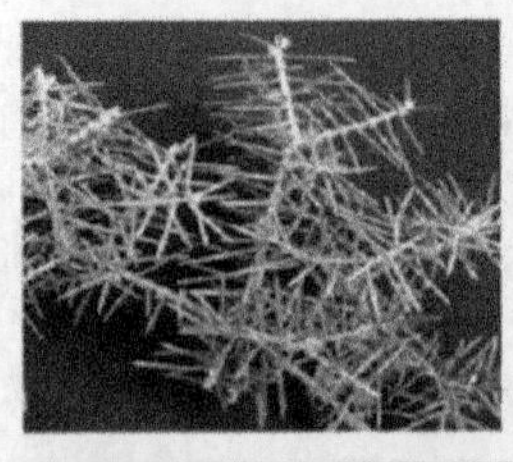

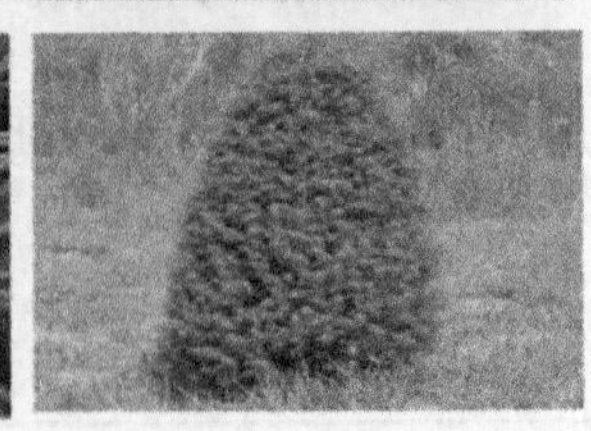

</td></tr>
</table>

大果圆柏(柏科圆柏属)

形态:乔木,高达 30 m,稀呈灌木状;枝条较密或较疏,树冠绿色、淡黄绿色或灰绿色;树皮灰褐色或淡褐灰色。

习性:生于海拔 2 800 ~ 4 500 m 干旱向阳山坡,散生或组成小片纯林。

分布:我国特有树种,产于甘肃南部(岷山、白龙江流域),四川北部、西北部及西部,青海南部,西藏南部、东部

塔枝圆柏(柏科圆柏属)

形态:小乔木,高 3 ~ 10 m;树皮褐灰色或灰色,纵裂成条片脱落;树冠密,蓝绿色;枝条下垂,枝皮灰褐色,裂成不规则薄片脱落。

习性:山槐喜光,根系较发达,对土壤要求不严。

分布:为我国特有树种,产于四川岷江流域上游及大渡河上游

侧柏(柏科侧柏属)

形态:侧柏是乔木,高达 20 余 m,胸径 1 m;树皮薄,浅灰褐色,纵裂成条片;枝条向上伸展或斜展,幼树树冠卵状尖塔形,老树树冠则为广圆形;生鳞叶的小枝细,向上直展或斜展,扁平,排成一平面。

习性:喜光,幼时稍耐阴,适应性强,对土壤要求不严。耐干旱瘠薄,萌芽能力强。

分布:内蒙古南部、吉林、辽宁、湖北、湖南、广东、广西北部等地区

新疆杨(杨柳科杨属)

形态:为高 15 ~ 30 m 的乔木植物。树冠窄圆柱形或尖塔形,树皮灰白或青灰色,光滑少裂,仅见雄株。

习性:喜光,不耐阴。耐寒。耐干旱瘠薄及盐碱土。深根性,抗风力强,生长快。

分布:新疆杨主要分布在中国新疆,以南疆地区较多

青杨(杨柳科杨属) **形态:**乔木,高达30 m。树冠阔卵形;树皮初光滑,灰绿色,老时暗灰色,沟裂。 **习性:**喜光,亦稍耐阴;喜温凉气候,较耐寒,但在暖地生长不良。对土壤要求不严。能耐干旱,但不耐水淹。 **分布:**为中国北方的习见树种。各地有栽培。产于辽宁、华北、西北、四川等省区	 
无花果(桑科榕属) **形态:**落叶灌木,高3~10 m,多分枝;叶互生,厚纸质,广卵圆形,雌雄异株,雄花和瘿花同生于榕果内壁,榕果单生叶腋,大而梨形,花果期5~7月。 **习性:**喜温暖湿润气候,耐瘠,抗旱,不耐寒,不耐涝。 **分布:**南北均有,新疆南部尤多	
楸树(紫葳科梓树) **形态:**小乔木,高8~12 m。叶三角状卵形或卵状长圆形,顶端长渐尖,基部截形,叶面深绿色,叶背无毛。顶生伞房状总状花序。蒴果线形,种子狭长椭圆形。花期5~6月,果期6~10月。 **习性:**喜光,较耐寒,喜深厚肥沃湿润的土壤,不耐干旱、积水,稍耐盐碱。 **分布:**华北、西北、西南	
阿月浑子(漆树科黄连木属) **形态:**小乔木,奇数羽状复叶互生,有小叶3~5枚,小叶革质,卵形或阔椭圆形,圆锥花序,花序轴及分枝被微柔毛,具条纹,雄花序宽大,花密集;子房卵圆形,果较大,长圆形,4月下旬开花,8月中下旬成熟。 **习性:**抗旱,耐热,喜光。 **分布:**西北地区	  

黄连木(漆树科黄连木属) **形态**:落叶乔木,树皮暗褐色,呈鳞片状剥落。偶数羽状复叶互生,花单性异株,先花后叶,子房球形,无毛。 **习性**:喜光,幼时稍耐阴;喜温暖,畏严寒;耐干旱瘠薄。 **分布**:中国分布广泛,部分出现在西北地区	 
杜仲(杜仲科杜仲属) **形态**:落叶乔木,树冠圆球形。树皮深灰色,小枝光滑,无顶芽。单叶互生,椭圆形,花单性,花期4～5月,雌雄异株,翅果扁平,长椭圆形。果期10～11月。 **习性**:喜阳光充足、温和湿润气候,耐寒。 **分布**:我国特有,多分布在西北、西南地区	
沙枣(胡颓子科胡颓子属) **形态**:落叶乔木或小乔木,高5～10 m,发亮;幼枝密被银白色鳞片,老枝鳞片脱落,红棕色;叶薄纸质,矩圆状披针形至线状披针形;花银白色,芳香,常1～3花簇生新枝基部最初5～6片叶的叶腋;果实椭圆形,密被银白色鳞片;花期5～6月,果期9月。 **习性**:抗旱,抗风沙,耐盐碱,耐贫瘠。 **分布**:西北和内蒙古西部	

(2)常用灌木或小乔木

宁夏枸杞(茄科枸杞属) **形态**:落叶灌木,栽培时因人为修剪形成明显主干;叶互生或数叶片丛生于短枝上。 **习性**:喜光照,对土壤要求不严,耐盐碱、耐肥、耐旱,怕水渍。 **分布**:山西、陕西、宁夏、甘肃南部、青海东部、内蒙古乌拉特前旗以及西北各省区	
长柄扁桃(蔷薇科桃属) **形态**:灌木,高1~2 m;枝开展,具大量短枝;小枝浅褐色至暗灰褐色,幼时被短柔毛。 **习性**:此种为中旱生灌木,极耐干旱,但生长缓慢,耐寒。 **分布**:产于内蒙古、宁夏。生于丘陵地区向阳石砾质坡地或坡麓,也见于干旱草原或荒漠草原	
蒙古莸(马鞭草科莸属) **形态**:落叶小灌木,常自基部即分枝,高0.3~1.5 m;嫩枝紫褐色,圆柱形,有毛,老枝毛渐脱落。 **习性**:蒙古莸为短轴根型植物。根颈埋于土中,枝条在适宜的水分和温度条件下可发出不定根,属于旱生植物。 **分布**:内蒙古、山西、陕西、甘肃、青海、新疆等省区	
金叶莸(马鞭草科莸属) **形态**:落叶灌木类,株高50~60 cm,枝条圆柱形。单叶对生,叶长卵形,长3~6 cm,叶端尖,基部圆形,边缘有粗齿。 **习性**:喜光,也耐半阴,耐旱、耐热、耐寒,在-20 ℃以上的地区能够安全露地越冬。 **分布**:主要栽种于西北及中国东北地区温带针阔叶混交林区	

互叶醉鱼草(马钱科醉鱼草属)

形态:灌木,高 1 ~4 m。长枝对生或互生,细弱,上部常弧状弯垂,短枝簇生,常被星状短茸毛至几无毛;小枝四棱形或近圆柱形。

习性:耐旱、抗热、抗寒、适应性强,有较强的适应能力和较高的栽培价值。

分布:广布于长江流域各省。产于陕西南部、甘肃东南部、湖北、广西

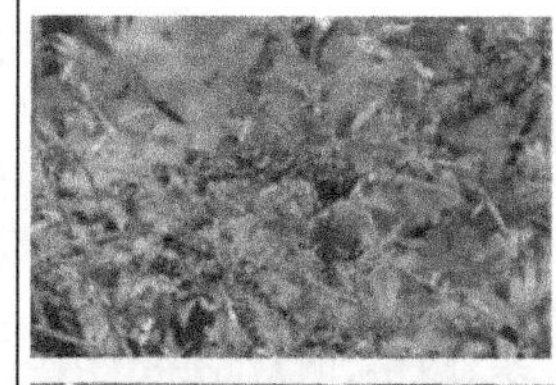

黄柳(杨柳科柳属)

形态:灌木,高 1 ~2 m。树皮灰白色,不开裂。小枝黄色,无毛,有光泽。冬芽无毛,长圆形,红黄色。

习性:耐寒、耐热,抗风沙,易繁殖、生长快,耐沙埋,喜光。

分布:产于内蒙古东部和辽宁西部,甘肃北部有引种

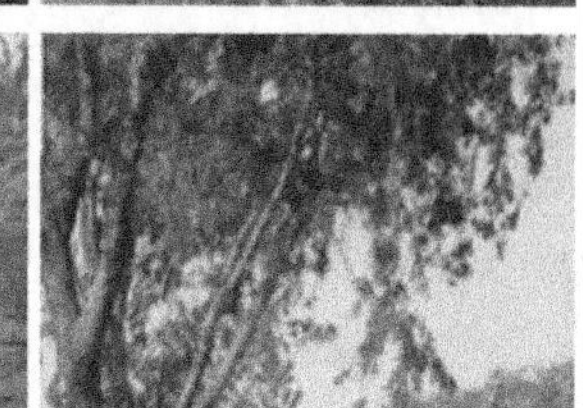

沙柳(杨柳科柳属)

形态:沙柳属灌木或小乔木,小枝幼时具茸毛,以后渐变光滑。叶条形或条状倒披针形,上半部有疏生具腺细齿,下半部近全缘,上面初有绢状毛,后几无毛,有丝毛。

习性:抗逆性强,较耐旱,喜水湿;抗风沙,耐一定盐碱,耐严寒和酷热;喜适度沙压,越压越旺,但不耐风蚀;繁殖容易,萌蘖力强。

分布:山西、陕西、宁夏、甘肃、青海、西藏等地

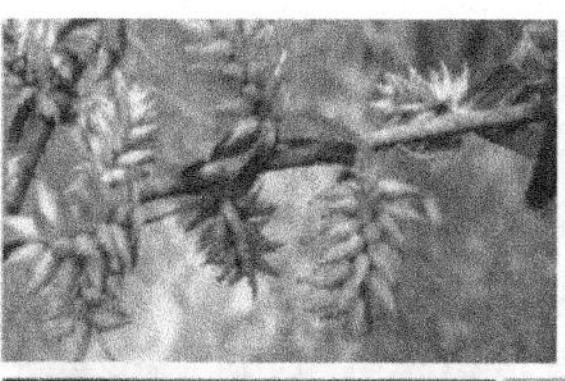

<table>
<tr>
<td>杠柳(萝藦科杠柳属)
形态:落叶蔓性灌木,长可达 1.5 m。主根圆柱状,外皮灰棕色,内皮浅黄色。具乳汁,除花外,全株无毛;茎皮灰褐色;小枝通常对生,有细条纹,具皮孔。
习性:杠柳性喜阳性,喜光,耐寒,耐旱,耐瘠薄,耐阴。对土壤适应性强,具有较强的抗风蚀、抗沙埋的能力。
分布:内蒙古、山西、陕西、甘肃、青海、湖北、广西等省区</td>
<td></td>
</tr>
<tr>
<td>柠条锦鸡儿(豆科锦鸡儿属)
形态:灌木,有时小乔状,高 1 ~ 4 m;老枝金黄色,有光泽;嫩枝被白色柔毛。
习性:柠条锦鸡儿为喜砂的旱生灌木,多生于荒漠、荒漠草原地带的固定、半固定砂地,在流动沙地、覆沙戈壁或丘间谷地、干河床边亦有生长。
分布:产于内蒙古、宁夏、甘肃。生于半固定和固定沙地</td>
<td>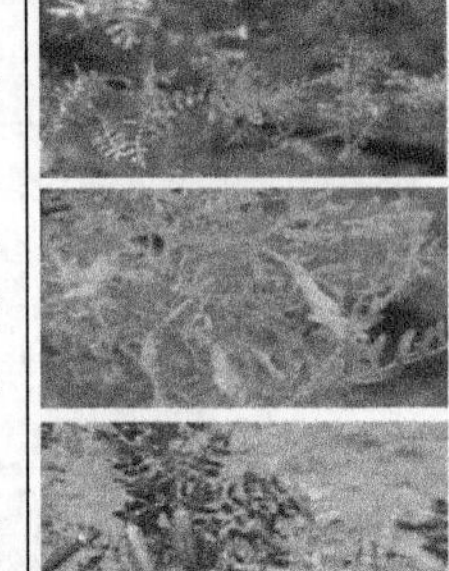 </td>
</tr>
<tr>
<td>中间锦鸡儿(豆科锦鸡儿属)
形态:灌木,高 0.7 ~ 1.5 m。老枝黄灰色或灰绿色,幼枝被柔毛。羽状复叶有 3 ~ 8 对小叶。
习性:多生长于沙砾质土壤,在基部可聚集成风积小沙丘。耐寒、耐酷热,抗干旱,耐贫瘠,不耐涝。轻微沙埋可促进生长。
分布:产于内蒙古、陕西北部、宁夏(盐池)</td>
<td>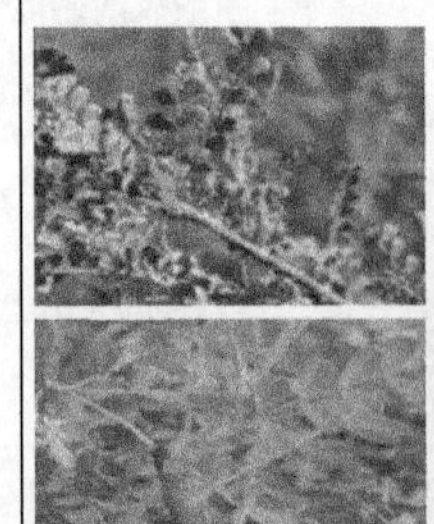 </td>
</tr>
<tr>
<td>沙冬青(豆科沙冬青属)
形态:常绿灌木,高 1.5 ~ 2 m,粗壮;树皮黄绿色,木材褐色。茎多叉状分枝,圆柱形,具沟棱,幼被灰白色短柔毛,后渐稀疏。
习性:喜沙砾质土壤,种子吸水力强,发芽迅速。花开 4、5 月,7 月果熟。荒漠地区十分珍贵的孑遗种,被列为国家二级保护植物。
分布:内蒙古、甘肃、宁夏等地</td>
<td> 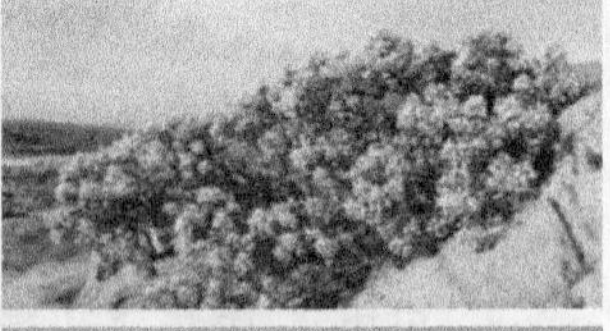
 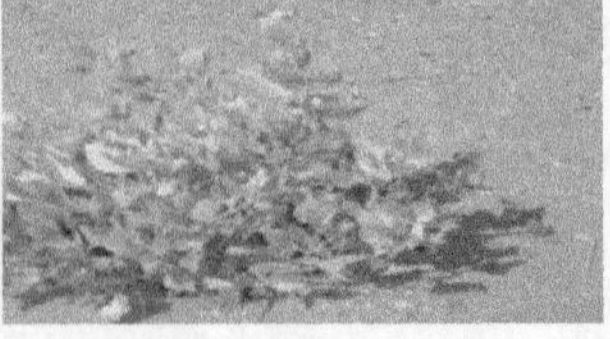</td>
</tr>
</table>

毛核木(忍冬科毛核木属)

形态:直立灌木,高1~2.5 m;幼枝红褐色,纤细,被短柔毛,老枝树皮细条状剥落。

习性:毛核木是耐寒,喜光,新优观果植物。

分布:产于陕西、甘肃南部、湖北西部和广西

新疆忍冬(忍冬科忍冬属)

形态:落叶灌木,高达3 m,全体近于无毛。冬芽小,约有4对鳞片。

习性:光照充足、热量充沛;气温的年较差、日较差、年际变化都很大;无霜期年际变化明显;春温多变,秋温下降迅速;年降水稀少且地理分布不均匀,年际变化强烈。

分布:产于新疆北部。生石质山坡或山沟的林缘和灌丛中

霸王(蒺藜科霸王属)

形态:落叶灌木,高达3 m,全体近于无毛。冬芽小,约有4对鳞片。

习性:生于荒漠和半荒漠的沙砾质河流阶地、低山山坡、碎石低丘和山前平原,半固定沙丘,覆沙地,干旱河谷,干旱山坡,固定沙地,河谷,荒漠平原,荒漠沙质阶地,黄土陡壁,丘陵干旱山坡,沙砾戈壁滩,山谷,石坡,石质残丘,盐渍化沙地。

分布:内蒙古西部、甘肃西部、宁夏西部、新疆、青海

紫穗槐(豆科紫穗槐属)

形态:落叶灌木,丛生,叶互生,奇数羽状复叶,穗状花序,花有短梗;雄蕊10,下部合生成鞘,上部分裂,荚果下垂。花、果期5~10月。

习性:耐干旱,耐贫瘠,耐寒性强。

分布:东北、华北、西北及西南地区

骆驼刺(豆科骆驼刺属)

形态:半灌木,高25~40 cm;茎直立,具细条纹;叶互生,卵形、倒卵形或倒圆卵形;总状花序,腋生,花序轴变成坚硬的锐刺,苞片钻状,花萼钟状,花冠深紫红色;荚果线形,常弯曲,几无毛。

习性:耐旱,生命力顽强,根系发达,适应于沙漠恶劣气候。

分布:内陆干旱地区

优若藜(藜科优若藜属)

形态:丛生半灌木植物,株高60~80 cm,茎基部木质,茎上分枝多,色黄绿;叶宽披针形,全缘,互生;雌雄同株异花,雄花为穗状花序,数个雄花成簇密集于枝的顶端。雌花聚生于叶腋。

习性:耐寒、抗旱。

分布:我国新疆、内蒙古、宁夏、陕西北部

沙枣(胡颓子科胡颓子属)

形态:落叶乔木或小乔木,高5~10 m,发亮;幼枝密被银白色鳞片,老枝鳞片脱落,红棕色;叶薄纸质,矩圆状披针形至线状披针形;花银白色,芳香,常1~3花簇生新枝基部最初5~6片叶的叶腋;果实椭圆形,密被银白色鳞片;花期5~6月,果期9月。

习性:抗旱,抗风沙,耐盐碱,耐贫瘠。

分布:西北和内蒙古西部

白刺(蒺藜科白刺属)

形态:灌木,高1~2 m;多分枝;不孕枝先端刺针状;嫩枝白色。叶在嫩枝上2~3片簇生,宽倒披针形;花排列较密集;核果卵形;果核狭卵形。花期5~6月,果期7~8月。

习性:抗旱,抗风沙,耐盐碱,耐贫瘠,有很强的固沙阻沙能力。

分布:西北沙漠地区及华北

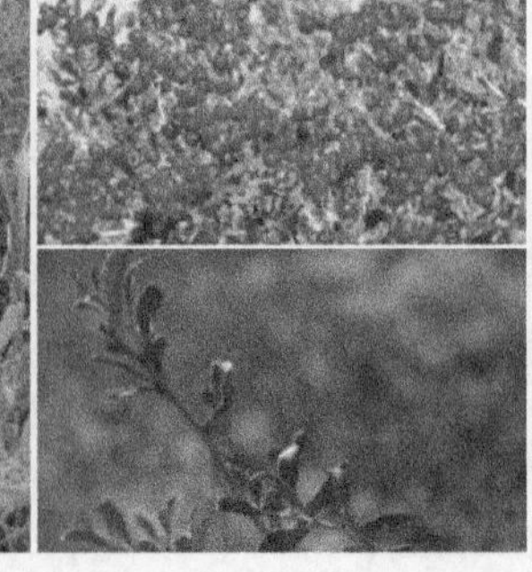

花棒(豆科岩黄耆属) **形态:**半灌木,高80~300 cm。茎直立,多分枝;总状花序腋生,花少数,花萼钟状,花冠紫红色,旗瓣倒卵形或倒卵圆形;种子圆肾形,淡棕黄色,花期6~9月,果期8~10月。 **习性:**沙生、耐旱、喜光,适于流沙环境,抗风蚀,耐严寒酷热,萌蘖力强,防风固沙作用大。 **分布:**分布于内蒙古、宁夏、甘肃、新疆等省(区)的沙漠地区	
沙拐枣(蓼科沙拐枣属) **形态:**灌木,高25~150 cm;老枝灰白色或淡黄灰色,当年生幼枝草质,灰绿色;叶线形;花白色或淡红色,通常2~3朵,簇生叶腋;瘦果不扭转、微扭转或极扭转,条形、窄椭圆形至宽椭圆形;花期5~7月,果期6~8月。 **习性:**耐旱、耐寒、耐碱、耐风沙。 **分布:**甘肃、新疆、内蒙古等省区	

(3)常用草本植物

结缕草(禾本科结缕草属) **形态:**多年生草本。具横走根茎,须根细弱。秆直立,高14~20 cm,基部常有宿存枯萎的叶鞘。 **习性:**生于平原、山坡或海滨草地上。结缕草喜温暖湿润气候,受海洋气候影响的近海地区对其生长最为有利。喜光,在通气良好的空旷地上生长壮实,但又有一定的耐阴性。抗旱、抗盐碱、抗病虫害能力强,耐瘠薄、耐践踏,耐一定的水湿。 **分布:**产于东北、河北、西北等地	

<table>
<tr><td>

羊茅(禾本科羊茅属)

形态:秆密丛生,具条棱,高30~60 cm。叶片内卷成针状,质地软。圆锥花序紧缩,长2~5 cm,分枝常偏向一侧,小穗椭圆形,绿色或淡紫,含3~6朵小花。

习性:羊茅春季萌发较早,分蘖力强,基生叶丛发达。

分布:产于内蒙古、陕西(秦岭)、甘肃、宁夏、青海、新疆、西藏

</td><td></td></tr>
<tr><td>

早熟禾(禾本科早熟禾属)

形态:一年生或冬性禾草。秆直立或倾斜,质软,高6~30 cm,全体平滑无毛。叶鞘稍压扁,中部以下闭合。

习性:喜光,耐阴性也强,可耐50%~70%郁闭度,耐旱性较强。

分布:广布中国广西、湖北、新疆、甘肃、青海、内蒙古、山西

</td><td></td></tr>
<tr><td>

小糠草(禾本科剪股颖属)

形态:多年生草本具根状茎,长5~15 cm。秆直立,或下部的节膝曲而倾斜上升,具4~6节。叶平展而粗糙。圆锥花序疏松开展。

习性:适应性强,耐寒,亦能抗热,喜湿润土壤,耐旱。不耐阴。耐牧性好。

分布:我国西北、长江流域及西南地区均有野生种分布

</td><td></td></tr>
<tr><td>

苔草(莎草科苔草属)

形态:苔草是一种旱生根植物,多年生草本,具有很多的根茎,当生出根茎的时候,通常会有新枝出现。

习性:生长于山地的阳坡、半阳坡。喜潮湿,多生长于山坡、沼泽、林下湿地或湖边。

分布:主要分布于东北、西北、华北和西南高山地区

</td><td></td></tr>
</table>

费菜(景天科景天属) **形态:**多年生草本。根状茎短,粗茎高20～50 cm,有1～3条茎,直立,无毛,不分枝。 **习性:**阳性植物,稍耐阴,耐寒,耐干旱瘠薄,在山坡岩石上和荒地上均能旺盛生长。 **分布:**产于湖北、青海、甘肃、内蒙古、宁夏、山西、陕西	
歪头菜(豆科野豌豆属) **形态:**多年生草本,高(15)40～100(～180) cm。根茎粗壮近木质,主根长达8～9 cm,直径2.5 cm,须根发达,表皮黑褐色。 **习性:**喜光,稍耐阴、耐瘠薄,喜冷凉气候。 **分布:**产于西北、华北、华东、西南	
白射干(鸢尾科鸢尾属) **形态:**白花射干,多年生草本。高25～75 cm。根茎常呈不规则结节状,棕褐白或黑褐色。须根发达,粗而长,黄白色。 **习性:**生于砂质草地、山坡石隙等向阳干燥处。 **分布:**陕西、宁夏、甘肃、青海等地	
沙蒿(菊科蒿属) **形态:**多年生草本;主根明显,侧根少数;根状茎稍粗,短,半木质;茎单生或少数;叶纸质;头状花序多数,卵球形或近球形,在分枝上排成穗状花序式的总状花序或复总状花序,而在茎上组成狭而长的扫帚形的圆锥花序;瘦果倒卵形或长圆形。花果期8～10月。 **习性:**抗旱,抗风沙,耐盐碱,耐贫瘠,超旱生沙生植物,根系发达,可生长在半固定和固定沙丘、平沙地、覆沙戈壁和干河床上。 **分布:**西北、东北、西南地区	

<table>
<tr><td>

伏地肤(藜科地肤属)

形态:小半灌木;茎多分枝而斜升,呈丛生状;叶于短枝上簇生,条形或狭条形,两面疏被柔毛;花单生或2~3朵集生于叶腋;胞果扁球形;种子卵形或近球形,黑褐色。6~7月现蕾,7月开花,9~10月结实。

习性:耐旱、耐寒、耐盐碱、耐瘠薄,再生性强,不耐湿。

分布:东北、西北地区

</td><td></td></tr>
<tr><td>

沙打旺(豆科黄芪属)

形态:植株高2 m左右,丛生,主茎不明显,由基部生出多数分枝;奇数羽状复叶,小叶7~25片,长卵形;总状花序,着花17~79朵;荚果三棱柱形,有种子9~11粒,黑褐色、肾形。

习性:耐旱、耐寒、耐盐碱、耐瘠薄。

分布:中国东北、西北、华北和西南

</td><td></td></tr>
<tr><td>

金色补血草(白花丹科补血草属)

形态:茎多数丛生,叉状分枝。基生叶倒卵形,矩圆状匙形或倒披针形,长1~4 cm,宽0.5~1 cm,先端圆钝尖头,基部楔形下延为扁平的叶柄,叶在开花时常枯死。

分布:生长在西北各省、昆仑山北坡中低山山坡,偶尔生在戈壁和沙地上

</td><td></td></tr>
</table>

3. 华北地区

(1)常用乔木

<table>
<tr><td>

华北落叶松(松科落叶松属)

形态:落叶乔木,高达30 m,胸径1 m,树冠圆锥形。树皮暗灰褐色,呈不规则鳞状裂开,球果长卵形或卵圆形,种鳞背面光滑无毛,苞鳞短于种鳞,暗紫色;种子灰白色,有褐色斑纹,有长翅。花期4~5月,球果10月成熟。

习性:强阳性树,性极耐寒。

分布:华北地区

</td><td></td></tr>
</table>

华山松(松科松属)

形态:幼树树皮灰绿色或淡灰色,平滑,老时裂成方形或长方形厚块片。针叶5针一束,稀6~7针一束。球果圆锥状长卵圆形。种子无翅,两侧及顶端具棱脊。花期4~5月,球果第二年9~10月成熟。

习性:喜温和凉爽湿润气候,耐寒力强,稍耐瘠薄,不耐炎热。

分布:中国山西南部、河南西南部、陕西南部秦岭、甘肃南部以及华中地区

白皮松(松科松属)

形态:常绿乔木,高达30 m。幼树树皮灰绿色,老树树皮灰褐色或灰白色,裂片脱落后露出粉色内皮。叶为3针1束。球果长5~7 cm。种子有短翅。果次年10~11月成熟。

习性:喜光树种,耐瘠薄土壤及较干冷的气候。

分布:产于山西、河南西部、陕西秦岭、甘肃南部、四川北部及湖北西部等地

赤松(松科松属)

形态:乔木,高达30 m,胸径达1.5 m,树皮橘红色,裂成不规则鳞状薄片脱落。一年生枝橘黄或红黄色,微被白粉,无毛。针叶2针一束,球果宽卵圆形或卵状圆锥形,种子倒卵状椭圆形或卵圆形,种翅有关节,花期4月,球果第二年9~10月成熟。

习性:深根性喜光,耐寒,能耐贫瘠土壤,不耐盐碱土。

分布:黑龙江东部、吉林长白山区、辽东半岛、山东胶东地区及江苏东北部

<table>
<tr>
<td>**油松(松科松属)**
形态:乔木,高达25 m,胸径可达1 m以上;树皮灰褐色或褐灰色,裂成不规则较厚的鳞状块片,针叶2针一束,深绿色,粗硬,雄球花圆柱形,球果卵形或圆卵形,种子卵圆形或长卵圆形,淡褐色有斑纹,花期4~5月,球果第二年10月成熟。
习性:阳性树种,深根性,喜光、干冷气候,抗瘠薄,抗风。
分布:产于东北、中原、西北和西南</td>
<td></td>
</tr>
<tr>
<td>**臭冷杉(松科冷杉属)**
形态:乔木,高30 m,胸径50 cm,树冠尖塔形至圆锥形。树皮青灰色,浅裂或不裂。一年生枝淡黄色或淡灰褐色,密生褐色短柔毛。叶条形,上面亮绿色,下面有2条白色气孔带,花期4~5月,果期9~10月。
分布:东北小兴安岭南坡、长白山及张广才岭海拔300~1 800 m,河北小五台山、雾灵山、围场及山西五台山海拔1 700~2 100 m地带</td>
<td></td>
</tr>
<tr>
<td>**青扦(松科云杉属)**
形态:常绿乔木,高达50 m,胸径1.3 m,树冠圆锥形,一年生小枝淡黄绿,以后变为灰色、暗灰色。叶排列较密,在小枝上部向前伸展,小枝下面之叶向两侧伸展,球果卵状圆柱形,花期4月,球果10月成熟。
习性:耐阴,喜温凉气候及湿润、深厚排水良好的酸性土壤。
分布:内蒙古、河北、山西、甘肃、山东等地区</td>
<td></td>
</tr>
</table>

黄檗(芸香科黄檗属)

形态:落叶乔木,树高 10～20 m,胸径 1 m。枝扩展,小叶薄纸质,卵状披针形或卵形,叶缘细钝齿和缘毛。花序顶生,花瓣紫绿色。果圆球形,蓝黑色,通常有 5～8 浅纵沟。花期 5～6 月,果期 9～10 月。

习性:阳性树种,根系发达,萌发能力较强,喜阳光,耐严寒。

分布:产于东北和华北各省

枫杨(胡桃科枫杨属)

形态:落叶乔木,高达30 m,胸径达1 m;幼树树皮平滑,浅灰色;小枝灰色至暗褐色;叶多为偶数或稀奇数羽状复叶。雄性葇荑花序单独生于去年生枝条上叶痕腋内。雌性葇荑花序顶生,花期 4～5 月,果熟期 8～9 月。

习性:喜光,略耐侧阴,幼树耐阴,耐寒能力不强。

分布:黄河流域以南

鸡爪槭(槭树科槭属)

形态:落叶小乔木;树冠伞形。树皮平滑,树皮深灰色。小枝紫或淡紫绿色。叶近圆形,基部心形或近心形,掌状。后叶开花,紫色,伞房花序。花瓣椭圆形或倒卵形。花果期5～9月。

习性:喜疏阴,怕暴晒,耐寒耐干旱。耐酸碱,不耐水涝。

分布:华东、华中至西南

山槐(豆科合欢属)

形态:山槐,落叶小乔木或灌木,通常高 3～8 m。枝条暗褐色,被短柔毛,有显著皮孔。

习性:山槐喜光,耐贫瘠,耐水湿。

分布:中国华北、华东、华南、西南地区

梧桐(梧桐科梧桐属)

形态:落叶乔木。嫩枝和叶柄多少有黄褐色短柔毛。叶片宽卵形、卵形、三角状卵形或卵状椭圆形,顶端渐尖。伞房状聚伞花序顶生或腋生;花萼紫红色;花冠白色或带粉红色,核果近球形。

习性:喜光,喜温暖湿润气候,耐寒性不强,土壤适应性强。为行道树及庭园绿化观赏树。

分布:华北至华南、西南广泛栽培,尤以长江流域为多

山桃(蔷薇科桃属)

形态:乔木,高可达 10 m;树冠开展,树皮暗紫色,光滑;叶片卵状披针形,花单生,先于叶开放,花梗极短;花瓣倒卵形或近圆形,粉红。果实近球形,果肉薄而干,不可食。花期 3 ~ 4 月,果期 7 ~ 8 月。

习性:喜光,耐寒,对土壤适应性强,耐干旱、瘠薄,怕涝。

分布:黄河流域、内蒙古及东北南部、西北

山杏(蔷薇科杏属)

形态:灌木或小乔木,高 2 ~ 5 m;树皮暗灰色。叶片卵形或近圆形,先端长渐尖至尾尖。花单生,先于叶开放;花萼紫红色;花瓣近圆形或倒卵形,白色或粉红色。果肉较薄味酸涩不可食;核扁球形。花期 3 ~ 4 月,果期 6 ~ 7 月。

习性:适应性强,喜光,具有耐寒、耐旱、耐瘠薄的特点。

分布:东北、内蒙古、甘肃、河北、山西

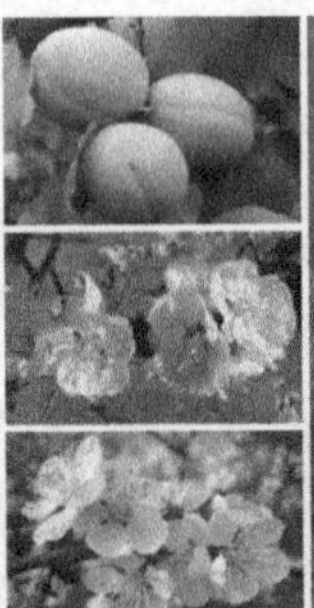

大山樱(蔷薇科李属)

形态:大山樱落叶大乔木,高达 25 m。树皮暗棕色;叶片卵状椭圆形,倒卵形或倒卵状椭圆形,花瓣倒卵形,蔷薇色,先端微凹;核果近球形,黑紫色。花期 4 ~ 5 月,果期 6 ~ 7 月。

习性:喜光,稍耐阴,耐寒性强,喜湿润气候。

分布:辽宁、北京有栽培

栓皮栎(壳斗科栎属) **形态:**落叶乔木,树冠广卵形,树干多,灰褐色,深纵裂,木栓层特厚。小枝淡褐色,雄花序生于当年生枝下部,雌花单生或双生与当年生枝叶腋。花期5月;果翌年9~10月成熟。 **习性:**喜光,耐干旱、瘠薄。 **分布:**华北至华南、西北、西南均有分布	
麻栎(壳斗科栎属) **形态:**落叶乔木,高达30 m,胸径达1 m,树皮深灰褐色,深纵裂。叶片形态多样,通常为长椭圆状披针形,雄花序常数个,坚果卵形或椭圆形,花期3~4月,果期翌年9~10月。 **习性:**阳性喜光,喜湿润气候。耐寒,耐干旱瘠薄,不耐水湿,不耐盐碱。 **分布:**产于我国辽宁南部、华北各省及陕西、甘肃以南	
李(蔷薇科李属) **形态:**落叶乔木,高9~12 m;树冠广圆形,叶片长圆倒卵形、长椭圆形,花通常3朵并生;花瓣白色,长圆倒卵形,核果球形、卵球形或近圆锥形。花期4月,果期7~8月。 **习性:**气候的适应性强,喜肥,极不耐积水。 **分布:**中国各省均有栽培	 

(2)常用灌木或小乔木

木芙蓉(锦葵科木槿属) **形态:**落叶灌木或小乔木,高2~5 m;小枝、叶柄、花梗和花萼均密被星状毛与直毛相混的细绵毛。花单生于枝端叶腋间,花初开时白色或淡红色,后变深红。 **习性:**喜光,稍耐阴;喜温暖湿润气候,不耐寒。 **分布:**东北南部、华北、华东、华南、西南均有栽培	 

算盘子(大戟科算盘子种) **形态:** 落叶灌木,高1~2 m,小枝密生短柔毛。叶互生,有短柄或几无柄;叶片椭圆形成椭圆状披针形顶端尖。花数朵簇生于叶腋;花柱合生。蒴果扁球形,有纵沟。花期5~6月,果期8~9月。 **习性:** 生于山坡灌丛。 **分布:** 现广泛栽培于热带地区。我国南部各省区常见栽培	 
郁李(蔷薇科樱属) **形态:** 灌木,高1~1.6 m。小枝灰褐色,嫩枝绿色或绿褐色,无毛。叶片卵形或卵状披针形,先端渐尖,基部圆形,边有缺刻状尖锐重锯齿,花叶同开或先叶开放;花瓣白或粉红色,倒卵状椭圆形;花期5月,果期7~8月。 **习性:** 喜阳耐严寒,抗旱抗湿力均强。 **分布:** 产于黑龙江、吉林、辽宁、河北、山东、浙江	 
蝴蝶戏珠花(忍冬科荚蒾属) **形态:** 落叶灌木,当年小枝浅黄褐色,四角状,二年生小枝灰褐色或灰黑色。冬芽有1对披针状三角形鳞片。叶纸质,宽卵形、圆状倒卵形或倒卵形,大小常不相等;雌、雄蕊均不发育。 **习性:** 生长于海拔240~1 800 m的山坡、山谷混交林内及沟谷旁灌丛中。 **分布:** 华中、华东、西南各地均有分布	 
白棠子树(马鞭草科紫珠属) **形态:** 多分枝的小灌木,高1~3 m;小枝纤细。叶倒卵形或披针形,顶端急尖或尾状尖,基部楔形,聚伞花序在叶腋的上方着生,细弱;花萼杯状,花冠紫色;花药卵形,细小,药室纵裂;果实球形,紫色,径约2 mm。花期5~6月,果期7~11月。 **习性:** 生于海拔600 m以下的低山丘陵灌丛中。 **分布:** 山西、山东、河南	 

悬钩子(蔷薇科悬钩子属) **形态:**山莓,直立灌木。单叶,卵形至卵状披针形。花单生或少数生于短枝上,花瓣长圆形或椭圆形,白色,顶端圆钝,果实由很多小核果组成,近球或卵球形,花期2~3月,果期4~6月。 **习性:**荒地先锋植物,耐贫瘠,适应性强,属阳性植物。 **分布:**中国除东北、西北、西南,其余各地均有分布	
西府海棠(蔷薇科苹果属) **形态:**小乔木,高达2.5~5 m,树枝直立性强,紫红色或暗褐色,叶片长椭圆形或椭圆形,先端急尖或渐尖,边缘有尖锐锯齿,伞形总状花序,花瓣近圆形或长椭圆形,粉红色;花期4~5月,果期8~9月。 **习性:**喜光,耐寒,忌水涝,忌空气过湿,较耐干旱。 **分布:**中国辽宁、华北地区	
棣棠花(蔷薇科棣棠花属) **形态:**灌木,高1~2 m;小枝有棱,绿色,无毛。叶卵形或三角形,先端渐尖,花单生于侧枝顶端;花瓣黄色,宽椭圆形;雄蕊多数;花柱约与雄蕊等长。花期4~6月,果期6~8月。 **习性:**喜温暖湿润和半阴环境,耐寒性差,对土壤要求不严。 **分布:**华北至华南	
黄栌(槭树科黄栌属) **形态:**落叶小乔木或灌木,树冠圆形,高可达3~5 m,木质部黄色;单叶互生,叶片全缘或具齿,叶柄细,无托叶,叶倒卵形或卵圆形。圆锥花序疏松、顶生;花瓣5枚,长卵圆形或卵状披针形。核果小,肾形扁平。花期5~6月,果期7~8月。 **习性:**喜光,耐半阴;耐寒,耐干旱瘠薄和碱性土,不耐水湿。 **分布:**中国西南、华北	

六道木(忍冬科六道木属) **形态:**落叶灌木,高1~3 m;幼枝被倒生硬毛,老枝无毛;叶矩圆形至矩圆状披针形,花单生于小枝上叶腋,无总花梗;花粉红色。花期5月,果期8~9月。 **习性:**耐半阴,耐寒,耐旱,生长快,耐修剪,喜温暖湿润气候,亦耐干旱瘠薄。 **分布:**东北、华北均有分布	
绣球荚蒾(忍冬科荚蒾属) **形态:**落叶或半常绿灌木,高达4 m;树皮灰褐色或灰白色;芽、幼枝、叶柄及花序均密被灰白色或黄白色簇状短毛,后渐变无毛。聚伞花序全部由大型不孕花组成,花生于第三级辐射枝上;萼筒筒状,矩圆形,顶钝;花冠白色,裂片圆状倒卵形;花期4~5月。 **分布:**华北南部至华南各省	
水蜡(木樨科女贞属) **形态:**落叶或半常绿灌木,小枝具短柔毛,开张成拱形。叶薄革质,椭圆形至倒卵状长圆形,无毛;叶柄有短柔毛。圆锥花絮;花白色,芳香,无梗。核果椭圆形。花期5~6月,果熟期8~10月。 **习性:**喜光,稍耐阴,对土壤要求不严。耐修剪,萌生力强。 **分布:**华北、华中、华东	
胡枝子(豆科胡枝子属) **形态:**直立灌木,羽状复叶具3小叶;总状花序腋生,子房被毛。荚果斜倒卵形,稍扁。花期7~9月,果期9~10月。 **习性:**耐阴、耐寒、耐干旱、耐瘠薄。 **分布:**华北、西北以及华南地区	

(3)常用草本

黄盆花(川续断科蓝盆花属)

形态:多年生草本。根圆柱形,外皮棕褐色,里面黄白色,顶端常丛生分枝。基生叶具柄,椭圆形至披针形,花冠淡黄色或鲜黄色,长7~10 mm,边花较中心花为大,瘦果椭圆形,黄白色,花期7~8月,果熟8~9月。

分布:产于新疆。生于草原、草甸草原及山坡草地上,海拔1 300~2 200 m

蓬子菜(茜草科拉拉藤属)

形态:多年生近直立草本,基部稍木质,被短柔毛或秕糠状毛。叶纸质。聚伞花序顶生和腋生,较大,多花,花梗有疏短柔毛或无毛,萼管无毛;花冠黄色,辐状,无毛,花冠裂片卵形或长圆形,顶端稍钝。果小,果爿双生,近球状,无毛。花期4~8月,果期5~10月。

分布:东北、华北、西北及长江流域

白晶菊(菊科茼蒿属)

形态:二年生草本花卉,叶互生,一至两回羽裂。头状花序顶生,盘状,边缘舌状花银白色,中央筒状花金黄色,瘦果。开花期早春至春末。

习性:喜阳光,耐寒,不耐高温。

分布:东北、华北、华东地区

虞美人(罂粟科罂粟属)

形态:一年生草本,全体被伸展的刚毛,稀无毛。茎直立,叶互生,花单生于茎和分枝顶端。花蕾长圆状倒卵形,下垂;萼片2。蒴果宽倒卵形,无毛,具不明显的肋。种子多数,肾状长圆形。花果期3~8月。

习性:耐寒,怕暑,喜光,喜排水良好的土壤。

分布:华北、江浙一带多有分布

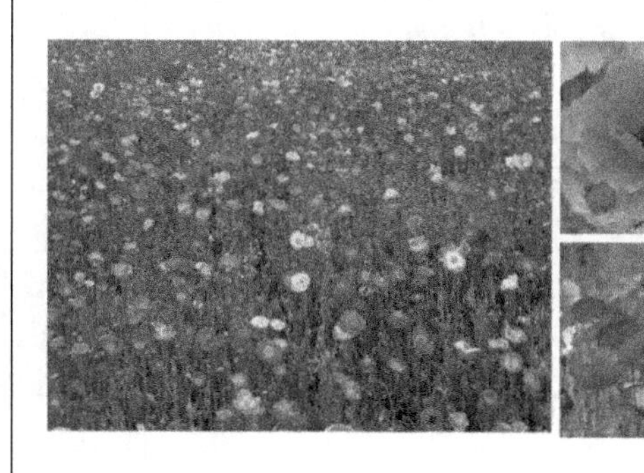

<table>
<tr><td>

黄堇(罂粟科紫堇属)

形态:一年生草本,具恶臭,根细长。茎多分枝。叶片轮廓三角形,蒴果条形,种子黑色,扁球形,生小凹点。花期3~5月,果期6月。

习性:生于墙脚边、石缝或山沟边隰草地。

分布:华北、西南及长江中下游

</td><td></td></tr>
<tr><td>

醉蝶花(白花菜科醉蝶花属)

形态:一年生强壮草本,全株被黏质腺毛,有特殊臭味,有托叶刺。叶为具5~7小叶的掌状复叶,小叶草质,总状花序;花蕾圆筒形,萼片4,子房线柱形,无毛;几无花柱,柱头头状。果圆柱形。花期初夏,果期夏末秋初。

习性:适应性强,性喜高温,较耐暑热,忌寒冷。

分布:华北、华东等

</td><td></td></tr>
<tr><td>

大叶碎米荠(十字花科碎米荠属)

形态:顶生小叶与侧生小叶的形状及大小相似,小叶椭圆形或卵状披针形。总状花序多花,花瓣淡紫色、紫红色,少有白色,倒卵形,长角果扁平。种子椭圆形,褐色。花期5~6月,果期7~8月。

习性:适应性强,喜阴,喜潮湿。

分布:东北、华北、西南地区

</td><td></td></tr>
<tr><td>

二月兰(十字花科诸葛菜属)

形态:基生叶和下部茎生叶羽状深裂,叶基心形,总状花序顶生,花瓣4枚,长卵形,具长爪,雄蕊6枚。果实为长角果圆柱形,种子卵形圆形,花期4~5月,果期5~6月。

习性:适应性强,耐寒性强,冬季常绿。

分布:华北地区常见

</td><td></td></tr>
</table>

早开堇菜(堇菜科堇菜属) **形态:**多年生草本。叶基生,叶片长圆状卵形或卵形;萼片5,花瓣5;子房无毛,花柱基部微曲。蒴果椭圆形,3瓣裂。花期4~6月。 **习性:**适应性强,喜阳光,耐旱。 **分布:**华北、东北、西北等	
紫花地丁(堇菜科堇菜属) **形态:**多年生草本,无地上茎,叶片下部呈三角状卵形或狭卵形,花中等大;蒴果长圆形,种子卵球形,淡黄色。花果期4月中下旬至9月。 **习性:**性喜光,喜湿润的环境,耐阴也耐寒,不择土壤,适应性极强,繁殖容易,能自播。 **分布:**东北、华北、华东、华南	
三色堇(堇菜科堇菜属) **形态:**二年生草本。分枝较多。叶互生,基部叶有长柄、叶片、近心形,茎生叶矩圆状卵形。花单生于叶腋,花梗长,花瓣5枚,播种到开花约90天。 **习性:**较耐寒,喜凉爽,喜肥沃、排水良好、富含有机质的中性壤土或黏壤土。 **分布:**全国各地都有栽培	

4. 华中地区

(1)常用乔木

红豆杉(红豆杉科红豆杉属) **形态:**高达30 m,胸径达65~100 cm;树皮灰褐色、红褐色或暗褐色;叶条形,螺旋状互生,雌雄异株,种子扁圆形。 **习性:**耐阴、耐旱、抗寒、耐贫瘠。 **分布:**主产于陕西、四川、云南、贵州、湖北、甘肃、湖南、广西等地	

杜英(杜英科杜英属) **形态**:常绿乔木,高5~15 m;叶革质,披针形或倒披针形;总状花序多生于叶腋,花序轴纤细,花白色,萼片披针形,子房3室,胚珠每室2颗;花期6~7月。 **习性**:稍耐阴,根系发达,萌芽力强,耐修剪。对二氧化硫抗性强。 **分布**:中国南部及贵州南部均有分布。产于广东、广西、福建、台湾、浙江、湖南、云南	 
白蜡树(木樨科梣属) **形态**:高达19 m,胸径1.5 m;羽状复叶对生,有长柄,革质,披针形至卵状披针形;浅绿色小花,成顶生及侧生圆锥花序,花单性,雌雄异株或杂性,花萼细小,雌花具上位子房;坚果圆柱形。花期4~5月,果期7~9月。 **习性**:耐旱、耐湿、耐高温,喜阳光。 **分布**:产于南北各省区	 
红栌(漆树科黄栌属) **形态**:株高可达270 cm;树冠圆形或伞形;单叶互生,宽卵圆形至肾脏形,叶色初春鲜红,盛夏,下部绿色,顶梢仍为深红色,入秋,整体深红色,叶柄细长紫红色。圆锥花序顶生,花瓣黄色;核果小,肾形。 **习性**:喜光、耐半阴,耐寒、耐旱、耐贫瘠、耐盐碱土,根系发达。 **分布**:河北、山东、河南、湖北、四川等	 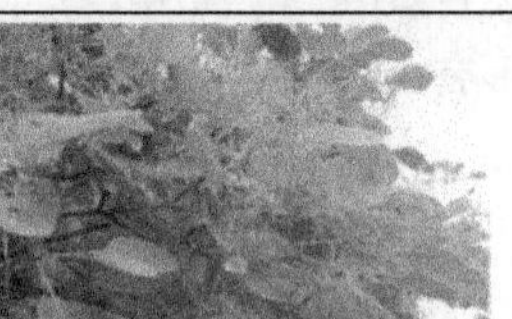  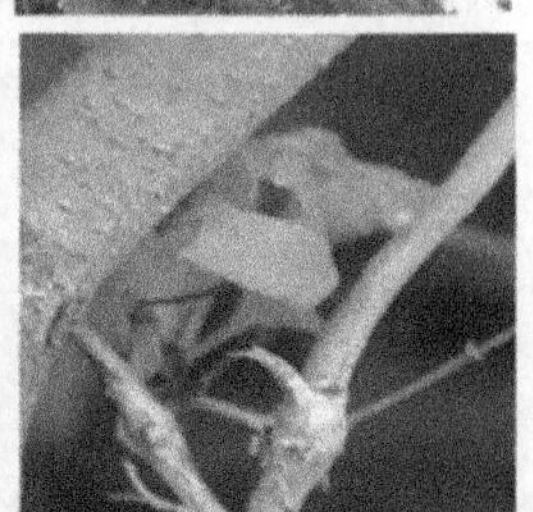
元宝枫(槭树科槭树属) **形态**:落叶乔木,高达10 m;单叶对生,掌状,嫩叶红色,秋季叶又变成黄色或红色;伞房花序顶生;花黄绿色;翅果扁平,形似元宝;花期5月,果期9月。 **习性**:耐阴,耐寒,对土壤要求不严,深根性,病虫害较少。 **分布**:广布于东北、华北,西至陕西、四川、湖北,南达浙江、江西、安徽等省	  

国槐(豆科槐属)

形态: 乔木,高达25 m;树皮灰褐色;羽状复叶,托叶呈卵形;小叶4~7对,对生或近互生,先端渐尖,基部宽楔形或近圆形;圆锥花序顶生,花冠白色或淡黄色,种子卵球形,淡黄绿色;花期7~8月,果期8~10月。

习性: 稍耐阴,耐寒,抗风,耐旱,耐瘠薄,对二氧化硫和烟尘等污染的抗性较强。

分布: 原产于中国,现南北各省区广泛栽培

四季桂(木樨科木樨属)

形态: 常绿乔木,高可达12 m,树皮黑褐色;叶互生,长圆形或长圆状披针形,革质;花为雌雄异株。伞形花序腋生,总苞片近圆形,花小,黄绿色,花药椭圆形,子房不育,果卵珠形,熟时暗紫色。花期3~5月,果期6~9月。

习性: 较为耐旱、耐寒。

分布: 长江以南,台湾至西南各省区

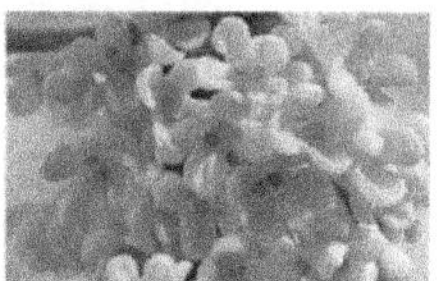

构树(桑科构属)

形态: 为落叶乔木,高10~20 m;树皮暗灰色;小枝密生柔毛。树冠张开,卵形至广卵形;树皮平滑,浅灰色或灰褐色,不易裂,全株含乳汁。花雌雄异株;花期4~5月,果期6~7月。

习性: 喜光,适应性强,耐干旱瘠薄。

分布: 产于中国南北各地

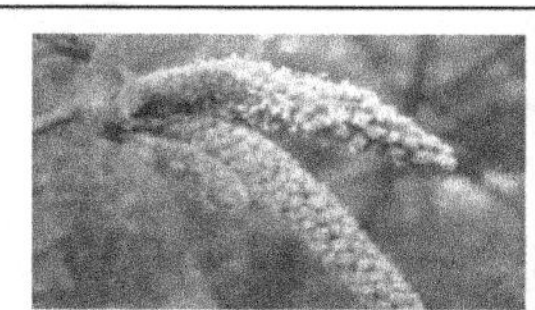

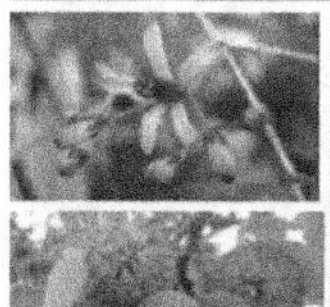

毛白杨(杨柳科、杨属)

形态: 落叶乔木,高达30 m。树皮幼时暗灰色,壮时灰绿色,变为灰白色,树冠圆锥形至卵圆形或圆形。长枝叶阔卵形或三角状卵形。花期3月,果期4~5月。

习性: 深根性,耐旱力较强,黏土、壤土、沙壤土或低湿轻度盐碱土均能生长,速生。

分布: 分布广泛,黄河中下游为中心

香椿(楝科椿属) **形态**:落叶乔木,雌雄异株,叶呈偶数羽状复叶,圆锥花序,两性花白色,果实是椭圆形蒴果,翅状种子,种子可以繁殖。 **习性**:喜温,喜光,较耐湿。 **分布**:中国中部和南部。东北自辽宁南部,西至甘肃,北起内蒙古南部,南到广东、广西,西南至云南均有栽培	
臭椿(苦木科臭椿属) **形态**:落叶乔木,高可达20余m,树皮平滑而有直纹;嫩枝有髓,幼时被黄色或黄褐色柔毛,后脱落。叶为奇数羽状复叶,圆锥花序,花淡绿色,翅果长椭圆形。花期4~5月,果期8~10月。 **习性**:喜光,不耐阴。耐寒,耐旱,不耐水湿,深根性。 **分布**:除东北北部、西北、海南外,各地均有分布	
杜梨(蔷薇科梨属) **形态**:落叶乔木,枝常有刺。株高10 m,枝具刺。叶菱状卵形至长圆形,伞形总状花序,有花10~15朵,花瓣白色。果实近球形,褐色,花期4月,果期8~9月。 **习性**:适生性强,喜光,耐寒,耐旱,耐涝,耐瘠薄。 **分布**:辽宁、河北、河南、山东、山西、陕西、甘肃、湖北、江苏、安徽、江西	
皂荚(豆科皂荚属) **形态**:落叶乔木或小乔木,叶为一回羽状复叶,小叶柄长被短柔毛。花杂性,黄白色,种子多颗,长圆形或椭圆形,花期3~5月;果期5~12月。 **习性**:性喜光而稍耐阴,喜温暖湿润的气候及深厚肥沃适当的湿润土壤。 **分布**:中国北部至南部及西南均有分布	 

(2)常用灌木或小乔木

<table>
<tr><td>

大叶黄杨(黄杨科黄杨属)

形态:灌木,高可达3 m;小枝四棱;叶革质,有光泽,倒卵形或椭圆形,边缘具有浅细钝齿;花序腋生,外萼片阔卵形,内萼片圆形,萼片卵状椭圆形,蒴果近球形,花期6~7月,果熟期9~10月。

习性:稍耐阴,耐寒,对土壤要求不严,在微酸、微碱土壤中均能生长。

分布:中部及北部各省

</td><td> 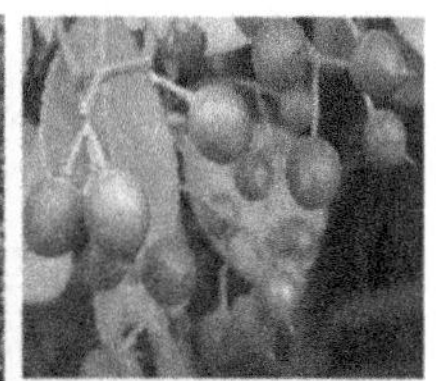 </td></tr>
<tr><td>

红继木(金缕梅科檵木属)

形态:灌木或小乔木,多分枝,小枝有星毛;叶革质,卵形,不等侧;托叶膜质,三角状披针形,早落;花瓣4枚,紫红色线形,花簇生于小枝端,萼筒杯状,花瓣带状,被星毛;花期4~5月。

习性:稍耐阴,耐旱,耐寒冷,萌芽力和发枝力强,耐修剪,耐瘠薄,适应性强。

分布:长江中下游及以南地区

</td><td>  </td></tr>
<tr><td>

金边黄杨(黄杨科黄杨属)

形态:常绿灌木或小乔木,小枝略为四棱形,枝叶密生,树冠球;单叶对生,倒卵形或椭圆形,叶缘金黄色;聚伞花序腋生,具长梗,花绿白色。蒴果球形,淡红色,假种皮橘红色;花期6~7月,果熟期9~10月。

习性:喜光,稍耐阴。适应性强,耐旱,耐寒。萌芽力和发枝力强,耐修剪,耐瘠薄。

分布:北亚热带落叶、常绿阔叶混交林区,中亚热带常绿、落叶阔叶林区

</td><td>  </td></tr>
</table>

小叶女贞(木樨科女贞属) **形态**:小灌木;叶薄革质;圆锥花序顶生,花白色,香,无梗;花药超出花冠裂片。核果宽椭圆形,黑色。花期5～7月,果期8～11月。 **习性**:喜光,耐阴,耐寒,性强健,耐修剪,萌发力强。 **分布**:陕西南部、山东、江苏、安徽、浙江、江西、河南、湖北、四川、贵州西北部、云南、西藏	  
红叶小檗(小檗科小檗属) **形态**:落叶灌木,高1 m,幼枝紫红色或暗红色,老枝灰棕色或紫褐色;叶小全缘,菱形或倒卵形,紫红到鲜红,花黄色。果实椭圆形,果熟后艳红。花期4～6月,果期7～10月。 **习性**:适应性强,耐寒、耐旱,萌蘖性强,耐修剪,对各种土壤都能适应。 **分布**:中国浙江、安徽、江苏、河南、河北等地	 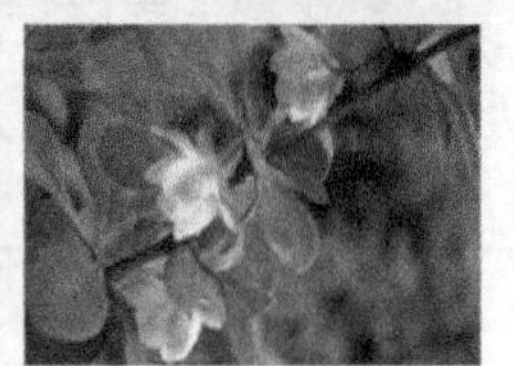 
南天竹(小檗科南天竹属) **形态**:常绿小灌木,高1～3 m;叶互生,三回羽状复叶;小叶薄革质,椭圆形或椭圆状披针形,全缘;圆锥花序直立,花小,白色,具芳香,花瓣长圆形;浆果球形,熟时鲜红色;种子扁圆形。花期3～6月,果期5～11月。 **习性**:耐阴、耐寒、耐旱。 **分布**:长江流域及华北华中西南各省	  
铺地柏(柏科圆柏属) **形态**:常绿匍匐小灌木,高达75 cm,冠幅逾2 m;3叶交叉互轮生,均为刺形叶,先端尖锐;球果近球形,被白粉,成熟时黑色;种子长约4 mm,有棱脊。 **习性**:喜光,适应性强,稍耐阴,耐寒,耐旱,耐瘠薄。 **分布**:黄河流域至长江流域广泛栽培	  

毛叶丁香(木樨科丁香属) **形态**:落叶灌木,株高2~4 m;小枝细长,稍四棱,无毛;圆锥花序,紧密而无细毛,直立;蒴果有瘤;叶卵圆形至椭圆状卵形、菱状卵圆形。花期6~7月,果期8~9月。 **习性**:耐旱,较耐寒,耐瘠薄。 **分布**:东北地区,黄河、长江流域均有	
木槿(锦葵科木槿属) **形态**:落叶灌木,高3~4 m,小枝密被黄色星状茸毛;叶菱形至三角状卵形;花单生于枝端叶腋间,花萼钟形;花朵有单瓣、复瓣、重瓣;蒴果卵圆形,种子肾形;花期7~10月。 **习性**:适应性很强,耐干燥和贫瘠,稍耐阴、耐修剪、耐热又耐寒,萌蘖性强。 **分布**:热带和亚热带地区,多省份均有栽培	
蜡梅(蜡梅科蜡梅属) **形态**:落叶灌木,常丛生,高达4 m;叶对生,椭圆状卵形至卵状披针形;花着生于第二年生枝条叶腋内,先花后叶,花黄似蜡,芳香,花被片圆形、倒卵形、椭圆形或匙形,无毛,花期11月至翌年3月,果期4~11月。 **习性**:喜阳光,能耐阴、耐寒、耐旱,耐修剪,易整形。 **分布**:生于华北华中华东各地,广西、广东等省区均有栽培	
丰花月季(蔷薇科蔷薇属) **形态**:单株蓬茎70 cm左右,高度不超过60 cm;丛生性落叶灌木,花单瓣或重瓣,花繁密,3~25朵成花束状,花白色、红色、粉红均有,花期长,春末至秋季均开花。 **习性**:耐寒、耐高温、抗旱、抗涝、抗病,对环境的适应性极强。 **分布**:东北南部至华南、西南	

<table>
<tr><td>

伞房决明(豆科决明属)

形态:常绿灌木,高2~3 m,多分枝,枝条平滑;叶长椭圆状披针形,叶色浓绿;圆锥花序伞房状,鲜黄色,花瓣阔;荚果圆柱形,花期7~10月,花实并茂,果实直挂到次年春季。

习性:阳性树种,喜光,较耐寒,耐瘠薄,生长快,耐修剪。

分布:黄河以南,华东、华南、华中均有

</td><td>

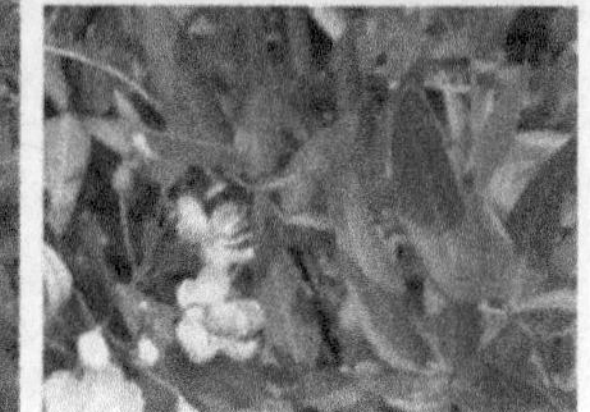

</td></tr>
<tr><td>

白马骨(茜草科白马骨属)

形态:小灌木,通常高达1 m;枝粗壮,灰色;叶通常丛生,薄纸质,倒卵形或倒披针形;花无梗,生于小枝顶部。花期4~6月。

习性:性喜阳光,也较耐阴,耐旱力强,对土壤要求不严。

分布:产于江苏、安徽、浙江、江西、福建、台湾、湖北、广东、香港、广西等省区

</td><td>

</td></tr>
<tr><td>

杜鹃(杜鹃花科杜鹃属)

形态:落叶灌木,高2(~5) m;叶革质,常集生枝端,卵形、椭圆状卵形或倒卵形至倒披针形;花芽卵球形,花冠阔漏斗形,玫瑰色、鲜红色或暗红色,子房卵球形;蒴果卵球形。花期4~5月,果期6~8月。

习性:喜凉爽、湿润、通风的半阴环境。

分布:中国江苏、安徽、浙江、江西、福建、台湾、湖北、湖南、广东、广西、四川、贵州和云南

</td><td>

</td></tr>
</table>

<table>
<tr><td>

多花木兰(木兰科木兰属)

形态:半灌木、灌木;叶倒卵形;花蕾密被灰黄色绢毛,生于枝顶,每花蕾包 2～3 花,形成聚伞花序,花杯状,花被片白色,聚合果圆柱形,蓇葖灰褐色,扁圆形,背面有瘤点状突起。

习性:喜湿,耐旱,根系发达,固土力强,抗旱、耐瘠。

分布:适宜在南温带及亚热带中低海拔地区

</td><td></td></tr>
<tr><td>

金叶女贞(木樨科女贞属)

形态:落叶灌木,高 1～2 m,冠幅 1.5～2 m;叶片较大叶女贞稍小,单叶对生,叶色金黄,椭圆形或卵状椭圆形;总状花序,小花白色。核果阔椭圆形,紫黑色。

习性:喜光,耐阴性较差,耐寒力中等,适应性强。

分布:长江以南及黄河流域等地的气候条件均能适应,生长良好

</td><td></td></tr>
<tr><td>

海桐(海桐科海桐花属)

形态:常绿灌木或小乔木,高可达 6 m;叶聚生于枝顶,二年生,革质,倒卵形或倒卵状披针形;伞形花序或伞房状伞形花序顶生或近顶生,蒴果圆球形,种子多数,多角形,红色,花期 3～5 月,果期 9～10 月。

习性:适应性较强,耐寒亦耐暑,较耐阴蔽。

分布:长江流域、淮河流域广泛分布

</td><td></td></tr>
<tr><td>

牡荆(马鞭草科牡荆属)

形态:灌木或小乔木。小枝方形,密生灰白色茸毛,掌状 5 出复叶,小叶披针形,圆锥状花序顶生或侧生,花期 7～8 月。

习性:喜光,耐阴,耐寒,对土壤要求适应性强。

分布:中国中南、华北等地荒山丘陵地带

</td><td></td></tr>
</table>

(3)常用草本

<table>
<tr><td>

石蒜(石蒜科石蒜属)

形态:鳞茎近球形,直径1~3 cm;秋季出叶,叶狭带状,深绿色;花茎高约30 cm,伞形花序有花4~7朵,花鲜红色。花期8~9月,果期10月。

习性:耐寒性强,喜阴,喜湿润,也耐干旱,适应性强,对土壤要求不严。

分布:多地均有

</td><td></td></tr>
<tr><td>

葱兰(石蒜科葱莲属)

形态:多年生草本;鳞茎卵形,叶狭线形,肥厚,亮绿色。花茎中空;花单生于花茎顶端,花白色,外面常带淡红色,花柱细长;蒴果近球形;种子黑色,扁平。

习性:喜阳光充足,耐半阴,较耐寒。

分布:中国华中、华东、华南、西南等地均有

</td><td></td></tr>
<tr><td>

玉簪(百合科玉簪属)

形态:根状茎粗厚,叶卵状心形、卵形或卵圆形;花的外苞片卵形或披针形,雄蕊与花被近等长或略短,蒴果圆柱状,有三棱。花果期8~10月。

习性:耐寒冷,性喜阴湿环境,不耐强烈日光照射。

分布:产于四川(峨眉山至川东)、湖北、湖南、江苏、安徽、浙江、福建和广东

</td><td></td></tr>
<tr><td>

酢浆草(酢浆草科酢浆草属)

形态:草本,全株被柔毛,根茎稍肥厚;叶基生或茎上互生;花单生或数朵集为伞形花序状,花瓣黄色,长圆状倒卵形;子房长圆形,蒴果长圆柱形;种子长卵形,褐色或红棕色。花、果期2~9月。

习性:喜向阳、抗旱能力较强,对土壤适应性较强。

分布:广布各地(温带、亚热带)

</td><td></td></tr>
</table>

萱草(百合科萱草属) **形态:**多年生草本,根状茎粗短;叶基生成丛,条状披针形;夏季开橘黄色大花,花葶长于叶,圆锥花序顶生,有花6~12朵,子房上位,花柱细长。花果期为5~7月。 **习性:**性强健,耐寒,喜湿润也耐旱,喜阳光又耐半阴,对土壤选择性不强。 **分布:**各地均有	
万寿菊(菊科万寿菊属) **形态:**一年生草本;茎直立,粗壮,具纵细条棱,分枝;叶羽状分裂,裂片长椭圆形或披针形,边缘具锐锯齿;头状花序单生,花序梗顶端棍棒状膨大,顶端具齿尖;舌状花黄色或暗橙色;管状花花冠黄色;花期6~10月。 **习性:**喜温暖,向阳,但稍能耐早霜,耐半阴,抗性强。 **分布:**各地均有栽培	
彩叶草(唇形科鞘蕊花属) **形态:**多年生草本植物,全株有毛,茎为四棱,基部木质化;单叶对生,卵圆形,先端长渐尖,叶面绿色,有淡黄、桃红、朱红、紫等色彩鲜艳的斑纹;顶生总状花序;小坚果平滑有光泽;花期夏秋季。 **习性:**喜温性植物,适应性强。 **分布:**南方常见	
太平花(虎耳草科,山梅花属) **形态:**灌木,高1~2 m,分枝较多;二年生小枝无毛,表皮栗褐色,当年生小枝无毛,表皮黄褐色,不开裂。 **习性:**有较强的耐干旱瘠薄能力。半阴性,能耐强光照。耐寒,喜肥沃排水良好的土壤,耐旱,不耐积水。 **分布:**内蒙古、辽宁、河北、河南、山西、陕西、湖北	 

5. 华东地区

(1)常用乔木

<table>
<tr><td>

广玉兰(木兰科木兰属)

形态:树皮淡褐色或灰色,薄鳞片状开裂;小枝粗壮,叶厚革质,椭圆形,长圆状椭圆形或倒卵状椭圆形,先端钝或短钝尖,基部楔形,叶面深绿色,有光泽;花白色,有芳香。

习性:喜光,而幼时稍耐阴。喜温湿气候,有一定抗寒能力。

分布:北京、兰州、上海、南京、杭州等

</td><td></td></tr>
<tr><td>

雪松(松科雪松属)

形态:高达 30 m 左右,胸径可达 3 m;树皮深灰色,短枝之叶成簇生状,叶针形,坚硬,淡绿色或深绿雪松球果色。球果,种子近三角状,种翅宽大。

习性:温和凉润、土层深厚排水良好的酸性土壤,喜阳光充足,也稍耐阴,在酸性土、微碱土上生长良好。

分布:北京、旅顺、大连、青岛、徐州、上海、南京、杭州、南平、庐山、武汉、长沙、昆明等

</td><td></td></tr>
<tr><td>

楝树(楝科楝属)

形态:落叶乔木,高达 10 余 m,树皮灰褐色,纵裂。分枝广展,小枝有叶痕叶。奇数羽状复叶,小叶对生,卵形、椭圆形至披针形,圆锥花序约与叶等长,核果球形至椭圆形,种子椭圆形。花期 4 ~ 5 月,果期 10 ~ 12 月。

习性:楝喜温暖、湿润气候,喜光,不耐庇荫,较耐寒。

分布:辽宁、北京、河北、山西、陕西、甘肃、山东、江苏、安徽、上海、浙江、江西、福建、台湾、河南、湖北、湖南

</td><td></td></tr>
</table>

<table>
<tr>
<td>
合欢(豆科合欢属)
形态:落叶乔木,高可达 16 m。树干灰黑色;嫩枝、花序和叶轴被茸毛或短柔毛。二回羽状复叶,互生;头状花序,花粉红色;花萼管状;雄蕊多数,基部合生;子房上位,荚果带状。
习性:性喜光,喜温暖,耐寒、耐旱、耐土壤瘠薄。
分布:华东、华南、西南以及辽宁、河北、河南、陕西等省
</td>
<td>

</td>
</tr>
<tr>
<td>
喜树(蓝果树科喜树属)
形态:落叶乔木,高达 20 余 m。树皮灰色或浅灰色,纵裂成浅沟状。小枝圆柱形,平展,当年生枝紫绿色,有灰色微柔毛,多年生枝淡褐色或浅灰色;头状花序近球形,顶生或腋生。
习性:喜高温多湿的环境,耐阴而怕强光直射。
分布:江苏、浙江、福建、江西、湖北、湖南、四川、贵州、广东、广西、云南等省区
</td>
<td>

</td>
</tr>
<tr>
<td>
白玉兰(玉兰科玉兰属)
形态:落叶乔木,树高一般 2 ~ 5 m 或高可达 15 m。花白色,大型,芳香,先叶开放。聚合果,花期 4 ~ 9 月,夏季盛开,通常不结实。
习性:温暖湿润气候和肥沃疏松的土壤,喜光。不耐干旱,也不耐水涝。
分布:中国福建、广东、广西、云南等省区栽培极盛,长江流域各省区
</td>
<td>

</td>
</tr>
</table>

<table>
<tr>
<td>

鹅掌楸(木兰科鹅掌楸属)

形态:乔木,高达40 m,胸径1 m以上,小枝灰色或灰褐色。叶马褂状,花杯状,花期时雌蕊群超出花被之上,心皮黄绿色。聚合果,花期5月,果期9~10月。

习性:耐寒。

分布:产于陕西、安徽、浙江、江西、湖北、湖南(桑植、新宁)、广西、四川、贵州、云南

</td>
<td>

</td>
</tr>
<tr>
<td>

桃(蔷薇科桃属)

形态:桃是一种乔木,高3~8 m;树冠宽广而平展;树皮暗红褐色,老时粗糙呈鳞片状;小枝细长,无毛,具大量小皮孔;叶片长圆披针形、椭圆披针形或倒卵状披针形,花单生,果实形状和大小均有变异,花期3~4月,果实成熟期因品种而异,通常为8~9月。

习性:桃树是喜光树种,分枝力强,生长快。

分布:华北、华东各省

</td>
<td>

</td>
</tr>
<tr>
<td>

红厚壳(藤黄科红厚壳属)

形态:乔木,高5~12 m;树皮厚,灰褐色或暗褐色,幼枝具纵条纹。叶片厚革质,宽椭圆形或倒卵状椭圆形。总状花序或圆锥花序近顶生。果圆球形,花期3~6月,果期9~11月。

习性:性强健,抗风、耐盐、耐干旱。

分布:海南、台湾

</td>
<td>

</td>
</tr>
</table>

赤杨叶(安息香科赤杨叶属)

形态:乔木,高15~20 m,胸径达60 cm,树干通直,树皮灰褐色,叶椭圆形、宽椭圆形或倒卵状椭圆形,总状花序或圆锥花序,果实长圆形或长椭圆形,花期4~7月,果期8~10月。

习性:适应性较强,生长迅速,阳性树种。

分布:安徽、江苏、浙江、湖南、湖北、江西、福建、台湾、广东、广西、贵州、四川和云南

(2)常用灌木或小乔木

杜鹃花(杜鹃花科杜鹃属)

形态:落叶灌木,高2~5 m,分枝多而纤细,密被亮棕褐色扁平糙伏毛。叶革质,常集生枝端,卵形、椭圆状卵形或倒卵形或倒卵形至倒披针形,具细齿,下面淡白色,中脉在上面凹陷,下面凸出;花芽蒴果卵球形,花萼宿存。花期4~5月,果期6~8月。

习性:杜鹃性喜凉爽、湿润、通风的半阴环境,喜欢酸性土壤。

分布:江苏、安徽、浙江、江西、福建、台湾、湖北、湖南、广东、广西、四川、贵州和云南

十大功劳(小檗科十大功劳属)

形态:灌木,高0.5~2 m,叶倒卵形至倒卵状披针形,总状花序簇生,浆果球形紫黑色。花期7~9月,果期9~11月。

习性:具有较强的抗寒能力,不耐暑热。喜温暖湿润的气候,性强健、耐阴、忌烈日暴晒,有一定的耐寒性,也比较抗干旱。

分布:广西、四川、贵州、湖北、江西、浙江

<table>
<tr><td>

胡颓子(胡颓子科胡颓子属)

形态:常绿直立灌木,高3~4 m,具刺,刺顶生或腋生,有时较短,胡颓子深褐色;幼枝微扁棱形,密被锈色鳞片,老枝鳞片脱落,黑色,具光泽。叶革质,椭圆形或阔椭圆形,稀矩圆形,花白色或淡白色,果实椭圆形。花期9~12月,果期次年4~6月。

习性:耐阴一般,喜高温、湿润气候,耐盐、耐旱、耐寒,抗风性强。

分布:江苏、浙江、福建、安徽、江西、湖北、湖南、贵州、广东、广西

</td><td></td></tr>
<tr><td>

月季(蔷薇科蔷薇属)

形态:月季花是直立灌木,高1~2 m;小枝粗壮,圆柱形,近无毛,有短粗的钩状皮刺。小叶片宽卵形至卵状长。叶边缘有锐锯齿,两面近无毛。花几朵集生,果卵球形或梨形,花期4~9月,果期6~11月。

习性:疏松、肥沃、微酸性、排水良好的壤土较为适宜。性喜温暖。

分布:主要分布于湖北、四川和甘肃等省的山区

</td><td></td></tr>
<tr><td>

梅(蔷薇科杏属)

形态:小乔木,稀灌木,高4~10 m;树皮浅灰色或带绿色,平滑;小枝绿色,光滑无毛。叶片卵形或椭圆形,灰绿色,幼嫩时两面被短柔毛,或仅下面脉腋间具短柔毛;花单生,香味浓,先于叶开放,果实近球形,花期冬春季,果期5~6月。

习性:喜温暖气候,耐寒性不强,较耐干旱,不耐涝,寿命长,可达千年。

分布:我国西南、四川、湖北、广西等省,江苏、河南

</td><td></td></tr>
</table>

<table>
<tr>
<td>

连翘(木樨科连翘属)

形态:落叶灌木。枝开展或下垂,叶通常为单叶,叶片卵形、宽卵形或椭圆状卵形至椭圆形,花通常单生或2至数朵着生于叶腋,先于叶开放,果卵球形、卵状椭圆形,花期3～4月,果期7～9月。

习性:喜光;喜温暖、湿润气候,也耐寒;耐干旱瘠薄,怕涝。

分布:产于河北、山西、陕西、山东、安徽西部、河南、湖北、四川

</td>
<td>

</td>
</tr>
<tr>
<td>

樱花(蔷薇科樱属)

形态:乔木,高4～16 m,树皮灰色。小枝淡紫褐色,无毛,嫩枝绿色,被疏柔毛。冬芽卵圆形,无毛。叶片椭圆卵形或倒卵形,早落。花序伞形总状,核果近球形,花期4月,果期5月。

习性:性喜阳光和温暖湿润气候,有一定抗寒能力。对土壤要求不严。

分布:北京、西安、青岛、南京、南昌等城市庭园栽培

</td>
<td>

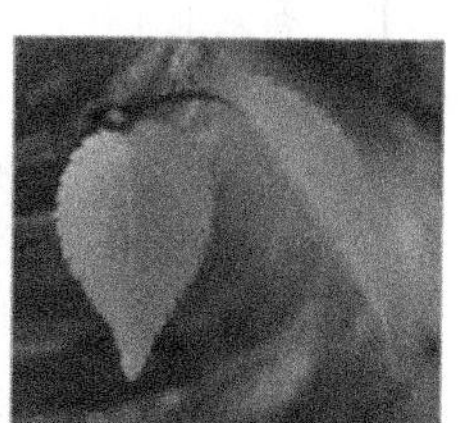

</td>
</tr>
<tr>
<td>

贴梗海棠(蔷薇科木瓜属)

形态:落叶灌木,高达2 m,枝条直立开展,有刺;小枝圆柱形,微屈曲,无毛,叶片卵形至椭圆形,花先叶开放,花期3～5月,果期9～10月。

习性:温带树种。适应性强,喜光,也耐半阴,耐寒,耐旱,对土壤要求不严。

分布:陕西、甘肃、四川、贵州、云南、广东

</td>
<td>

</td>
</tr>
</table>

枸骨(冬青科冬青属) **形态:**常绿灌木、小乔木。树皮灰白色,高(0.6~)1~3 m;幼枝具纵脊及沟,沟内被微柔毛或变无毛,二年枝褐色,三年生枝灰白色,具纵裂缝及隆起的叶痕,无皮孔。 **习性:**耐干旱,喜肥沃的酸性土壤,不耐盐碱。较耐寒,喜阳光,也耐阴。 **分布:**江苏、上海市、安徽、浙江、江西、湖北、湖南等省	 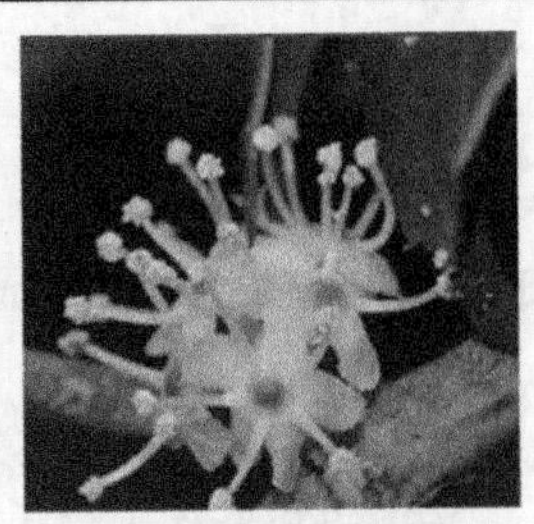 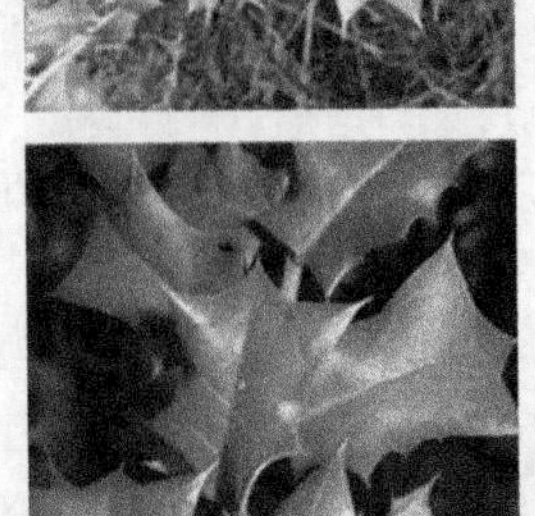 
紫荆(豆科紫荆属) **形态:**丛生或单生灌木,高2~5 m;树皮和小枝灰白色。叶纸质,近圆形或三角状圆形,两面通常无毛,嫩叶绿色,仅叶柄略带紫色。花紫红色或粉红色,簇生于老枝和主干上,尤以主干上花束较多,荚果扁狭长形,绿色。花期3~4月,果期8~10月。 **习性:**较耐寒。喜光,稍耐阴。喜肥沃、排水良好的土壤,不耐湿。 **分布:**中国东南部,北至河北,南至广东、广西,西至云南、四川,西北至陕西,东至浙江、江苏和山东等省区	 
紫薇(千屈菜科紫薇属) **形态:**小乔木,高可达7 m;树皮平滑,灰色或灰褐色;枝干多扭曲,小枝纤细,叶互生或有时对生,纸质,椭圆形、阔矩圆形或倒卵形,成熟时或干燥时呈紫黑色,室背开裂;种子有翅。花期6~9月,果期9~12月。 **习性:**喜暖湿气候,喜光,略耐阴,喜肥,耐干旱,忌涝。 **分布:**我国广东、广西、湖南、福建、江西、浙江、江苏、湖北、河南、河北、山东、安徽、陕西、四川、云南、贵州及吉林	 

<table>
<tr><td>

垂丝海棠(蔷薇科苹果属)

形态:落叶小乔木,高达5 m,树冠疏散,枝开展。小枝细弱,微弯曲,紫色或紫褐色。冬芽卵形,垂丝海棠先端渐尖,紫色。伞房花序,花梗细弱,下垂,有稀疏柔毛,果实梨形或倒卵形,花3～4月,果期9～10月。

习性:喜阳光,不耐阴,也不甚耐寒,爱温暖湿润环境,适生于阳光充足、背风之处。土壤要求不严。

分布:江苏、浙江、安徽、陕西、四川、云南

</td><td>

</td></tr>
</table>

(3)常用草本

<table>
<tr><td>

香丝草(菊科白酒草属)

形态:一年生或二年生草本,根纺锤状,常斜升,具纤维状根。茎直立或斜升,高20～50 cm,稀更高,中部以上常分枝。叶密集,基部叶花期常枯萎,下部叶倒披针形或长圆状披针形,花托稍平,有明显的蜂窝孔,两性花淡黄色,花冠管状,瘦果线状披针形。

习性:常生于荒地、田边、路旁,为一种常见的杂草。

分布:中国中部、东部、南部至西南部各省区

</td><td>

</td></tr>
<tr><td>

美女樱(马鞭草科马鞭草属)

形态:全株有细茸毛,植株丛生而铺覆地面,株高10～50 cm,茎四棱;叶对生,深绿色;穗状花序顶生,密集呈伞房状,花小而密集,有白色、粉色、红色、复色等,具芳香。

习性:喜温暖湿润气候,喜阳,不耐干旱,对土壤要求不严。

分布:中国各地也均有引种栽培

</td><td>

</td></tr>
</table>

<table>
<tr><td>

紫叶酢浆草（酢浆草科酢浆草属）

形态：多年生草本，地下块茎粗大。叶丛生，具长柄，掌状复叶，小叶 3 枚，无柄，倒三角形，深紫色。

习性：喜湿润、半阴且通风良好的环境，也耐干旱。较耐寒，温度低于 5 ℃时，植株地上部分受损。

分布：原产北美，我国已成功引种

</td><td></td></tr>
<tr><td>

蒲公英（菊科蒲公英属）

形态：多年生草本。根略呈圆锥状，弯曲，长 4～10 cm，表面棕褐色，皱缩，根头部有棕色或黄白色的茸毛。叶成倒卵状披针形、倒披针形或长圆状披针形，头状花序，瘦果，花期 4～9 月，果期 5～10 月。

习性：广泛生于中、低海拔地区的山坡草地、路边、田野、河滩。

分布：东北、华北至华南均有分布

</td><td></td></tr>
</table>

6. 华南地区

(1)常见乔木

<table>
<tr><td>

水松（柏科水松属）

形态：乔木，高 8～10 m，树干基部膨大成柱槽状，并且有伸出土面或水面的吸收根，柱槽高达 70 余 cm，干基直径达 60～120 cm，树干有扭纹。

习性：为喜光树种，喜温暖湿润的气候及水湿的环境。

分布：分布在广州珠江三角洲和福建中部及闽江下游海拔 1 000 m 以下地区

</td><td></td></tr>
</table>

<table>
<tr><td>

落羽杉(杉科落羽杉属)
形态:落叶乔木,高达50 m,胸径可达2 m;树干尖削度大,干基通常膨大;树皮棕色,裂成长条片脱落;枝条水平开展生叶的侧生小枝排成二列。
习性:强阳性树种,适应性强,能耐低温、干旱、涝渍和土壤瘠薄。
分布:中国华东、华南等地

</td><td>

</td></tr>
<tr><td>

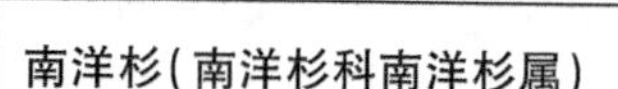
南洋杉(南洋杉科南洋杉属)
形态:乔木,在原产地高达60~70 m,胸径达1 m以上,树皮灰褐色或暗灰色,粗,横裂;大枝平展或斜伸,幼树冠尖塔形,老则成平顶状,侧身小枝密生,下垂,近羽状排列。
习性:喜光,喜暖湿气候,不耐干旱与寒冷,喜肥,萌蘖力强。
分布:在广东、福建、海南、云南、广西均有栽培

</td><td>

</td></tr>
<tr><td>

龙柏(柏科圆柏属)
形态:柏科圆柏属乔木,高达21 m;树皮深灰色,纵裂,成条片开裂;幼树的枝条通常斜上伸展,形成尖塔形树冠,老则成广圆形的树冠,小枝直或稍成弧状弯曲,生鳞叶的小枝近圆柱形或近四棱形。
习性:喜阳,稍耐阴。喜温暖、湿润环境,抗寒。抗干旱,忌积水。
分布:东南沿海和西部地区

</td><td>

</td></tr>
<tr><td>

马尾松(松科松属)
形态:乔木,树干较直;外皮深红褐色微灰,纵裂,长方形剥落;内皮枣红色微黄。心边材稍明显。边材浅黄褐色,甚宽,常有青皮;心材深黄褐色微红。
习性:阳性树种,不耐庇荫,喜光、喜温。对土壤要求不严格,喜微酸性土壤,但怕水涝,不耐盐碱。
分布:遍布于华中、华南各地

</td><td>

</td></tr>
</table>

木棉(木棉科木棉属)

形态:落叶大乔木,高可达25 m,树皮灰白色,幼树的树干通常有圆锥状的粗刺;分枝平展。掌状复叶,小叶5~7片。

习性:喜温暖干燥和阳光充足环境。不耐寒,稍耐湿,忌积水,耐旱。

分布:主要分布于云南、四川、贵州、广西、江西、广东、福建、台湾等省区亚热带

刺桐(豆科刺桐属)

形态:落叶大乔木,高可达20 m。树皮灰褐色,枝有明显叶痕及短圆锥形的黑色直刺。羽状复叶具3小叶。

习性:喜温暖湿润、光照充足的环境,耐旱也耐湿,对土壤要求不严,喜肥沃排水良好的沙壤土;不甚耐寒。

分布:产于热带亚洲,中国福建、广东、广西、海南、台湾、浙江、贵州、四川、江苏等地均有栽培

合欢(豆科合欢属)

形态:落叶乔木,夏季开花,头状花序,合瓣花冠,雄蕊多条,淡红色。荚果条形,扁平,不裂。头状花序于枝顶排成圆锥花序;花粉红色;花萼管状。

习性:喜温暖湿润和阳光充足环境,对气候和土壤适应性强,宜在排水良好、肥沃土壤生长,但也耐瘠薄土壤和干旱气候,但不耐水涝。

分布:中国黄河流域及以南各地

木芙蓉(锦葵科木槿属)

形态:落叶灌木或小乔木,高2~5 m;小枝、叶柄、花梗和花萼均密被星状毛与直毛相混的细绵毛。

习性:喜光,稍耐阴;喜温暖湿润气候,不耐寒。

分布:系中国湖南原产,华南地区分布广泛

复羽叶栾树（无患子科栾树属）

形态：复羽状复叶者，圆锥形花序顶生，黄花，花瓣基部有红色斑，杂性；蒴果卵形。蒴果椭圆形，顶端钝头而有短尖。花期8～9月，果期10～11月。

习性：喜光，喜温暖湿润气候，深根性，适应性强，耐干旱，抗风，抗大气污染，速生。

分布：产于云南、贵州、四川、湖北、湖南、广西、广东等省区

鹅掌楸（木兰科鹅掌楸属）

形态：落叶大乔木，高达40 m，胸径1 m以上，小枝灰色或灰褐色。叶马褂状，近基部每边具1侧裂片，先端具2浅裂，下面苍白色，叶柄长4～8 cm。

习性：喜光及温和湿润气候，有一定的耐寒性。

分布：产于陕西、安徽以南，西至四川、云南，南至南岭山地

腊肠树（豆科决明属）

形态：落叶小乔木或中等乔木，高可达15 m；枝细长；小叶对生，阔卵形。花期6～8月，果期10月。

习性：温树种，性喜光，也能耐一定荫蔽；能耐干旱，亦能耐水湿，但忌积水地；对土壤的适应性颇强。

分布：中国南部和西南部各省区均有栽培

栾树（无患子科栾树属）

形态：落叶乔木或灌木；树皮厚，灰褐色至灰黑色，老时纵裂；皮孔小，灰至暗褐色；小枝具疣点，与叶轴、叶柄均被皱曲的短柔毛或无毛。

习性：喜光，耐寒；但是不耐水淹，耐干旱和瘠薄，对环境的适应性强。

分布：产于中国北部及中部大部分省区，世界各地均有栽培

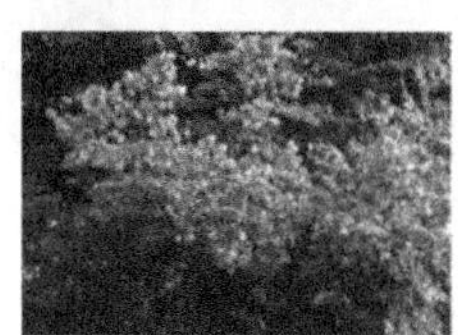

<table>
<tr><td>

垂柳（杨柳科柳属）

形态：小枝细长下垂，淡黄褐色。叶互生，披针形或条状披针形，长8～16 cm，先端渐长尖，基部楔形，无毛或幼叶微有毛，具细锯齿，托叶披针形。花期3～4月，果熟期4～6月。

习性：喜光，较耐寒，特耐水湿，但亦能生于土层深厚的高燥地区。

分布：产于长江流域与黄河流域，其他各地均有栽培

</td><td>

</td></tr>
<tr><td>

无患子（无患子科无患子属）

形态：落叶乔木，枝开展，叶互生；无托叶；有柄；圆锥花序，顶生及侧生；花杂性，花冠淡绿色，有短爪，花期6～7月，果期9～10月。

习性：喜光，稍耐阴，耐寒能力较强。

分布：中国东部、南部至西南部

</td><td>

</td></tr>
<tr><td>

鸡蛋花（夹竹桃科鸡蛋花属）

形态：落叶灌木或小乔木。小枝肥厚多肉。叶大，厚纸质，多聚生于枝顶，叶脉在近叶缘处连成一边脉。花数朵聚生于枝顶，花冠筒状。花期5～10月。

习性：性喜高温。耐干旱，忌涝渍，抗逆性好，耐寒性差。

分布：中国广东、广西、云南、福建等省区有栽培

</td><td>

</td></tr>
</table>

柚木(马鞭草科柚木属) **形态**:落叶或半落叶大乔木,树高达40～50 m,胸径2～2.5 m,干通直。树皮褐色或灰色,枝四棱形,被星状毛。叶对生,极大,卵形或椭圆形,背面密被灰黄色星状毛。 **习性**:柚木是热带树种,要求较高的温度,喜光。 **分布**:中国云南、广东、广西、福建、台湾等地普遍引种	  
柿(柿科柿属) **形态**:落叶大乔木。柿种类繁多,果实大小即各互殊,形状亦不一致,普遍呈卵形或扁圆形,8～11月间成熟。 **习性**:阳性树种,喜温暖气候,充足阳光和深厚、肥沃、湿润、排水良好的土壤,适生于中性土壤,较能耐寒。 **分布**:原产于中国长江流域	 
油桐(大戟科油桐属) **形态**:属落叶乔木,树皮灰色,枝条粗壮,叶卵圆形,花雌雄同株,花瓣白色,有淡红色脉纹,倒卵形,子房密被柔毛,核果近球状,种皮木质。花果期3～9月。 **习性**:生于1 000 m以上的地区,喜温暖,忌严寒。 **分布**:陕西、河南、江苏、安徽、浙江、江西、福建、台湾、湖南、湖北、广东、海南、广西、四川、贵州、云南等省区	 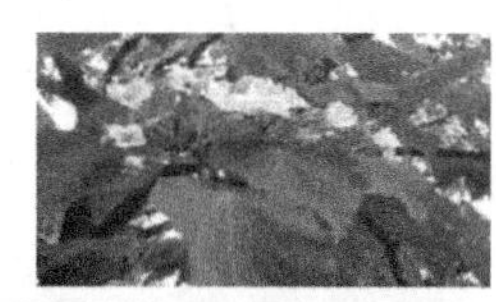 

柠檬桉(桃金娘科桉树属)

形态: 常绿乔木,树皮淡蓝色。幼叶对生,成长的叶互生,花顶生,于夏季开花。球状木质蒴果。

习性: 喜高温多湿气候,不耐低温。

分布: 华南、西南、西北地区

粗糠柴(大戟科野桐属)

形态: 小乔木或灌木,高2~18 m;小枝、嫩叶和花序均密被黄褐色短星状柔毛。叶互生或有时小枝顶部的对生,近革质,卵形、长圆形或卵状披针形。

习性: 喜阴,喜潮湿。

分布: 四川、云南、贵州、湖北、江西、安徽、江苏、浙江、福建、台湾、湖南、广东、广西和海南

栓叶安息香(杜鹃花科安息香属)

形态: 乔木,高4~20 m,胸径达40 cm,树皮红褐色或灰褐色,粗糙,叶互生,革质,椭圆形、长椭圆形或椭圆状披针形,总状花序或圆锥花序,果实卵状球形。花期3~5月,果期9~11月。

习性: 阳性树种,生长迅速。

分布: 产于长江流域以南各省

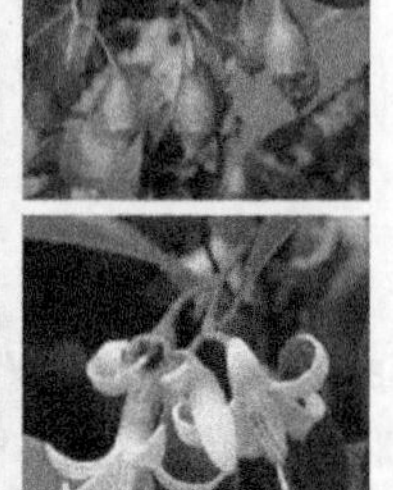

红树(红树科红树属)

形态: 乔木或灌木,高2~4 m,树皮黑褐色。叶椭圆形,总花梗着生已落叶的叶腋,果实倒梨形,花果期几全年。

习性: 沿岸而泥土松软淤积的潮间带,基层不稳定、土壤缺氧以及含有相当高的盐分。

分布: 海南,广东琼山、文昌、乐东、崖县

<table>
<tr>
<td>**海桑(海桑科海桑属)**
形态:乔木,高 5 ~ 6 m;小枝通常下垂,叶形状变异大,阔椭圆形、矩圆形至倒卵形,花具短而粗壮的梗,果时碟形,花期冬季,果期春夏季。
习性:耐低温,耐水淹。
分布:广东琼海、万宁、陵水</td>
<td>  </td>
</tr>
</table>

(2)常见灌木

<table>
<tr>
<td>**迎春(木樨科素馨属)**
形态:迎春花属落叶灌木植物,直立或匍匐,高 0.3 ~5 m,枝条下垂。枝稍扭曲,光滑无毛,小枝四棱形,棱上多少具狭翼。
习性:喜光,稍耐阴,略耐寒,怕涝。
分布:产于中国甘肃、陕西、四川、云南西北部,西藏东南部</td>
<td>  </td>
</tr>
<tr>
<td>**金丝桃(藤黄科金丝桃属)**
形态:半常绿小乔木或灌木:地上每生长季末枯萎,地下为多年生。小枝纤细且多分枝,叶纸质、无柄、对生、长椭圆形,花期 6 ~7 月。
习性:生于山坡、路旁或灌丛中。
分布:华北、华南、华东等地均有分布</td>
<td>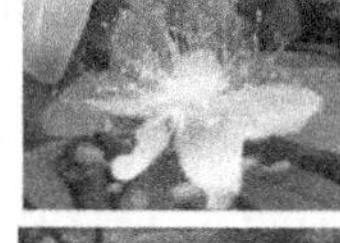 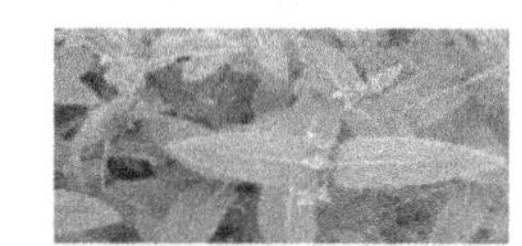 </td>
</tr>
<tr>
<td>**金缕梅(金缕梅科金缕梅属)**
形态:落叶灌木或小乔木,高达 8 m;嫩枝有星状茸毛;芽体长卵形,宽倒卵圆形叶。花数朵簇生叶腋,色金黄。
习性:多生于山坡、溪谷、阔叶林缘,灌丛中;为高山树种。
分布:四川、湖北、安徽、浙江、江西、湖南及广西等省区</td>
<td>  </td>
</tr>
</table>

<table>
<tr><td>

夹竹桃(夹竹桃科夹竹桃属)

形态:常绿直立大灌木,高达5 m,枝条灰绿色,含水液;嫩枝条具棱,被微毛,老时毛脱落。叶3~4枚轮生,叶缘反卷。

习性:喜光,喜温暖湿润气候,不耐寒,忌水渍,耐一定空气干燥。

分布:广植于亚热带及热带地区

</td><td></td></tr>
<tr><td>

大红花(锦葵科木槿属)

形态:常绿灌木,小枝圆柱形,叶阔卵形或狭卵形。花单生于上部叶腋间,常下垂;花冠漏斗形,花瓣倒卵形,先端圆,外面疏被柔毛。花期全年。

习性:性喜温暖、湿润,要求日光充足,不耐阴,不耐寒、旱。

分布:热带及亚热带地区多有种植

</td><td></td></tr>
<tr><td>

悬铃花(锦葵科悬铃花属)

形态:常绿灌木,花瓣螺旋卷屈,呈吊钟状,雌雄蕊细长突出瓣外苞,花瓣略左旋,不开含苞状,叶阔心形,浅二裂或角状。

习性:喜高温多湿和阳光充足环境,耐热、耐旱、耐瘠、不耐寒霜、耐湿,稍耐阴,忌涝。

分布:中国广州和云南西双版纳及陇川等地引种栽培

</td><td></td></tr>
<tr><td>

桂花(木樨科木樨属)

形态:常绿灌木或小乔木,质坚皮薄,叶长椭圆形面端尖,对生,经冬不凋。花生叶腑间,花冠合瓣四裂,形小。

习性:喜温暖,抗逆性强,既耐高温,也较耐寒。

分布:西南部、华南、华中等地

</td><td></td></tr>
</table>

山胡椒(樟科山胡椒属)

形态:落叶灌木或小乔木,高可达8 m;树皮平滑,灰色或灰白色。冬芽(混合芽)长角锥形,幼枝条白黄色,初有褐色毛,后脱落成无毛。

习性:为阳性树种,喜光照,也稍耐阴湿,抗寒。耐干旱瘠薄。

分布:华南、西南等地区

(3)常用草本

石斛兰(兰科石斛属)

形态:茎直立,肉质状肥厚,稍扁的圆柱形,不分枝,具多节,节有时稍肿大;节间多少呈倒圆锥形,干后金黄色。

习性:喜温暖、湿润和半阴环境。

分布:产于台湾、安徽、湖北南部、香港、海南、广西、四川南部、贵州、云南、西藏东南部

百子莲(百合科丝兰属)

形态:宿根植物,盛夏至初秋开花,花色深蓝色或白色。有根状茎;叶线状披针形,近革质;花茎直立;伞形花序,花漏斗状,深蓝色或白色;花期7~8月。

习性:喜温暖、湿润和充足的阳光。

分布:中国各地多有栽培

石竹(石竹科石竹属)

形态:多年生草本,高30~50 cm,全株无毛,带粉绿色。茎由根颈生出,疏丛生,直立,上部分枝。叶片线状披针形,顶端渐尖,基部稍狭。花单生枝端或数花集成聚伞花序。

习性:其性耐寒、耐干旱,不耐酷暑。

分布:几乎中国各地均有分布

金盏花(菊科金盏菊属) **形态:**全株被毛。叶互生,长圆形。头状花序单生,花径5 cm左右,有黄、橙、橙红、白等色。 **习性:**喜耐寒,怕热,喜阳光充足环境。 **分布:**在我国华南广泛种植	 
非洲菊(菊科大丁草属) **形态:**株高30~45 cm,根状茎短,为残存的叶柄所围裹,多数叶为基生,羽状浅裂。具较粗的须根,顶生花序,花朵硕大。 **习性:**喜冬暖夏凉、空气流通、阳光充足的环境,不耐寒,忌炎热。喜肥沃疏松、排水良好沙质壤土。 **分布:**华南、华东、华中等地	 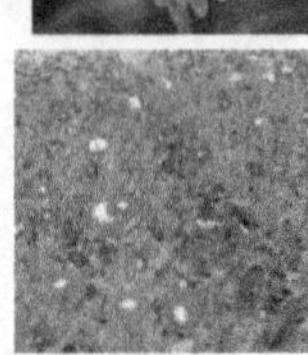 
金鱼草(玄参科金鱼草属) **形态:**叶片长圆状披针形。总状花序,花冠筒状唇形,基部膨大成囊状,开展外曲。有白、淡红、深红、深黄、浅黄、黄橙等色。 **习性:**喜阳光,也能耐半阴。性较耐寒,不耐酷暑。适生于疏松肥沃、排水良好土壤。 **分布:**华南地区广泛种植	  
芍药(毛茛科芍药属) **形态:**多年生草本花卉。根粗壮,分枝黑褐色。下部茎生叶为二回三出复叶,上部茎生叶为三出复叶;小叶狭卵形,椭圆形或披针形,顶端渐尖,基部楔形或偏斜,边缘具白色骨质细齿。 **习性:**长日照植物,喜阳。 **分布:**在我国分布于东北、华北、四川、陕西及甘肃南部	  

麻竹(禾本科牡竹属) **形态:**竿高20~25 m,直径15~30 cm,梢端长下垂或弧形弯曲;节间长45~60 cm,幼时被白粉,但无毛,仅在节内具一圈棕色茸毛环;壁厚1~3 cm;竿分枝习性高,每节分多枝,主枝常单一。 **习性:**要求土壤疏松、深厚、肥沃、湿润和排水良好。 **分布:**华南、西南	  
青皮竹(禾本科簕竹属) **形态:**竿高达9~12 m,径3~5 cm。竿直立,先端稍下垂,幼时被白粉并密生向上淡色刺毛;节上簇生分枝,主枝较纤细而长,其余枝较短,最长达2 m。 **习性:**土壤肥沃湿润的河边冲积地、台地、丘陵下部坡地造林最为适宜。 **分布:**华南地区	  
毛竹(禾本科刚竹属) **形态:**竿高达20余m,粗者可达20余m,幼竿密被细柔毛及厚白粉,箨环有毛,老竿无毛,节下逐渐变黑色,顶梢下垂;基部节间甚短而向上则逐节较长。 **习性:**既需要充裕的水湿条件,又不耐积水淹浸。 **分布:**华南、西南、华中地区均有分布	  

淡竹(禾本科刚竹属) **形态**:竿高5~12 m,粗2~5 cm,幼竿密被白粉,无毛,老竿灰黄绿色;节间最长可达40 cm,壁薄,厚仅约3 mm;竿环与箨环均稍隆起,同高。 **习性**:耐寒耐旱性较强。常见于平原地、低山坡地及河滩上。竹竿坚韧,生长旺盛。 **分布**:黄河流域至长江流域间以及陕西秦岭等地	
箭竹(禾本科箭竹属) **形态**:竿柄长7~13 cm,粗7~20 mm。竿丛生或近散生;直立,高1.5~4 m,粗0.5~2 cm;节间长15~18 cm。 **习性**:生长在温暖湿润,空气相对湿度较大的环境里,不需要大量水便可以很好地成长;没有一种竹子能忍受寒冷和干燥的气候条件,但却是高山地区抗风沙的有利植被。 **分布**:分布于中国华北、华东、华南、西南地区	   

7. 西南地区

(1)常用乔木

亮叶桦(桦木科桦木属) **形态**:乔木,高可达20 m,胸径可达80 cm;树皮红褐色或暗黄灰色,坚密,平滑;枝条红褐色,无毛,有蜡质白粉;小枝黄褐色,密被淡黄色短柔毛;芽鳞无毛,边缘被短纤毛。 **习性**:生于海拔500~2 500 m之阳坡杂木林内。 **分布**:西北、西南	   

云南松（松科松属）

形态：乔木，高达 30 m，胸径 1 m；树皮褐灰色，深纵裂，针叶通常 3 针一束，稀 2 针一束，常在枝上宿存三年，先端尖，背腹面均有气孔线。

习性：喜光性强的深根性树种，适应性能强，能耐冬春干旱气候及瘠薄土壤，生于酸性红壤、红黄壤及棕色森林土或微石灰性土壤上。

分布：云南、西藏、广西、四川、贵州

尼泊尔桤木（桦木科桤木属）

形态：乔木，高达 15 m；树皮灰色或暗灰色，平滑；枝条暗褐色，无毛；幼枝褐色，疏被黄色短柔毛或近无毛；芽具柄，具 2 枚芽鳞，光滑。

习性：喜光、喜湿且耐湿，耐瘠薄，耐干旱。

分布：西藏、云南、贵州、四川西南部、广西

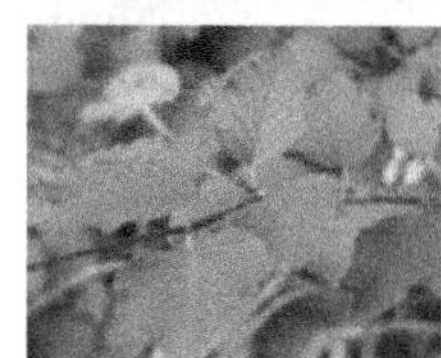

红花木莲（木兰科木莲属）

形态：常绿乔木，高达 30 m，胸径 40 ~ 60 cm，小枝无毛或幼嫩时在节上被锈色或黄褐毛柔毛。树叶革质，单叶互生，呈长圆状椭圆形、长圆形或倒披针形。

习性：耐阴，喜湿润、肥沃的土壤。

分布：湖南、贵州、广西、云南和西藏部分地区

南亚含笑(木兰科含笑属) **形态:**乔木,高达30 m,芽、幼枝、叶柄及嫩叶背面被灰白色平伏短毛。叶椭圆形,长圆状椭圆形,狭卵状椭圆形,长10~22 cm,宽5~7 cm。 **习性:**喜暖热湿润,阳光充足,不耐寒,适半阴。 **分布:**产于西藏(察隅、聂拉木、墨脱)、云南(贡山)	  
香樟(樟科樟属) **形态:**常绿大乔木,高可达30 m,直径可达3 m,树冠广卵形;树冠广展,枝叶茂密,树皮黄褐色,有不规则的纵裂。 **习性:**多喜光,稍耐阴;喜温暖湿润气候,耐寒性不强。 **分布:**南方及西南各省区,以四川省宜宾地区生长面积最广	  
紫果云杉(松科云杉属) **形态:**常绿乔木,树高可达30 m。小枝橙黄色,密生短柔毛上有木钉状叶枕。冬芽圆锥形,有油脂。 **习性:**耐阴很强,浅根性。在涵养水源、防止水土流失中起着重要的作用。 **分布:**四川北部(阿坝藏族自治州地区)、甘肃榆中及洮河流域、青海西倾山北坡	  

<table>
<tr>
<td>

滇朴(榆科朴属)

形态:乔木,树皮灰白色;当年生小枝幼时密被黄褐色短柔毛,老后毛常脱落,冬芽棕色,鳞片无毛,叶厚纸质至近革质。

习性:稍耐阴,耐水湿,但有一定抗旱性,喜肥沃,深根性,抗风力强。

分布:西北、西南和华南

</td>
<td>

</td>
</tr>
<tr>
<td>

岷江冷杉(松科冷杉属)

形态:乔木,高达40 m,胸径达1.5 m;冬芽卵圆形,有较多的树脂,苞鳞倒卵形;种子倒三角状卵圆形,几与种子等长。

习性:耐阴性强,喜冷湿气候。

分布:甘肃南部洮河流域及白龙江流域、四川岷江流域上游

</td>
<td>

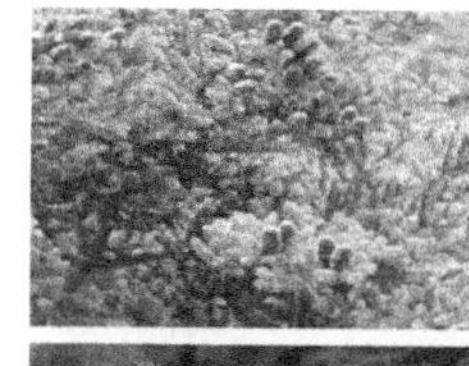
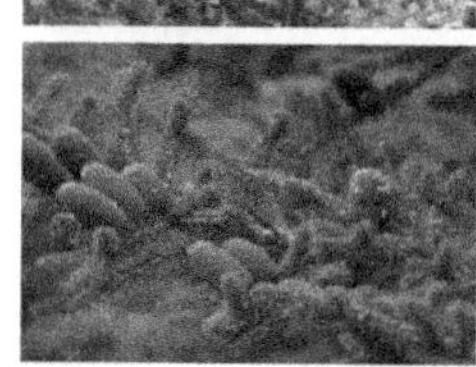

</td>
</tr>
<tr>
<td>

大叶相思(豆科金合欢属)

形态:常绿乔木,枝条下垂,树皮平滑,灰白色;小枝无毛,皮孔显著。叶状柄镰状长圆形,长10~20 cm,宽1.5~4(~6)cm,两端渐狭,比较显著的主脉有3~7条。

习性:阳性植物,需强光,耐热、耐旱、耐瘠、耐酸、耐剪、抗风、抗污染。

分布:广东、海南、广西等省区广泛栽培

</td>
<td>

</td>
</tr>
</table>

<table>
<tr><td>

黑荆树(含羞草科金合欢属)

形态:常绿乔木,树高 18 m。树冠姿态与树干直立弯曲与否关系密切。通常情况下,树干自然弯曲或倾斜。叶为小型羽状叶,节间短,叶片密集,深绿色。

习性:喜阳光,喜温暖湿润气候,稍耐寒,喜深厚肥沃土壤。

分布:西南、华南

</td><td>

</td></tr>
<tr><td>

柳杉(杉科柳杉属)

形态:乔木,树皮红棕色,裂成长条片脱落;大枝近轮生,平展或斜展;小枝细长,常下垂,绿色,枝条中部的叶较长,常向两端逐渐变短。

习性:幼龄能稍耐阴,喜温暖湿润的气候和土壤酸性、肥厚而排水良好土壤。

分布:江苏、浙江、安徽南部、河南、湖北、湖南、四川、贵州、广东等

</td><td>

</td></tr>
<tr><td>

木菠萝(桑科波罗蜜属)

形态:常绿乔木,树皮厚,黑褐色;小枝粗 2~6 mm,具纵皱纹至平滑,无毛;托叶抱茎环状,遗痕明显。叶革质,螺旋状排列,椭圆形或倒卵形,长 7~15 cm 或更长,宽 3~7 cm。

习性:喜热带气候。喜光,喜深厚肥沃土壤,忌积水。

分布:西南地区

</td><td>

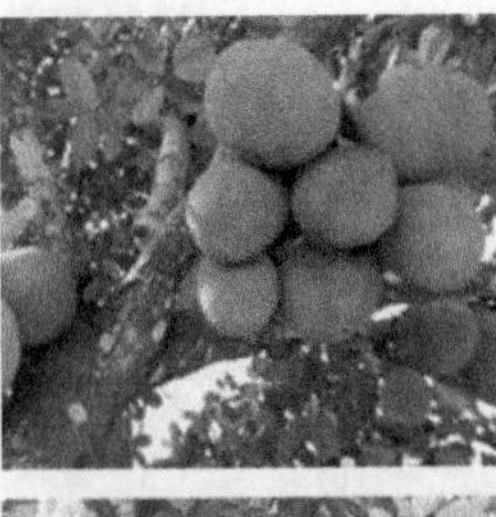

</td></tr>
</table>

木麻黄(木麻黄科木麻黄属)

形态:常绿乔木,高可达 30 m,大树根部无萌蘖;树干通直;鳞片状叶,披针形或三角形,花期 4 ~5 月,果期 7 ~10 月。

习性:强阳性,喜炎热气候,耐干旱、贫瘠,抗盐渍,也耐潮湿,不耐寒。

分布:广西、广东、福建、台湾沿海地区普遍栽植

钝叶黄檀(豆科黄檀属)

形态:乔木,分枝扩展。幼枝下垂,无毛。羽状复叶;托叶早落;小叶 2(~3)对,近革质,椭圆形或倒卵形。

习性:喜光,耐干旱瘠薄,不择土壤,但以在深厚、湿润、排水良好的土壤上生长较好,忌盐碱地;深根性,萌芽力强。

分布:云南(南部)

火绳树(梧桐科火绳树属)

形态:落叶灌木或小乔木,叶卵形或广卵形,聚伞花序腋生,蒴果木质,种子具翅。花期 4 ~7 月。

习性:生于海拔 500 ~1 300 m 的山坡疏林中或稀树灌丛中。

分布:贵州南部、广西

红厚壳(藤黄科红厚壳属) **形态:**乔木,树皮厚,灰褐色或暗褐色,幼枝具纵条纹。叶片厚革质,宽椭圆形或倒卵状椭圆形。总状花序或圆锥花序近顶生。果圆球形。花期3~6月,果期9~11月。 **习性:**性强健,抗风、耐盐、耐干旱。 **分布:**海南、台湾	

(2)常用灌木或小乔木

火棘(蔷薇科火棘属) **形态:**常绿灌木,侧枝短,先端成刺状,叶片倒卵形或倒卵状长圆形,花集成复伞房花序,花瓣白色,近圆形,果实近球形,橘红色或深红色。花期3~5月,果期8~11月。 **习性:**喜强光,耐贫瘠,抗干旱,不耐寒。 **分布:**中国黄河以南及广大西南地区	
红花檵木(金缕梅科檵木属) **形态:**常绿灌木或小乔木。树皮暗灰或浅灰褐色,多分枝。叶革质互生,卵圆形或椭圆形,先端短尖,两面均有星状毛,全缘。 **习性:**喜光,稍耐阴。适应性强,耐旱。喜温暖,耐寒冷,耐瘠薄,宜在肥沃、湿润的微酸性土壤中生长。 **分布:**长江中下游及以南	 

含笑(木兰科含笑属) **形态**:常绿灌木,高2～3 m,树皮灰褐色,分枝繁密;叶革质,狭椭圆形或倒卵状椭圆形。 **习性**:花喜肥,性喜半阴。不耐干燥瘠薄,但也怕积水,要求排水良好,肥沃的微酸性壤土,中性土壤也能适应。 **分布**:原产于华南南部各省区,广东鼎湖山有野生,现广植于中国各地	  
云南山茶(山茶科山茶属) **形态**:常绿乔木,高8～16 m,胸径达50 cm;树皮灰褐色;小枝黄褐色,无毛或被细柔毛。 **习性**:半阴性树种,深根性,主根发达,常生于松栎混交林或常绿阔叶林次生灌丛中。 **分布**:分布于云南西部山地和滇中高原	   
雀舌黄杨(黄杨科黄杨属) **形态**:灌木,枝圆柱形;小枝四棱形,被短柔毛,后变无毛。叶薄革质,通常匙形,亦有狭卵形或倒卵形,叶面绿色,光亮,叶背苍灰色,在两面或仅叶面显著。 **习性**:喜温暖湿润和阳光充足,较耐寒,耐干旱和半阴。 **分布**:西北、西南、华南	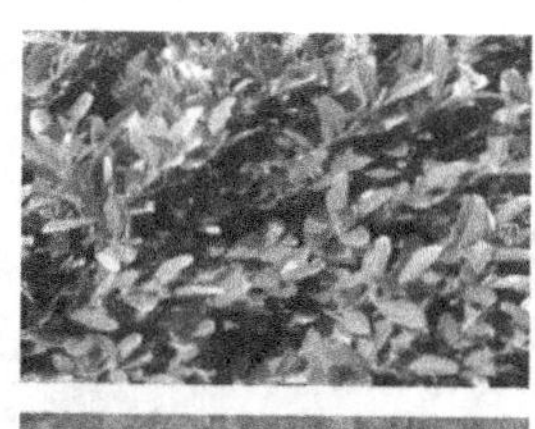   

鹅掌柴(五加科鹅掌柴属) **形态:**常绿灌木。分枝多,枝条紧密。掌状复叶,小叶5~8枚,长卵圆形,革质,深绿色,有光泽。圆锥状花序,小花淡红色,浆果深红色。 **习性:**喜温暖、湿润和半阴环境。 **分布:**西藏(察隅)、云南、广西、广东、浙江、福建和台湾	  
大白杜鹃(杜鹃花科杜鹃属) **形态:**常绿灌木或小乔木,高1~3 m,稀达6~7 m;树皮灰褐色或灰白色;幼枝绿色,无毛,老枝褐色。 **习性:**喜凉爽湿润的气候,恶酷热干燥。要求富含腐殖质、疏松、湿润及pH在5.5~6.5的酸性土壤,耐干旱、瘠薄,但不耐暴晒。 **分布:**四川、贵州、云南、西藏	   
桃金娘(桃金娘科桃金娘属) **形态:**灌木,高1~2 m;嫩枝有灰白色柔毛。叶对生,革质,叶片椭圆形或倒卵形,先端圆或钝,常微凹入。 **习性:**生于丘陵坡地,为酸性土指示植物。 **分布:**台湾、福建、广东、广西、云南、贵州、重庆南部及湖南最南部	  

米仔兰(楝科米仔兰属)

形态:灌木或小乔木;茎多小枝,幼枝顶部被星状锈色的鳞片。叶轴和叶柄具狭翅,有小叶3~5片;小叶对生,厚纸质。

习性:幼苗时较耐荫蔽,长大后偏阳性;喜温暖、湿润的气候,怕寒冷;适合生于肥沃、疏松、富含腐殖质的微酸性沙质土中。

分布:广东、广西、福建、四川、贵州和云南等省区

黄花木(蝶形花科黄花木属)

形态:灌木,高1~4 m;树皮暗褐色,散布不明显皮孔。枝圆柱形,具沟棱,幼时被白色短柔毛,后秃净。

习性:生于山坡林缘和灌丛中。

分布:陕西、甘肃、四川、云南、西藏

接骨木(忍冬科接骨木属)

形态:落叶灌木或小乔木,高5~6 m;老枝淡红褐色,具明显的长椭圆形皮孔,髓部淡褐色。

习性:喜向阳,但又是有梢耐荫蔽,喜光,亦耐阴,较耐寒,又耐旱,根系发达,萌蘖性强,根系发达。忌水涝。抗污染性强。

分布:东北、华北至华南、西南各省区

荚蒾(忍冬科荚蒾属)

形态:落叶灌木,高可达 3 m。叶纸质,倒卵形,复伞形式聚伞花序稠密,花生于第三至第四级辐射枝上,花冠白色,辐状,花药小,乳白色。果实红色。

习性:喜光,喜温暖湿润,也耐阴,耐寒,对气候因子及土壤条件要求不严,最好是微酸性肥沃土壤。

分布:浙江、江苏、山东、河南、陕西、河北等省

(3)常用草本

紫茎泽兰(菊科泽兰属)

形态:多年生草本或成半灌木状植物。根茎粗壮发达,直立,株高 30 ~ 200 cm,分枝对生、斜上,茎紫色、被白色或锈色短柔毛。

习性:适应能力极强,强入侵性物种,干旱、瘠薄的荒坡隙地,甚至石缝和楼顶上都能生长。

分布:西南地区的云南、贵州、四川、广西、西藏等地都有分布

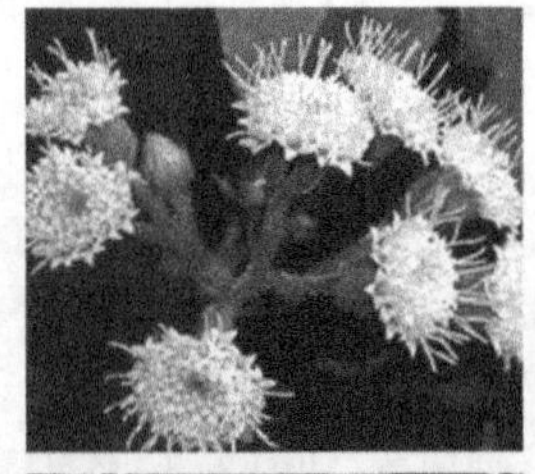

沿阶草(百合科沿阶草属)

形态:根纤细,近末端处有时具膨大成纺锤形的小块根;地下走茎长,直径 1 ~ 2 mm,节上具膜质的鞘。茎很短。叶基生成丛,禾叶状,长20 ~ 40 cm,宽 2 ~ 4 mm,先端渐尖,具 3 ~ 5 条脉,边缘具细锯齿。

习性:耐阴、耐热、耐寒、耐湿、耐旱。

分布:中国的华东、华中地区以及云南、贵州、四川、陕西、甘肃、西藏

红花酢浆草(酢浆草科酢浆草属)

形态:多年生草本,草株高 15~25 cm。具块状纺锤形根茎。全株被白色纤细毛。叶基生,具长柄,3 枚小叶掌状着生倒心形,叶背被软毛。

习性:喜温暖,不耐寒,忌炎热,盛夏生长慢或休眠,喜阴,耐阴性极强。

分布:河北、陕西、华东、华中、华南、四川和云南等地

六月雪(茜草科六月雪属)

形态:小灌木,高 60~90 cm,有臭气。叶革质,卵形至倒披针形,长 6~22 mm,宽 3~6 mm,顶端短尖至长尖,边全缘,无毛;叶柄短。

习性:畏强光,喜温暖气候。

分布:江苏、安徽、江西、浙江、福建、广东、香港、广西、四川、云南

鼠尾草(唇形科鼠尾草属)

形态:一年生草本,须根密集,茎直立,高 40~60 cm,钝四棱形,具沟,沿棱上被疏长柔毛或近无毛。

习性:喜温暖、湿润和阳光充足环境,耐寒性强,怕炎热、干燥。

分布:浙江、安徽南部、江苏、江西、湖北、福建、台湾、广东、广西等地

<table>
<tr><td>

凤仙花(凤仙花科凤仙花属)

形态:一年生草本,茎粗壮,肉质,直立,不分枝或有分枝,无毛或幼时被疏柔毛,具多数纤维状根,下部节常膨大。

习性:性喜阳光,怕湿,耐热不耐寒。喜向阳的地势和疏松肥沃的土壤,在较贫瘠的土壤中也可生长。

分布:江苏、浙江、河北、安徽等地

</td><td></td></tr>
<tr><td>

百日草(菊科百日菊属)

形态:一年生草本植物。茎直立,被糙毛或长硬毛。叶宽卵圆形或长圆状椭圆形,长5~10 cm,宽2.5~5 cm,基部稍心形抱茎,两面粗糙,下面被密的短糙毛,基出三脉。

习性:喜温暖、不耐寒、喜阳光、怕酷暑、性强健、耐干旱、耐瘠薄、忌连作。

分布:云南、四川西南部有引种

</td><td></td></tr>
<tr><td>

鸭跖草(鸭跖草科鸭跖草属)

形态:一年生披散草本。茎匍匐生根,多分枝,长可达1 m,下部无毛,上部被短毛。叶披针形至卵状披针形,长3~9 cm,宽1.5~2 cm。

习性:喜温暖,湿润气候,喜弱光,忌阳光暴晒,也不能过阴。

分布:多分布于长江以南各省区

</td><td></td></tr>
</table>

白芨(兰科白芨属) **形态:**多年生草本球根植物(块根),植株高18~60 cm,叶4~6枚,狭长圆形或披针形,长8~29 cm,宽1.5~4 cm,先端渐尖,基部收狭成鞘并抱茎。 **习性:**喜温暖、阴湿的环境。稍耐寒,长江中下游地区能露地栽培。耐阴性强,忌强光直射。 **分布:**广布于长江流域各省	
孔雀草(菊科万寿菊属) **形态:**一年生草本,高30~100 cm,茎直立,通常近基部分枝,分枝斜开展。叶羽状分裂,长2~9 cm,宽1.5~3 cm,裂片线状披针形,边缘有锯齿,齿端常有长细芒,齿的基部通常有1个腺体。 **习性:**喜阳光,但在半阴处栽植也能开花。它对土壤要求不严。 **分布:**云南中部及西北部、四川中部和西南部及贵州西部	
风铃草(桔梗科风铃草属) **形态:**多数为多年生草本,叶全互生,花单朵顶生。花萼与子房贴生,裂片5枚,有时裂片间有附属物。花冠钟状,漏斗状或管状钟形,有时几乎辐状,5裂。种子多数,椭圆状,平滑。 **习性:**喜肥沃而排水良好的壤土。 **分布:**西南山区,少数种产北方	
鸢尾(鸢尾科鸢尾属) **形态:**多年生草本。叶互生,2裂,剑形,花青紫色,1~3朵排列成总状花序,蒴果长椭圆形,有6棱,种子多数,圆形,黑色。花期4~5月,果期10~11月。 **习性:**适应性强,喜光耐半阴,耐旱也耐湿。 **分布:**产于广东、广西、四川	  

附表

1.防治责任范围表(涉及县级行政区较多时)

防治责任范围表表式见附表1。

附表1　防治责任范围表

行政区划			项目组成	防治责任范围(hm^2)
××省	××市	××区		
			小计	
××省	××市	××区		
			小计	
××省	××市	××区		
			小计	
		××县		
			小计	
	合计			
全线合计				
			合计	

2. 防治标准指标计算表(分区段标准较多时)

防治标准指标计算表式见附表 2。

附表 2　防治标准指标计算表

<table>
<tr><td colspan="3" rowspan="2">项目</td><td colspan="8">水土流失防治分区</td><td rowspan="2">面积合计(hm^2)</td><td rowspan="2">综合指标</td></tr>
<tr><td>××区</td><td>××区</td><td>××区</td><td>××区</td><td>××区</td><td>××区</td><td>××区</td><td>××区</td></tr>
<tr><td rowspan="4">防治责任范围(hm^2)</td><td rowspan="4">项目建设区</td><td>永久建筑物面积</td><td></td><td></td><td></td><td></td><td></td><td></td><td></td><td></td><td></td><td></td></tr>
<tr><td>可绿化面积</td><td></td><td></td><td></td><td></td><td></td><td></td><td></td><td></td><td></td><td></td></tr>
<tr><td>其他</td><td></td><td></td><td></td><td></td><td></td><td></td><td></td><td></td><td></td><td></td></tr>
<tr><td>小计</td><td></td><td></td><td></td><td></td><td></td><td></td><td></td><td></td><td></td><td></td></tr>
<tr><td colspan="3">扰动地表面积(hm^2)</td><td></td><td></td><td></td><td></td><td></td><td></td><td></td><td></td><td></td><td></td></tr>
<tr><td rowspan="3">水保措施面积(hm^2)</td><td colspan="2">林草措施面积</td><td></td><td></td><td></td><td></td><td></td><td></td><td></td><td></td><td></td><td></td></tr>
<tr><td colspan="2">工程措施面积</td><td></td><td></td><td></td><td></td><td></td><td></td><td></td><td></td><td></td><td></td></tr>
<tr><td colspan="2">合计</td><td></td><td></td><td></td><td></td><td></td><td></td><td></td><td></td><td></td><td></td></tr>
<tr><td colspan="3">可剥离表土量(万 m^3)</td><td></td><td></td><td></td><td></td><td></td><td></td><td></td><td></td><td></td><td></td></tr>
<tr><td colspan="3">实际剥离表土(万 m^3)</td><td></td><td></td><td></td><td></td><td></td><td></td><td></td><td></td><td></td><td></td></tr>
<tr><td colspan="3">弃渣量(万 m^3)</td><td></td><td></td><td></td><td></td><td></td><td></td><td></td><td></td><td></td><td></td></tr>
<tr><td colspan="3">弃渣防护量(万 m^3)</td><td></td><td></td><td></td><td></td><td></td><td></td><td></td><td></td><td></td><td></td></tr>
<tr><td rowspan="6">水土流失防治效果分析</td><td colspan="2">水土流失治理度(%)</td><td></td><td></td><td></td><td></td><td></td><td></td><td></td><td></td><td></td><td></td></tr>
<tr><td colspan="2">土壤流失控制比</td><td></td><td></td><td></td><td></td><td></td><td></td><td></td><td></td><td></td><td></td></tr>
<tr><td colspan="2">渣土防护率(%)</td><td></td><td></td><td></td><td></td><td></td><td></td><td></td><td></td><td></td><td></td></tr>
<tr><td colspan="2">表土保护率(%)</td><td></td><td></td><td></td><td></td><td></td><td></td><td></td><td></td><td></td><td></td></tr>
<tr><td colspan="2">林草植被恢复率(%)</td><td></td><td></td><td></td><td></td><td></td><td></td><td></td><td></td><td></td><td></td></tr>
<tr><td colspan="2">林草覆盖率(%)</td><td></td><td></td><td></td><td></td><td></td><td></td><td></td><td></td><td></td><td></td></tr>
</table>

3. 单价分析表

表式见附表 3 ~ 附表 14。

附表 3　人工挖土

<table>
<tr><td>名称</td><td colspan="3">人工挖土</td><td>编号</td><td></td></tr>
<tr><td>定额编号</td><td colspan="3"></td><td>单位</td><td>100 m^3 自然方</td></tr>
<tr><td>工作内容</td><td colspan="5">挖土、就近堆放</td></tr>
<tr><td>序号</td><td>项目</td><td>单位</td><td>数量</td><td>单价(元)</td><td>合计(元)</td></tr>
<tr><td>一</td><td>直接费</td><td></td><td></td><td></td><td></td></tr>
<tr><td>(一)</td><td>基本直接费</td><td></td><td></td><td></td><td></td></tr>
<tr><td>1</td><td>人工费</td><td></td><td></td><td></td><td></td></tr>
<tr><td>2</td><td>材料费</td><td></td><td></td><td></td><td></td></tr>
<tr><td>(1)</td><td>零星材料费</td><td></td><td></td><td></td><td></td></tr>
<tr><td>(二)</td><td>其他直接费</td><td></td><td></td><td></td><td></td></tr>
<tr><td>二</td><td>间接费</td><td></td><td></td><td></td><td></td></tr>
<tr><td>三</td><td>企业利润</td><td></td><td></td><td></td><td></td></tr>
<tr><td>四</td><td>税金</td><td></td><td></td><td></td><td></td></tr>
<tr><td colspan="5">合计</td><td></td></tr>
</table>

附表4 挖掘机挖土

名称	挖掘机挖土			编号	
定额编号				单位	100 m³ 自然方
工作内容	挖松、堆放				
序号	项目	单位	数量	单价(元)	合计(元)
一	直接费				
(一)	基本直接费				
1	人工费				
2	材料费				
(1)	零星材料费				
3	机械费				
(1)	挖掘机 1.0 m³				
(二)	其他直接费				
二	间接费				
三	企业利润				
四	税金				
合计					

附表5 挖掘机挖装自卸汽车运输

名称	挖掘机挖装自卸汽车运输			编号	
定额				单位	100 m³ 自然方
工作内容	挖装、运输、自卸、空回				
编号	名称	单位	数量	单价(元)	合价(元)
一	直接费				
(一)	基本直接费				
1	人工费				
2	材料费				
(1)	零星材料费				
3	机械费				
(1)	挖掘机 1.0 m³				
(2)	推土机 59 kW				
(3)	自卸汽车 5 t				
(二)	其他直接费				
二	间接费				
三	企业利润				
四	税金				
合计					

附表 6　土方回填

名称	土方回填			编号	
定额编号				单位 .	100 m^3 实方
工作内容	人工平土、刨毛、洒水、蛙夯夯实				
序号	项目	单位	数量	单价(元)	合计(元)
一	直接费				
(一)	基本直接费				
1	人工费				
2	材料费				
(1)	零星材料费				
3	机械费				
(1)	蛙式打夯机				
(二)	其他直接费				
二	间接费				
三	企业利润				
四	税金				
合计					

附表 7　灰砂砖砌筑

名称	灰砂砖砌筑			编号	
定额				单位	100 m^3 砌方体
工作内容	拌浆、洒水、砌筑、勾缝				
编号	名称	单位	数量	单价(元)	合价(元)
一	直接费				
(一)	基本直接费				
1	人工费				
2	材料费				
(1)	灰砂砖				
(2)	M5 水泥砂浆				
(3)	其他材料费				
3	机械费				
(1)	砂浆搅拌机 0.4 m^3				
(2)	胶轮架子车				
(二)	其他直接费				
二	间接费				
三	企业利润				
四	税金				
合计					

附表8 干砌块石

名称	干砌块石			编号	
定额				单位	100 m^3 砌方体
工作内容	选石、修石、砌筑、填缝、找平				
编号	名称	单位	数量	单价(元)	合价(元)
一	直接费				
(一)	基本直接费				
1	人工费				
2	材料费				
(1)	块石				
(2)	其他材料费				
3	机械费				
(1)	胶轮架子车				
(二)	其他直接费				
二	间接费				
三	企业利润				
四	价差				
五	税金				
合计					

附表9 浆砌块石

名称	浆砌块石(挡土墙)			编号	
定额				单位	100 m^3 砌方体
工作内容	选石、修石、冲洗、拌浆、砌筑、勾缝				
编号	名称	单位	数量	单价(元)	合价(元)
一	直接费				
(一)	基本直接费				
1	人工费				
2	材料费				
(1)	块石				
(2)	M5 水泥砂浆				
(3)	其他材料费				
3	机械费				
(1)	砂浆搅拌机 0.4 m^3				
(2)	胶轮架子车				
(二)	其他直接费				
二	间接费				
三	企业利润				
四	价差				
五	税金				
合计					

附表 10 垃圾清理

名称	垃圾清理			编号	
定额				单位	m^3
工作内容	装土、运土、卸土、场内道路洒水				
编号	名称			单价(元)	合价(元)
一	直接费				
(一)	定额直接费				
1	人工费				
(1)	综合工日				
2	机械费				
(1)	其他机具费				
(二)	调整费用				
(三)	零星工程费				
二	综合费 人工费				
三	企业利润				
四	税金				
合计					

附表 11 植草砖铺装

名称	植草砖铺装			编号	
定额	工程定额编号:			单位	m^2
工作内容	放样、运料、配料拌和、找平、安砌、灌封、勾缝、养生等				
编号	名称	单位	数量	单价(元)	合价(元)
一	直接费				
(一)	定额直接费				
1	人工费				
(1)	综合工日				
(2)	其他人工费				
2	材料费				
(1)	砂子				
(2)	植草砖				
(3)	其他材料费				
3	机械费				
(1)	其他机具费				
(二)	调整费用				
(三)	零星工程费				
二	综合费				
三	企业利润				
四	税金				
合计					

附表 12　裸根乔木

名称	裸根乔木			编号	
定额	建设工程定额编号：			单位	株
工作内容	挖坑、修剪、种植、还土踏实、浇水及现场清理等				
编号	名称	单位	数量	单价(元)	合价(元)
一	直接费				
(一)	定额直接费				
1	人工费				
(1)	综合工日				
(2)	其他人工费				
2	材料费				
(1)	水费				
(2)	其他材料费				
3	机械费				
(1)	其他机具费				
(二)	调整费用				
(三)	零星工程费				
二	综合费　人工费				
三	企业利润				
四	税金				
合计					

附表 13　播草籽

名称	播草籽			编号	
定额	工程定额编号：			单位	
工作内容	挖坑、栽草、拍紧、浇水及现场清理等				
编号	名称	单位	数量	单价(元)	合价(元)
一	直接费				
(一)	定额直接费				
1	人工费				
(1)	综合工日				
(2)	其他人工费				

续附表 13

编号	名称	单位	数量	单价(元)	合价(元)
2	材料费				
(1)	水费				
(2)	其他材料费				
3	机械费				
(1)	机械				
(2)	其他机具费				
(二)	调整费用				
(三)	零星工程费				
二	综合费 人工费				
三	企业利润				
四	税金				
合计					

附表 14 人工整理绿化用地(土地整治)

名称	人工整理绿化用地(土地整治)			编号	
定额	工程定额编号:			单位	m^2
工作内容	填挖、找平,渣土集中装车外运				
编号	名称	单位	数量	单价(元)	合价(元)
一	直接费				
(一)	定额直接费				
1	人工费				
2	机械费				
(1)	机械				
(2)	其他机具费				
(二)	调整费用				
(三)	零星工程费				
二	综合费 人工费				
三	企业利润				
四	税金				
合计					

附 件

附件应包括项目立项的有关文件和其他有关文件。

主要包括：

1. 国家发展和改革委员会关于××项目可行性研究报告的批复；
2. 国家发展和改革委员会关于××项目核准、立项的批复；
3. 自然资源部关于××工程建设用地预审意见的复函；
4. 关于对新建××项目饮用水水源保护区征求意见的复函；
5. ××省文物局对选址、选线方案的意见；
6. ××省规划委员会、××省住房和城乡建设厅规划选址意见；
7. ××省住房和城乡建设局关于对建设项目风景名胜区意见的复函；
8. ××省生态环境保护厅关于对新建××项目饮用水水源保护区征求意见的复函；
9. ××市水务局关于对××项目水土保持方案的批复；
10. ××市废弃物管理处关于审批××新建项目弃土、弃渣运输处置方案的复函；
11. 取土协议书(附图)；
12. 弃土协议书(附图)。

附　图

1. 项目地理位置图（应包含行政区划、主要城镇和交通路线）

2. 项目区水系图（应包含主要河流、排灌干渠、水库、湖泊等）

3. 项目区土壤侵蚀强度分布图

4. 项目总体布置图（应反映项目组成的各项内容，公路、铁路项目尚应有平、纵断面缩图）

5. 分区防治措施总体布局图（含监测点位）

6. 水土保持典型措施布设图（图式详见附图1～附图12）

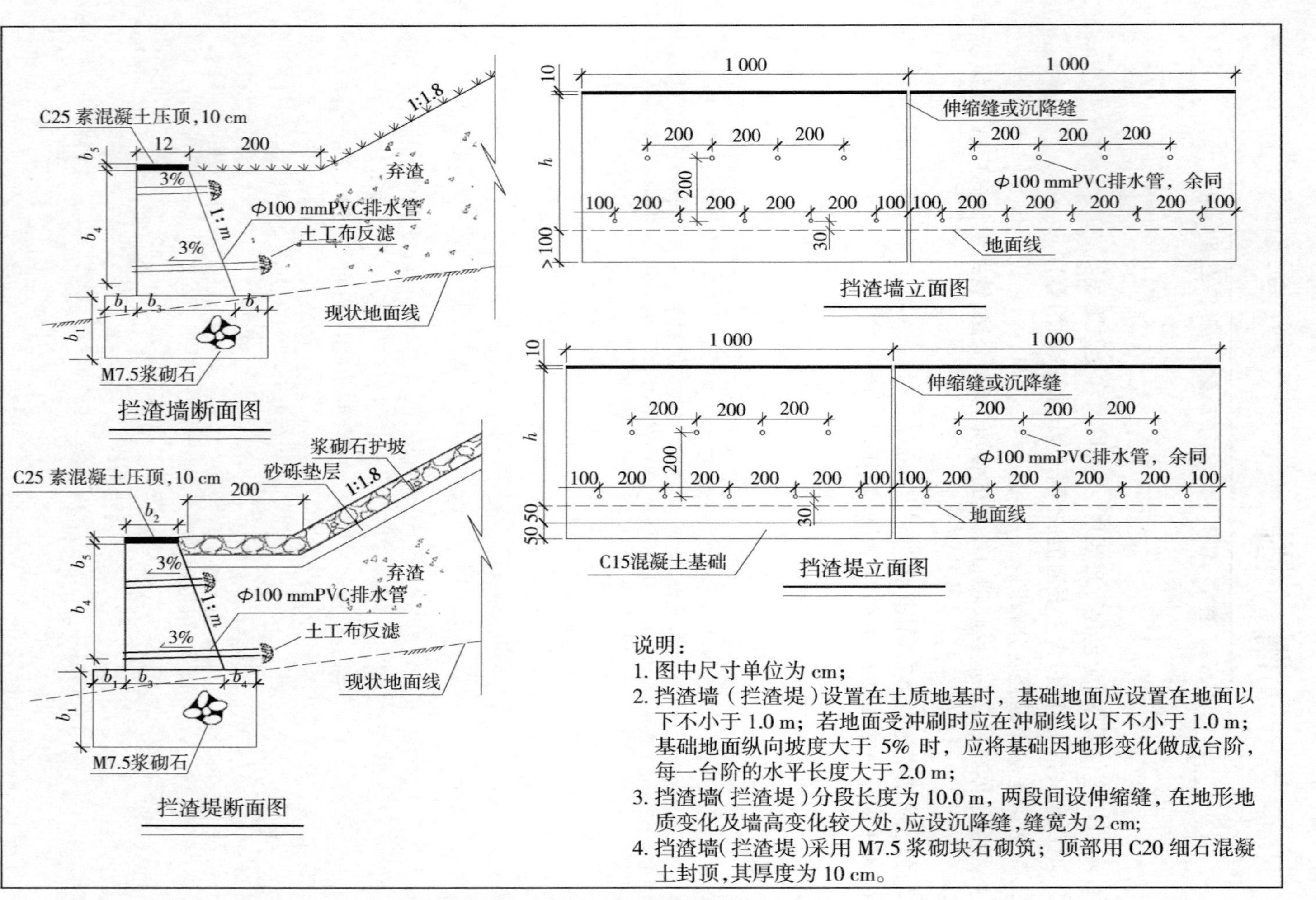

附图1　某建设项目拦挡措施典型断面图

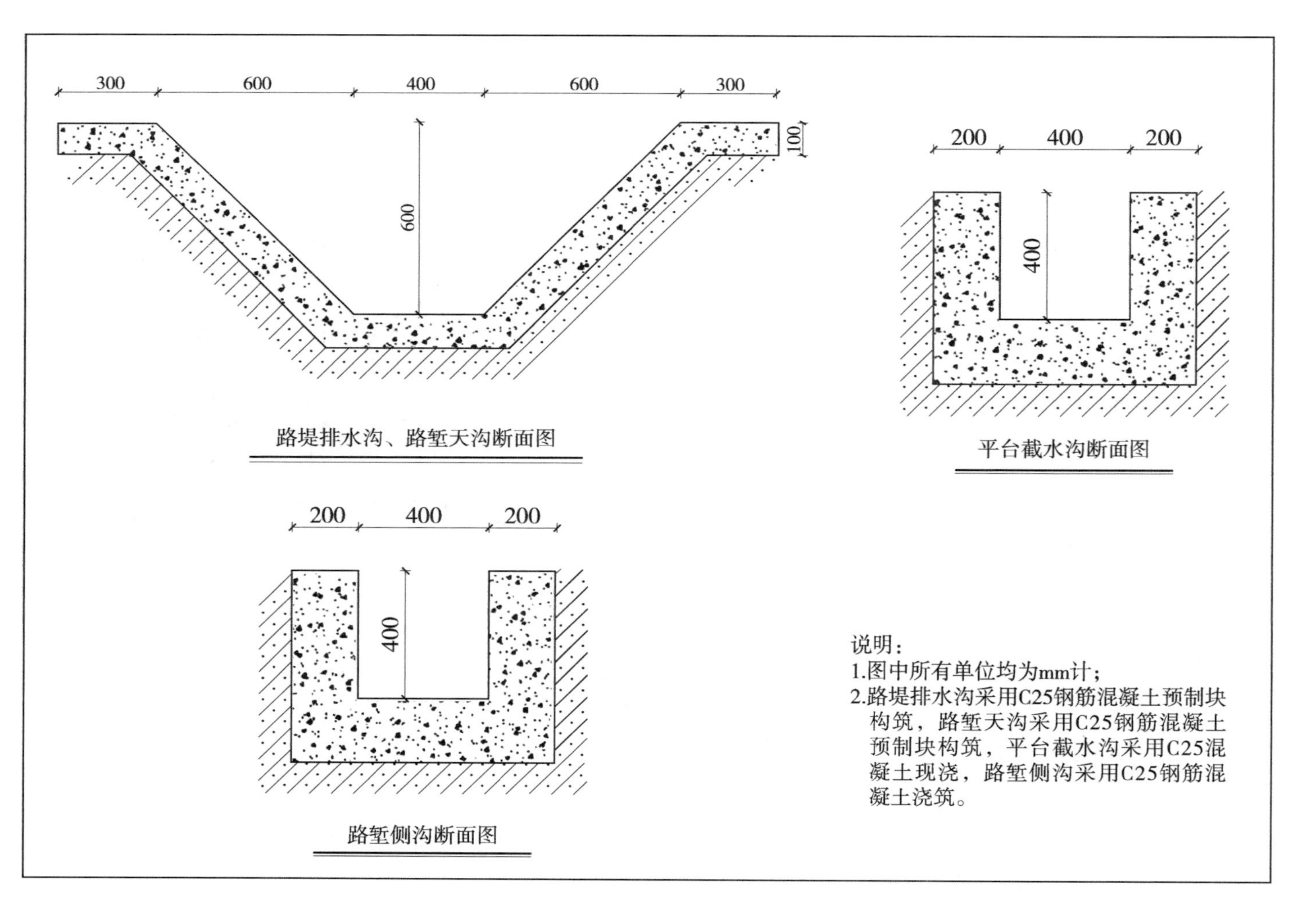

附图2　某建设项目截排水工程典型设计图

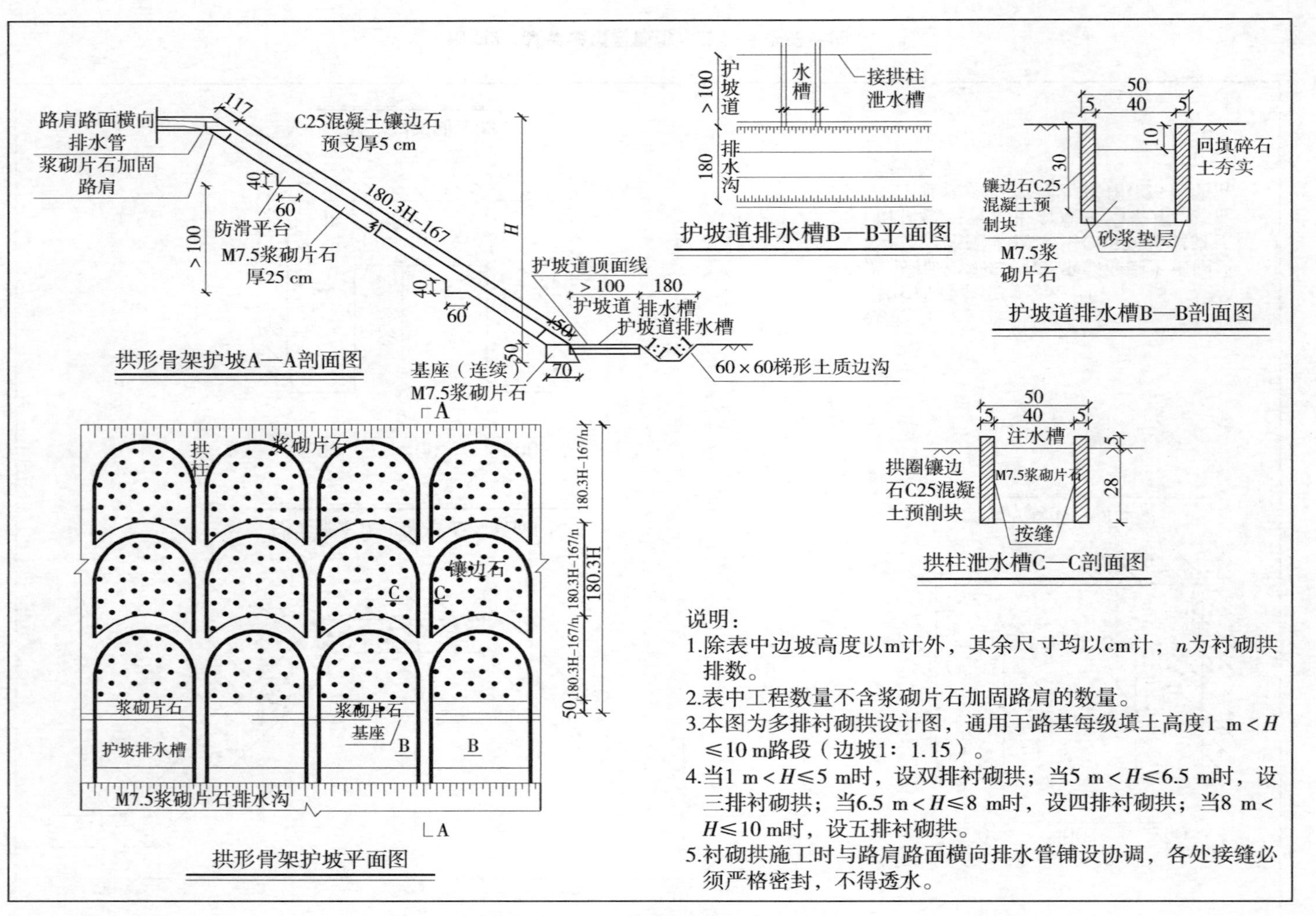

说明：

1.除表中边坡高度以m计外，其余尺寸均以cm计，n为衬砌拱排数。

2.表中工程数量不含浆砌片石加固路肩的数量。

3.本图为多排衬砌拱设计图，通用于路基每级填土高度1 m<H≤10 m路段（边坡1：1.15）。

4.当1 m<H≤5 m时，设双排衬砌拱；当5 m<H≤6.5 m时，设三排衬砌拱；当6.5 m<H≤8 m时，设四排衬砌拱；当8 m<H≤10 m时，设五排衬砌拱。

5.衬砌拱施工时与路肩路面横向排水管铺设协调，各处接缝必须严格密封，不得透水。

附图3　某建设项目边坡防护措施典型图

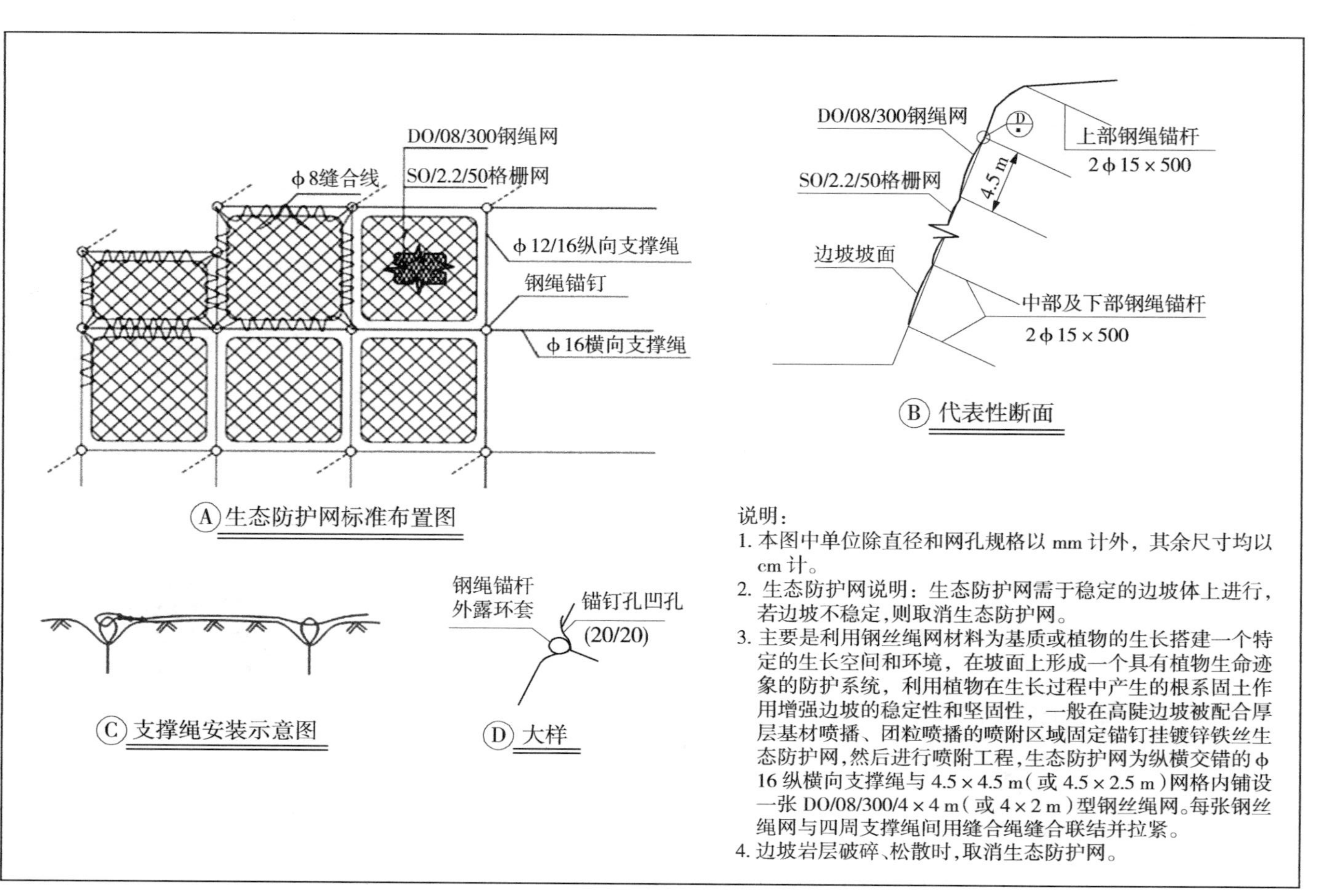

附图4　某建设项目边坡防护典型断面图–三维植被护坡

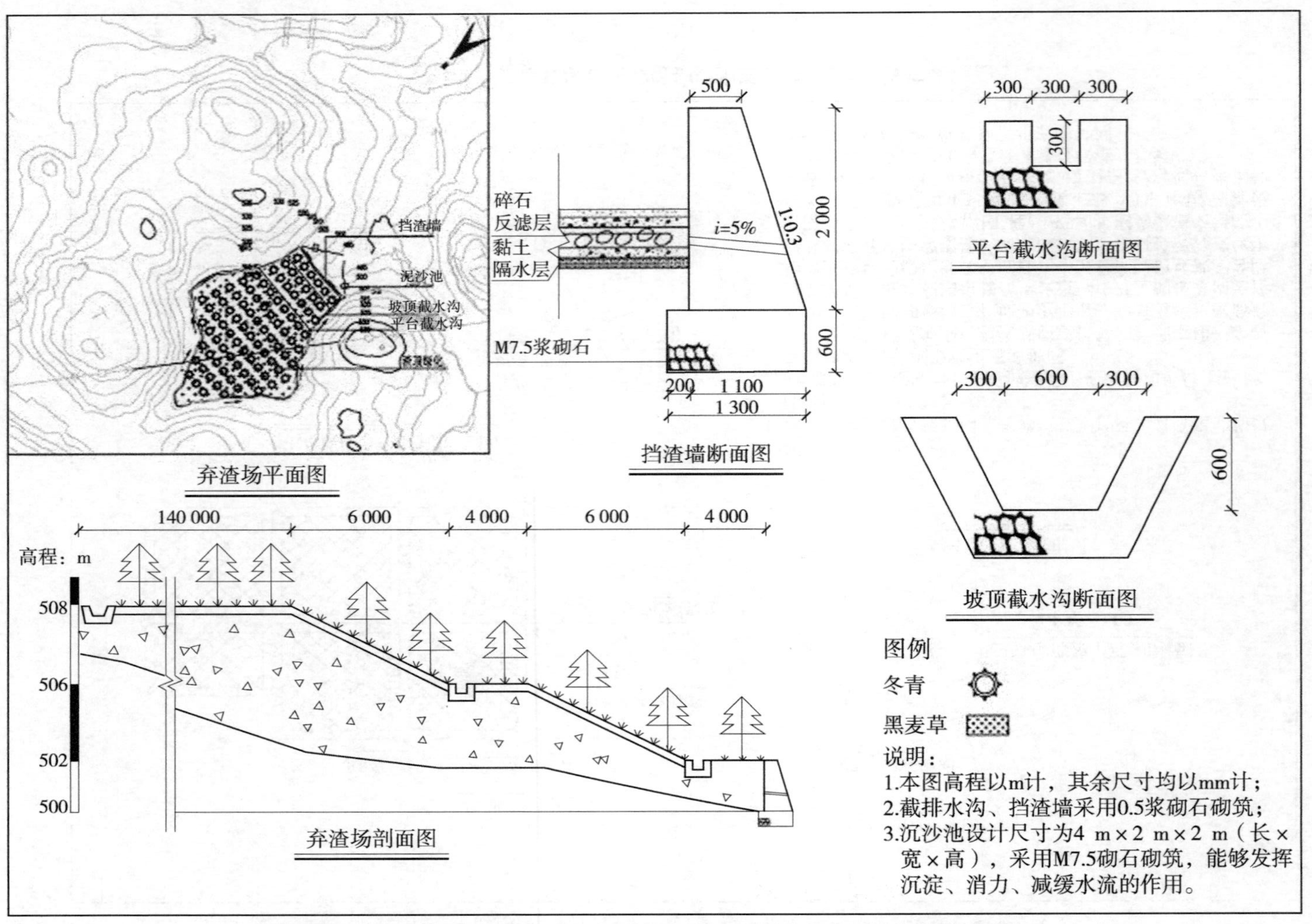

附图5　某建设项目弃渣场综合防护措施平面布置图及各单项措施典型断面图

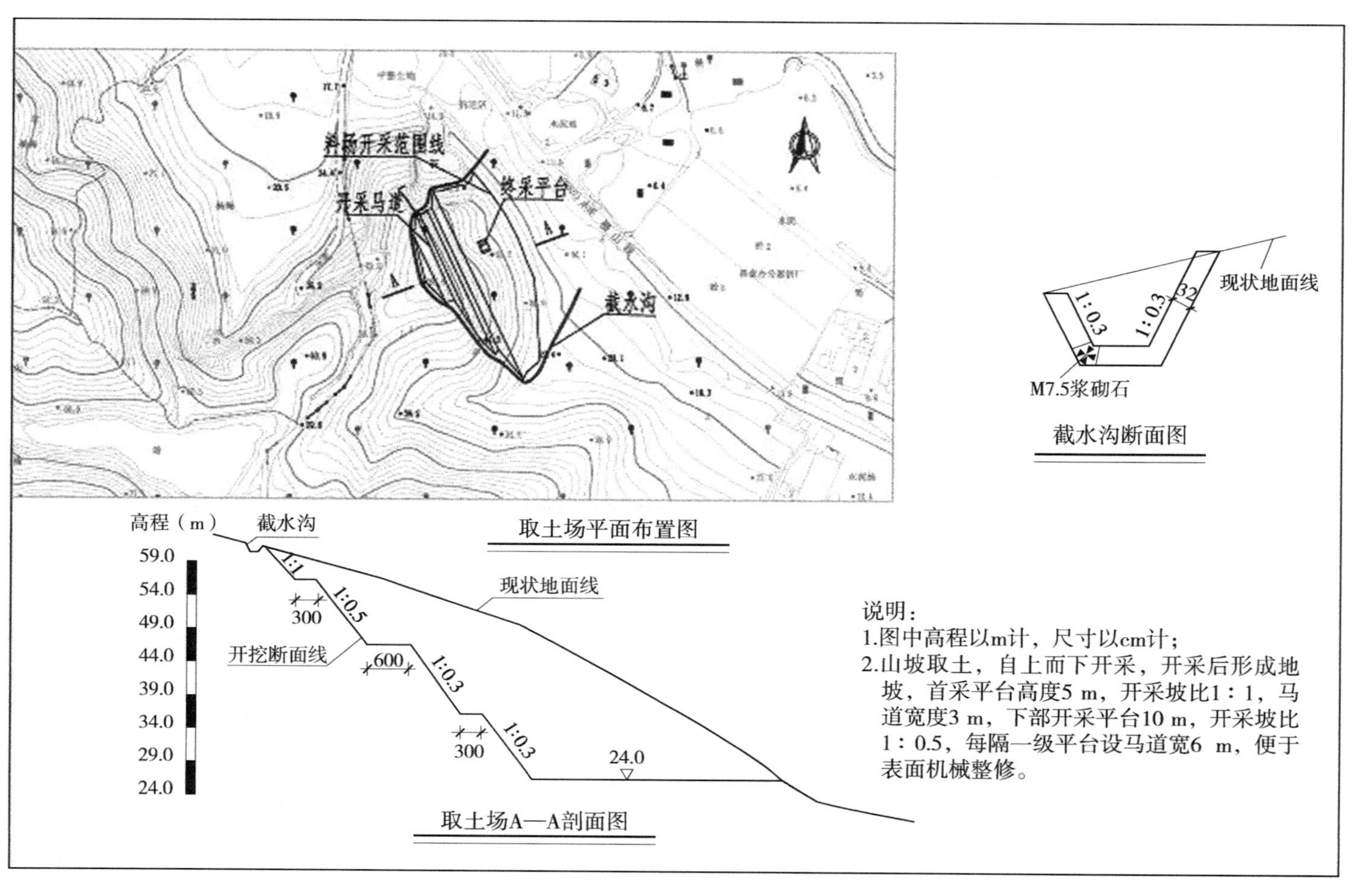

附图6 某建设项目取土场总体布局图

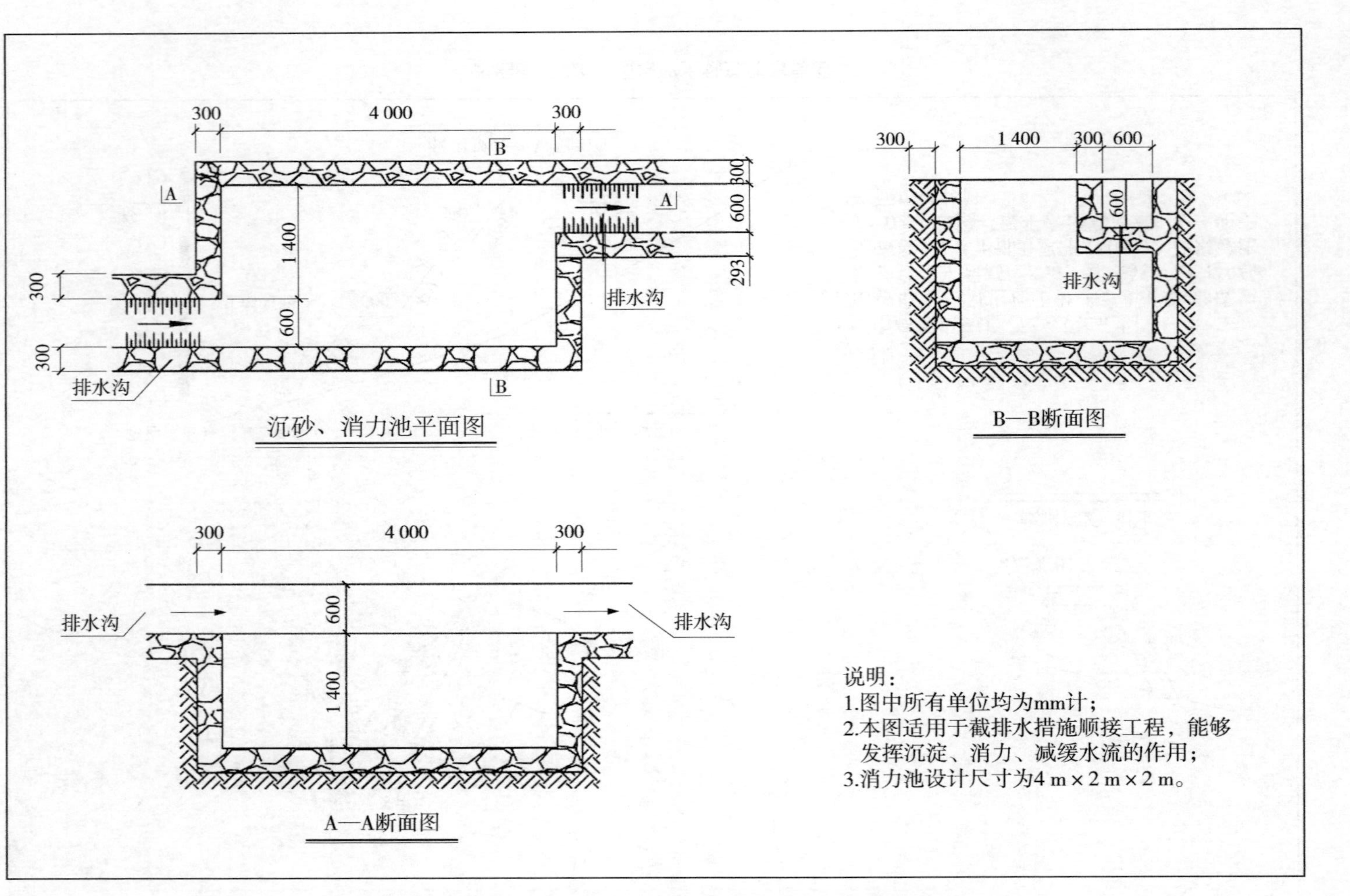

附图7　某建设项目消能防冲、沉砂措施平面图和典型断面图

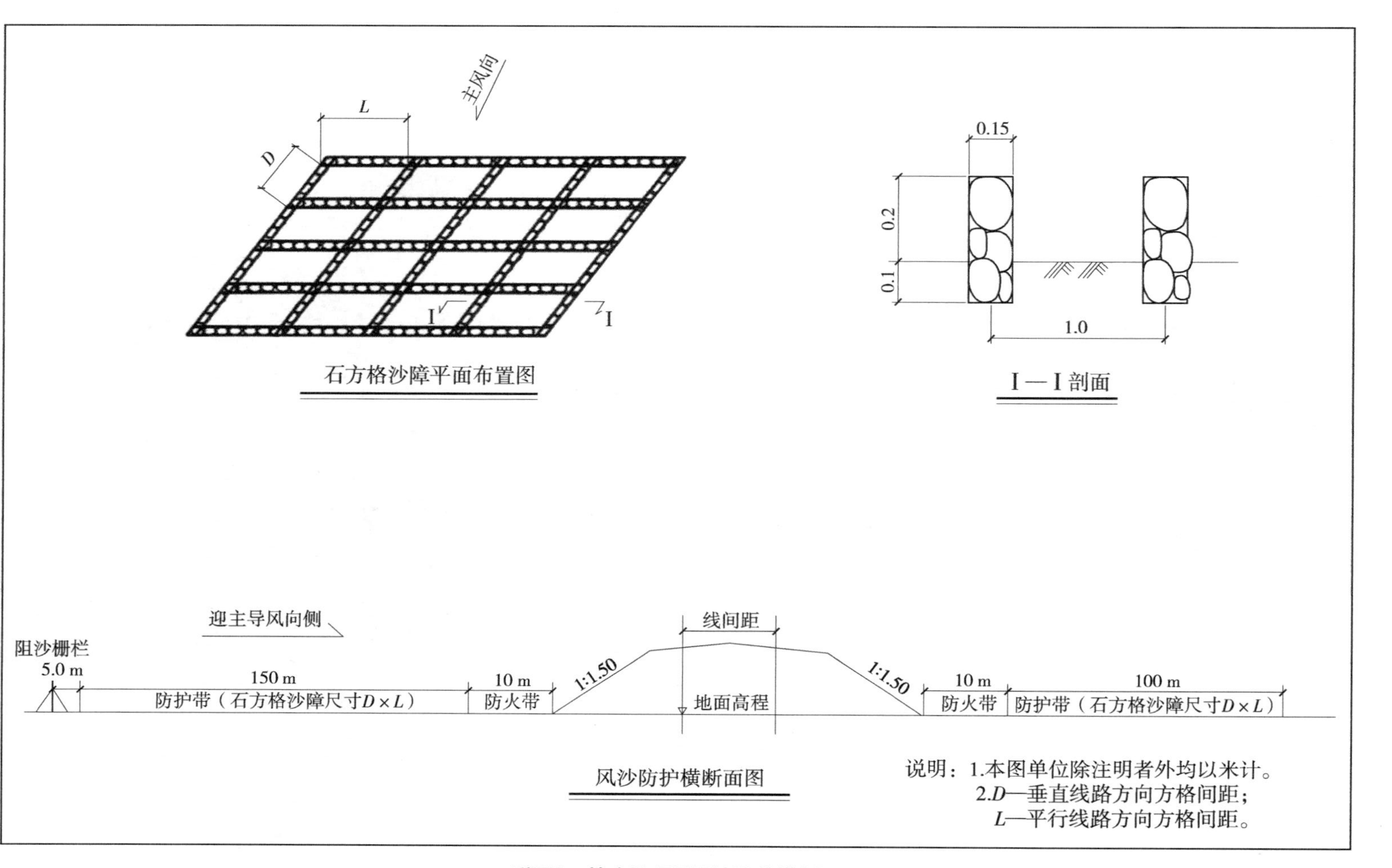

附图8　某建设项目风沙防护横断面

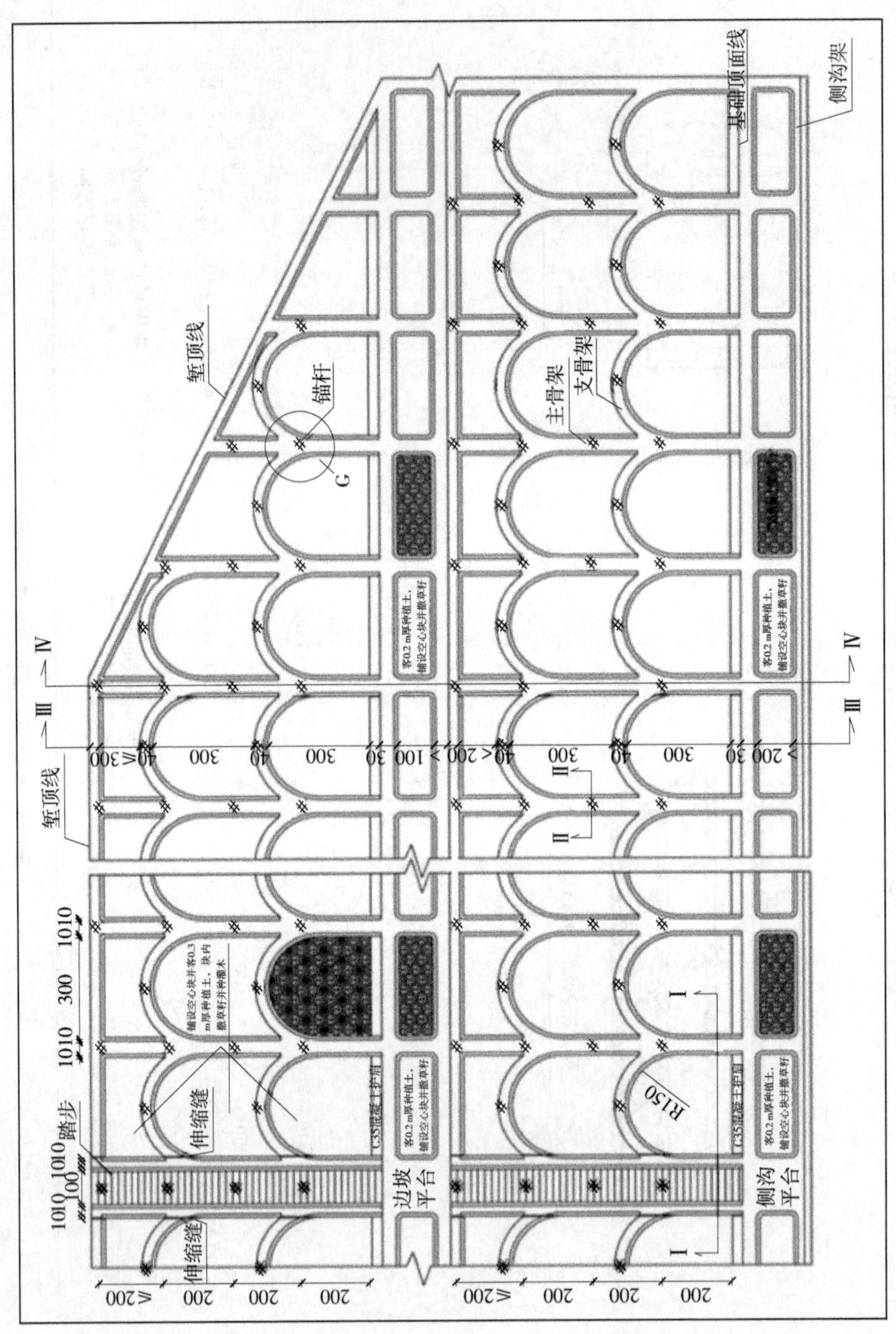

附图9　某建设项目路堑拱形骨架结合锚杆护坡典型设计正视图侧沟

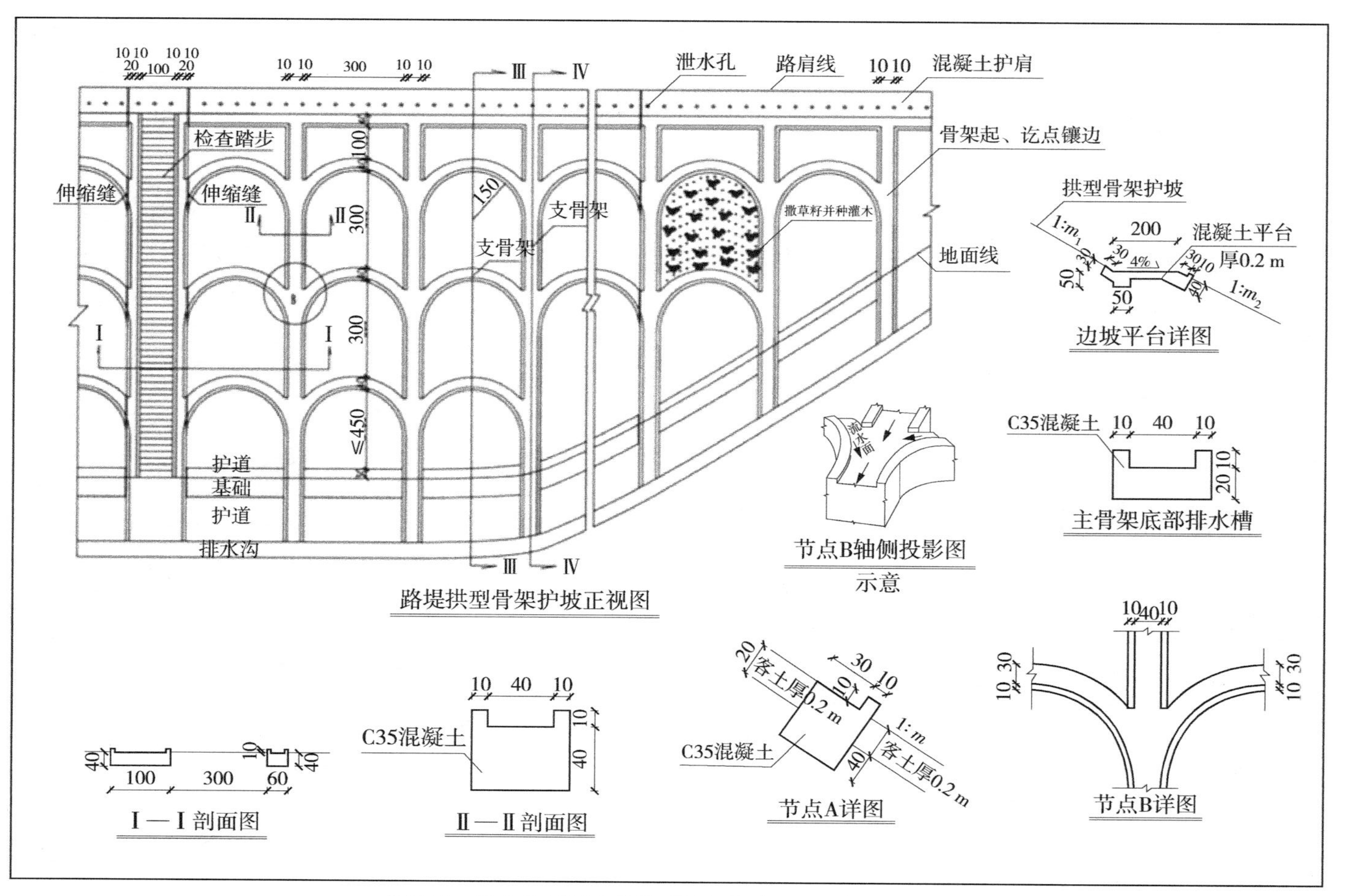

附图10　某建设项目路堤拱型骨架护坡设计示意图（一）

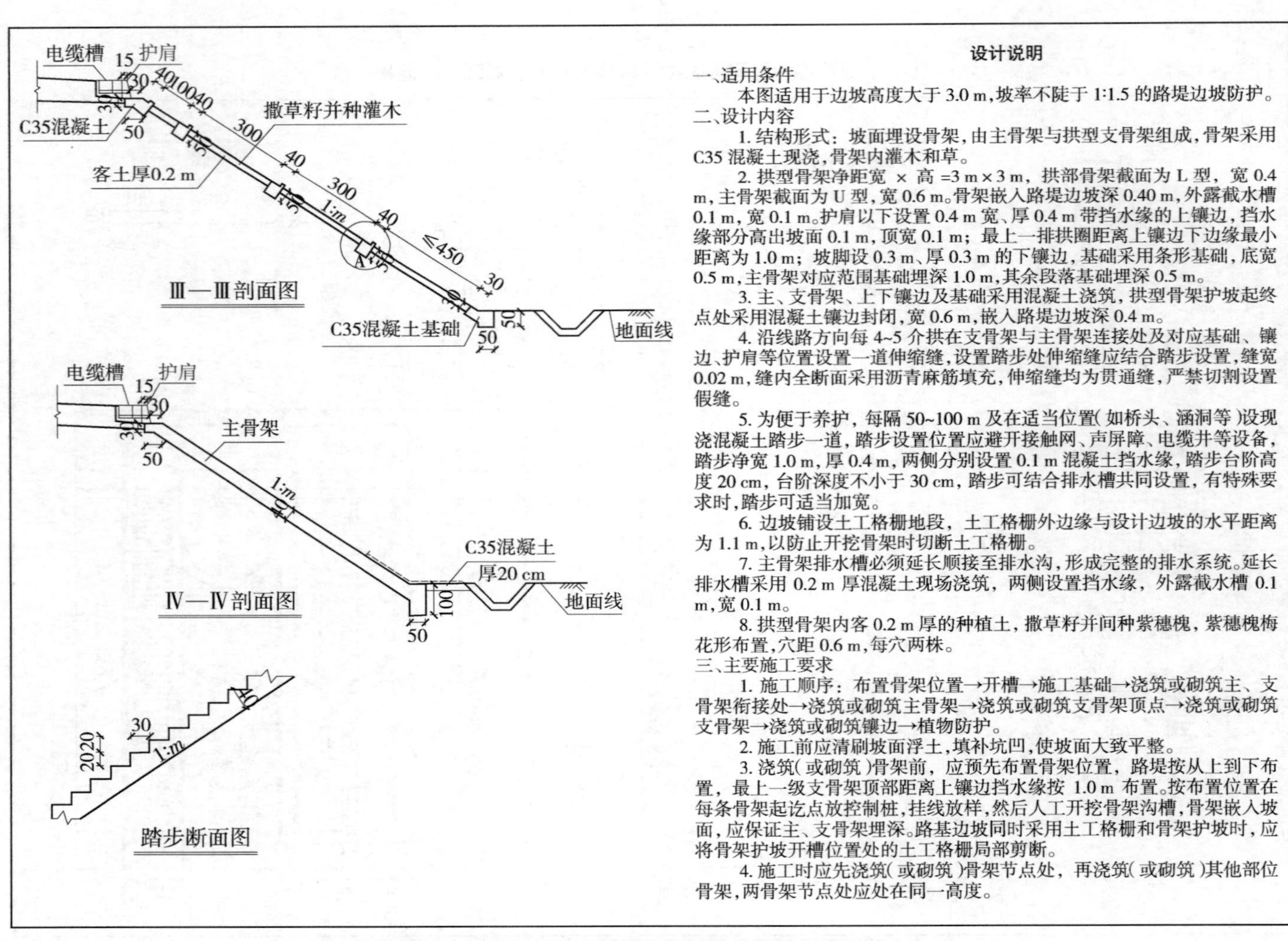

设计说明

一、适用条件

本图适用于边坡高度大于 3.0 m，坡率不陡于 1:1.5 的路堤边坡防护。

二、设计内容

1. 结构形式：坡面埋设骨架，由主骨架与拱型支骨架组成，骨架采用 C35 混凝土现浇，骨架内灌木和草。

2. 拱型骨架净距宽 × 高 =3 m×3 m，拱部骨架截面为 L 型，宽 0.4 m，主骨架截面为 U 型，宽 0.6 m。骨架嵌入路堤边坡深 0.40 m，外露截水槽 0.1 m，宽 0.1 m。护肩以下设置 0.4 m 宽、厚 0.4 m 带挡水缘的上镶边，挡水缘部分高出坡面 0.1 m，顶宽 0.1 m；最上一排拱圈距离上镶边下边缘最小距离为 1.0 m；坡脚设 0.3 m、厚 0.3 m 的下镶边，基础采用条形基础，底宽 0.5 m，主骨架对应范围基础埋深 1.0 m，其余段落基础埋深 0.5 m。

3. 主、支骨架、上下镶边及基础采用混凝土浇筑，拱型骨架护坡起终点处采用混凝土镶边封闭，宽 0.6 m，嵌入路堤边坡深 0.4 m。

4. 沿线路方向每 4~5 个拱在支骨架与主骨架连接处及对应基础、镶边、护肩等位置设置一道伸缩缝，设置踏步处伸缩缝应结合踏步设置，缝宽 0.02 m，缝内全断面采用沥青麻筋填充，伸缩缝均为贯通缝，严禁切割设置假缝。

5. 为便于养护，每隔 50~100 m 及在适当位置(如桥头、涵洞等)设现浇混凝土踏步一道，踏步设置位置应避开接触网、声屏障、电缆井等设备，踏步净宽 1.0 m，厚 0.4 m，两侧分别设置 0.1 m 混凝土挡水缘，踏步台阶高度 20 cm，台阶深度不小于 30 cm，踏步可结合排水槽共同设置，有特殊要求时，踏步可适当加宽。

6. 边坡铺设土工格栅地段，土工格栅外边缘与设计边坡的水平距离为 1.1 m，以防止开挖骨架时切断土工格栅。

7. 主骨架排水槽必须延长顺接至排水沟，形成完整的排水系统。延长排水槽采用 0.2 m 厚混凝土现场浇筑，两侧设置挡水缘，外露截水槽 0.1 m，宽 0.1 m。

8. 拱型骨架内客 0.2 m 厚的种植土，撒草籽并间种紫穗槐，紫穗槐梅花形布置，穴距 0.6 m，每穴两株。

三、主要施工要求

1. 施工顺序：布置骨架位置→开槽→施工基础→浇筑或砌筑主、支骨架衔接处→浇筑或砌筑主骨架→浇筑或砌筑支骨架顶点→浇筑或砌筑支骨架→浇筑或砌筑镶边→植物防护。

2. 施工前应清刷坡面浮土，填补坑凹，使坡面大致平整。

3. 浇筑(或砌筑)骨架前，应预先布置骨架位置，路堤按从上到下布置，最上一级支骨架顶部距离上镶边挡水缘按 1.0 m 布置。按布置位置在每条骨架起讫点放控制桩，挂线放样，然后人工开挖骨架沟槽，骨架嵌入坡面，应保证主、支骨架埋深。路基边坡同时采用土工格栅和骨架护坡时，应将骨架护坡开槽位置处的土工格栅局部剪断。

4. 施工时应先浇筑(或砌筑)骨架节点处，再浇筑(或砌筑)其他部位骨架，两骨架节点处应处在同一高度。

附图11　某建设项目路堤拱形骨架护坡设计示意图（二）

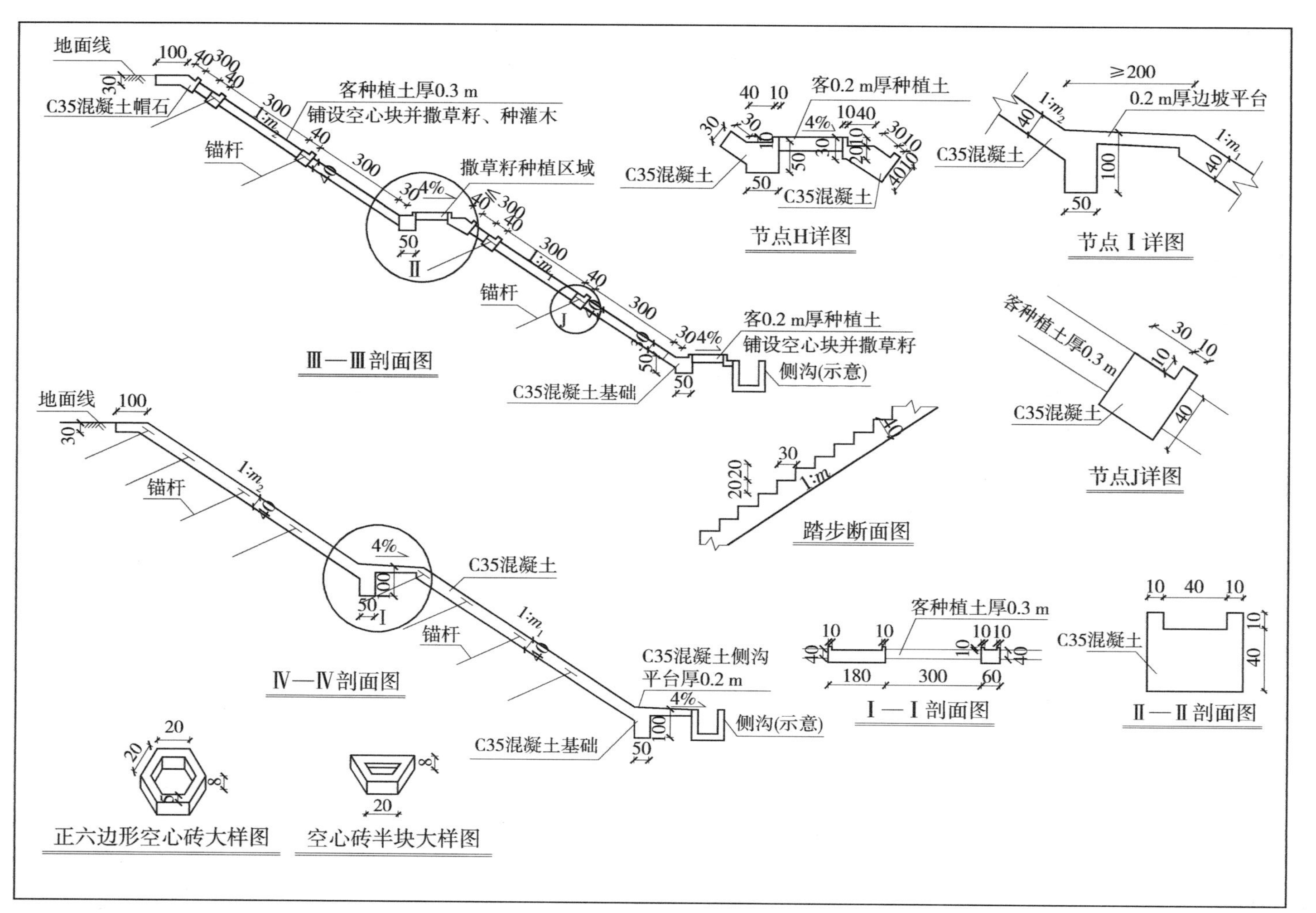

附图12　某建设项目路堑拱形骨架护坡设计示意图

说　明

1. 在报告书封面后应附责任页。

在报告书封面后应附责任页,责任页内应注明批准、核定、审查人员职务及编制人员分工。

2. 附图可单独成册。

参 考 文 献

[1] 中华人民共和国住房和城乡建设部,国家市场监督管理总局. 生产建设项目水土保持技术标准:GB 50433—2018[S]. 北京:中国计划出版社,2018.

[2] 中华人民共和国住房和城乡建设部,国家市场监督管理总局. 生产建设项目水土流失防治标准:GB/T 50434—2018[S]. 北京:中国计划出版社,2018.

[3] 中华人民共和国水利部. 土壤侵蚀分类分级标准:SL 190—2007[S]. 北京:中国水利水电出版社,2008.

[4] 中华人民共和国住房和城乡建设部,国家市场监督管理总局. 生产建设项目水土保持监测与评价标准:GB/T 51240—2018[S]. 北京:中国计划出版社,2018.

[5] 中华人民共和国水利部. 水利水电工程制图标准. 水土保持图:SL 73.6—2015[S]. 北京:中国水利水电出版社,2015.

[6] 中华人民共和国水利部. 水土保持工程施工监理规范:SL 523—2011[S]. 北京:中国水利水电出版社,2011.

[7] 中华人民共和国住房和城乡建设部,中华人民共和国国家质量监督检验检疫总局. 水土保持工程设计规范:GB 51018—2014[S]. 北京:中国计划出版社,2014.

[8] 刘光明. 中国自然地理图集[M]. 北京:中国地图出版社,2007.

[9] 郭索彦,苏仲仁. 开发建设项目水土保持方案编写指南[M]. 北京:中国水利水电出版社,2009.

[10] 中华人民共和国国家质量监督检验检疫总局,中国国家标准化管理委员会. 土地利用现状分类:GB/T 21010—2017[S]. 北京:中国标准出版社,2017.